TensorFlow大模型开发实践（制作+优化+应用）

刘陈◎编著

清華大學出版社
北京

内容简介

本书循序渐进地讲解了 TensorFlow 大模型开发的核心知识，并通过具体实例演练了开发 TensorFlow 大模型程序的方法和流程。全书共 14 章，分别讲解了 TensorFlow 数据集制作、使用机器学习算法制作 TensorFlow 模型、保存和加载模型、使用深度学习算法制作 TensorFlow 模型、TensorBoard 模型可视化、模型训练与调优详解、基本的模型优化操作、TensorFlow Transform（TFT）：模型数据规范化处理、TensorFlow Data Validation（TFDV）：验证模型数据、Model Remediation：模型修复、Responsible AI 和 Fairness Indicators：评估和改进模型的公平性、Neural Structured Learning（NSL）：改进模型的学习能力和泛化能力、TensorFlow Serving：优化模型部署、移动机器人智能物体识别系统（TensorFlow Lite+TensorFlow+Android+iOS）。

本书适用于想了解 TensorFlow 基础开发的读者，想要进一步学习大模型开发、模型优化、模型应用和模型架构的读者，同时，也可以作为大专院校相关专业的师生用书和培训学校的教材。

图书在版编目 (CIP) 数据

TensorFlow 大模型开发实践 : 制作 + 优化 + 应用 / 刘陈编著 . -- 北京 : 清华大学出版社 , 2025. 8.
ISBN 978-7-302-69859-3

Ⅰ . TP18

中国国家版本馆 CIP 数据核字第 2025ER9918 号

责任编辑：魏　莹
封面设计：李　坤
版式设计：方加青
责任校对：李艳静
责任印制：刘　菲

出版发行：清华大学出版社
网　　址：https://www.tup.com.cn，https://www.wqxuetang.com
地　　址：北京清华大学学研大厦 A 座　　邮　　编：100084
社 总 机：010-83470000　　邮　　购：010-62786544
投稿与读者服务：010-62776969，c-service@tup.tsinghua.edu.cn
质 量 反 馈：010-62772015，zhiliang@tup.tsinghua.edu.cn

印 装 者：北京同文印刷有限责任公司
经　　销：全国新华书店
开　　本：185mm×260mm　　印　　张：19.5　　字　　数：475 千字
版　　次：2025 年 8 月第 1 版　　印　　次：2025 年 8 月第 1 次印刷
定　　价：99.00 元

产品编号：104252-01

前 言

PREFACE

在当今科技飞速发展的时代，人工智能与深度学习正引领着科技和工程领域的一场革命性变革。TensorFlow 作为一款开源的深度学习框架，为开发者提供了强大的支持，使其能够构建、训练和部署复杂的神经网络模型。然而，随着模型复杂度的不断攀升，TensorFlow 大模型的开发、优化与应用也面临着诸多挑战。

基于多年的从业经验，我在实际项目中深切体会到了应用 TensorFlow 大模型时所遇到的难题。从数据集的处理、模型的搭建，到优化算法的选择，再到最终的部署，每一个环节都充满了技术挑战与决策难题。也正是因为这些经历，使我萌生了撰写本书的想法。

本书特色

本书以实际案例为依托，从 TensorFlow 的基础知识入手，逐步引导读者掌握数据处理、模型构建、训练优化、模型部署等关键环节，具有以下几个特色。

1. 实际案例驱动的学习路径

本书紧密结合实际案例，将理论与实践进行了深度融合。每一章都通过具体示例展示 TensorFlow 在大模型开发中的应用，让读者从实际问题中学习，快速上手。

2. 全面涵盖开发流程

本书从 TensorFlow 的基础知识出发，逐步带领读者深入探索数据处理、模型构建、训练优化以及模型部署等各个开发环节。

3. 深入剖析优化策略

大模型的开发与优化充满挑战，本书对各种优化策略进行了深入剖析。从模型性能调优到资源有效利用，读者将学会在复杂环境下提升模型性能的方法。

4. 全面讲解可视化工具

本书详细介绍了 TensorBoard 的使用方法，以及如何利用可视化工具监测模型训练过程、分析模型结构和性能，帮助读者更好地理解模型的运行情况。

5. 贴近实践的实用技巧

除了深入的理论和案例分析，本书还提供了许多贴近实际应用的实用技巧。从数据预处理到模型调优，从部署到性能监测，每一步都有实用的建议。

本书读者对象

- 机器学习和深度学习初学者：本书从基础概念入手，适合对人工智能、机器学习和深度学习感兴趣，但缺乏深入知识的初学者。
- 数据科学家和分析师：数据科学家和分析师可以通过本书深入了解 TensorFlow 在数据处理、模型开发和优化方面的应用。

- 机器学习工程师：对于已有一定机器学习知识的工程师，本书提供了丰富的模型开发和优化技巧。从传统机器学习算法到深度学习模型，再到模型的保存、加载和部署，都有详细的介绍和实例演示。
- 深度学习研究者和开发者：对于有一定深度学习基础的人员，本书的高级章节将深入探讨卷积神经网络、循环神经网络、生成式对抗网络等高级模型的开发和优化。这些内容将帮助他们更深入地理解和应用 TensorFlow。
- 模型部署和生产环境开发者：本书包含模型的保存、加载和部署内容，以及使用 TensorFlow Serving 进行模型部署的方法。这对于需要将模型投入实际生产环境的开发者来说非常有价值。
- 移动应用开发者：本书最后一章介绍了在移动设备上构建智能物体识别系统的方法，涵盖了 TensorFlow Lite、Android 和 iOS 平台的应用开发，适合移动应用开发者学习和实践。

本书配套资源

本书为读者提供了丰富的学习资源，包括视频讲解、案例源代码和 PPT 课件等。读者可通过扫描每章二级标题下的二维码获取视频讲解，既可以在线观看，也可以下载到本地随时学习。读者可通过扫描下方的二维码获取案例源代码和 PPT 课件。

扫码下载案例源代码

扫码下载 PPT 课件

致谢

本书在编写过程中，得到了清华大学出版社各位专业编辑的大力支持。他们的求实态度、耐心指导和高效工作，使本书能够在短时间内顺利出版。此外，我也要感谢家人给予我的巨大支持。由于本人水平有限，书中难免存在疏漏和不妥之处，恳请读者提出宝贵的意见或建议，以便我对本书进行修订和完善。

最后，感谢您购买本书，希望它能成为您编程路上的良师益友，祝您阅读愉快！

编者

目　录
CONTENTS

第 1 章 TensorFlow 数据集制作

数据集，又称为资料集、数据集合或资料集合，是一种由数据组成的集合。机器学习需要大量的数据来训练模型，尤其是训练神经网络。在进行机器学习时，数据集一般会被划分为训练集和测试集，很多时候还会进一步划分出验证集（个别人称之为开发集）。本章将详细介绍制作 TensorFlow 数据集的知识。

1.1 使用 tf.data 处理数据集

扫码看视频

从 TensorFlow 2.0 开始，提供了专门用于实现数据输入的接口 tf.data.Dataset，其能以快速且可扩展的方式加载和预处理数据，帮助开发者高效地实现数据的读入、打乱（shuffle）、增强（augment）等功能。

1.1.1 制作数据集并训练和评估

下面的实例文件 xun01.py 演示了使用 tf.data 创建数据集并进行训练和评估的过程。

实例 1-1：使用 tf.data 创建数据集并进行训练和评估（源码路径：daima/1/xun01.py）

实例文件 xun01.py 的具体实现代码如下。

```
# 创建一个训练数据集实例
train_dataset = tf.data.Dataset.from_tensor_slices((x_train, y_train))
# 洗牌并切片数据集
train_dataset = train_dataset.shuffle(buffer_size=1024).batch(64)

# 现在得到了一个测试数据集
test_dataset = tf.data.Dataset.from_tensor_slices((x_test, y_test))
test_dataset = test_dataset.batch(64)

# 由于数据集已经处理批处理，所以我们不传递 "batch size" 参数
model.fit(train_dataset, epochs=3)
```

```
# 还可以对数据集进行评估或预测
print("Evaluate:")
result = model.evaluate(test_dataset)
dict(zip(model.metrics_names, result))
```

在上述代码中，使用 dataset 的内置函数 shuffle() 将数据打乱，此函数的参数值越大，混乱程度就越大。另外，还可以使用 dataset 的其他内置函数操作数据。

- batch(4)：按照顺序取出 4 行数据，最后一次输出可能小于 batch。
- repeat()：设置数据集重复执行指定的次数，在 batch 操作输出完毕后再执行。如果在此之前，相当于先把整个数据集复制两次。为了配合输出次数，一般 repeat() 的参数默认为空。

执行后会输出：

```
Epoch 1/3
782/782 [==============================] - 2s 2ms/step - loss: 0.3395 - sparse_categorical_accuracy: 0.9036
Epoch 2/3
782/782 [==============================] - 2s 2ms/step - loss: 0.1614 - sparse_categorical_accuracy: 0.9527
Epoch 3/3
782/782 [==============================] - 2s 2ms/step - loss: 0.1190 - sparse_categorical_accuracy: 0.9648
Evaluate:
157/157 [==============================] - 0s 2ms/step - loss: 0.1278 - sparse_categorical_accuracy: 0.9633
{'loss': 0.12783484160900116,
 'sparse_categorical_accuracy': 0.9632999897003174}
```

上述这段输出结果是一个 TensorFlow 模型训练和评估的结果，接下来，将详细讲解每个输出部分的含义。

- Epoch（训练轮次）1/3：这部分显示了模型训练的 epoch 数量，以及总共的训练步数。每个 epoch 都会将训练数据分成多个小批次进行训练。
- loss（损失）：0.3395 - sparse_categorical_accuracy: 0.9036：这部分显示了每个 epoch 结束后的训练结果。其中 "loss" 表示模型的损失值，"sparse_categorical_accuracy" 表示模型的稀疏分类准确率。例如，在第一个 epoch 结束时，模型的损失为 0.3395，稀疏分类准确率为 0.9036。
- Evaluate ：这部分显示了模型在验证集（或测试集）上的评估结果。例如，在评估过程中，模型的损失为 0.1278，稀疏分类准确率为 0.9633。
- {'loss': 0.12783484160900116, 'sparse_categorical_accuracy': 0.9632999897003174}：这部分显示了一个字典，其中包含了评估结果的具体数值。你可以通过这些数值进一步分析模型的性能。

综合起来，上述这段输出表示 TensorFlow 模型经过三个 epoch 的训练，在训练集上的损失逐渐减小，稀疏分类准确率逐渐增加。在验证集上的评估结果也表现出较好的性能，损失较低，准确率较高。这是一个很好的迹象，说明你的模型在这个任务上取得了不错的结果。

> **注意：** 因为 tf.data 数据集会在每个周期结束时重置，所以可以在下一个周期中重复使用。如果只想在来自此数据集的特定数量批次上进行训练，则可以使用参数 steps_per_epoch，此参数可以指定在继续下一个周期之前，当前模型应该使用此数据集运行多少训练步骤。如果执行此操作，则不会在每个周期结束时重置数据集，而是会继续读取接下来的批次，tf.data 数据集最终会用尽数据（除非它是无限循环的数据集）。

1.1.2　将 tf.data 作为验证数据集进行训练

如果只想对此数据集中的特定数量批次进行验证，则可以设置参数 validation_steps，此参数可以指定在中断验证并进入下一个周期之前，模型应使用验证数据集运行多少验证步骤。下面的实例文件 xun02.py 的功能是通过参数 validation_steps 设置只使用数据集中的前 10 个 batch 运行验证。

实例 1-2：设置只使用数据集中的前 10 个 batch 运行验证（源码路径：daima/1/xun02.py）

实例文件 xun02.py 的具体实现代码如下。

```
# 准备训练数据集
train_dataset = tf.data.Dataset.from_tensor_slices((x_train, y_train))
train_dataset = train_dataset.shuffle(buffer_size=1024).batch(64)

# 准备验证数据集
val_dataset = tf.data.Dataset.from_tensor_slices((x_val, y_val))
val_dataset = val_dataset.batch(64)

model.fit(
train_dataset,
epochs=1,
# 通过参数 "validation_steps"，设置只使用数据集中的前 10 个 batch 运行验证
validation_data=val_dataset,
validation_steps=10,
)
```

验证会在当前训练轮次结束后进行，通过 validation_steps 设置了验证使用的 batch 数量，假如 validation batch size(没必要和 train batch size 相等)=64，而 validation_steps=100，steps 相当于 batch 数据，则会从 validation data 中取 6400 个数据用于验证。如果在一次验证步骤后，在验证数据中剩下的数据足够下一次验证步骤，则会继续从剩下的数据中选取，如果不够则会重新循环。在计算机中执行后会输出：

```
782/782 [==============================] - 2s 2ms/step - loss: 0.3299
- sparse_categorical_accuracy: 0.9067 - val_loss: 0.2966 - val_sparse_
categorical_accuracy: 0.9250
<tensorflow.python.keras.callbacks.History at 0x7f698e35e400>
```

> **注意：** 当使用 Dataset 对象进行训练时，不能使用参数 validation_split（从训练数据生成预留集），因为在使用 validation_split 功能时需要为数据集样本编制索引，而 Dataset API 通常无法做到这一点。

1.2 将模拟数据制作成内存对象数据集

扫码看视频

在人工智能迅速发展的今天，已经出现了各种各样的深度学习框架。我们知道，深度学习要基于大量的样本数据来训练模型，那么数据集的制作或选取就显得尤为重要。本节将详细讲解将模拟数据制作成内存对象数据集的知识。

1.2.1 可视化内存对象数据集

在下面的实例文件 data01.py 中，自定义创建了生成器函数 generate_data()，其功能是创建在 -1 到 1 之间连续的 100 个浮点数，然后在 Matplotlib 中可视化展示由这些浮点数构成的数据集。

实例 1-3：可视化展示由浮点数构成的数据集（源码路径：daima/1/data01.py）

实例文件 data01.py 的具体实现代码如下。

```
import tensorflow as tf
import numpy as np
import matplotlib.pyplot as plt

plt.rcParams['font.sans-serif'] = ['SimHei']  # 显示中文标签
plt.rcParams['axes.unicode_minus'] = False  # 这两行需要手动设置

print(tf.__version__)
print(np.__version__)


def generate_data(batch_size=100):
    """y = 2x 函数数据生成器 """
    x_batch = np.linspace(-1, 1, batch_size)  # 为-1到1之间连续的100个浮点数
    x_batch = tf.cast(x_batch, tf.float32)
    #     print("*x_batch.shape", *x_batch.shape)
     y_batch = 2 * x_batch + np.random.randn(x_batch.shape[0]) * 0.3 
#y=2x，但是加入了噪声
    y_batch = tf.cast(y_batch, tf.float32)

    yield x_batch, y_batch  # 以生成器的方式返回

# 1. 循环获取数据
train_epochs = 10
for epoch in range(train_epochs):
    for x_batch, y_batch in generate_data():
            print(epoch, "| x.shape:", x_batch.shape, "| x[:3]:", x_
batch[:3].numpy())
            print(epoch, "| y.shape:", y_batch.shape, "| y[:3]:", y_
batch[:3].numpy())

# 2. 显示一组数据
train_data = list(generate_data())[0]
plt.plot(train_data[0], train_data[1], 'ro', label='Original data')
plt.legend()
```

```
plt.show()
```

执行后会输出下面的结果，并在 Matplotlib 中绘制可视化结果，如图 1-1 所示。

```
2.6.0
1.19.5
0 | x.shape: (100,) | x[:3]: [-1.         -0.97979796 -0.959596]
0 | y.shape: (100,) | y[:3]: [-1.9194145 -2.426661  -1.8962196]
# 省略部分输出
9 | y.shape: (100,) | y[:3]: [-1.9673357 -1.6247914 -1.8439946]
```

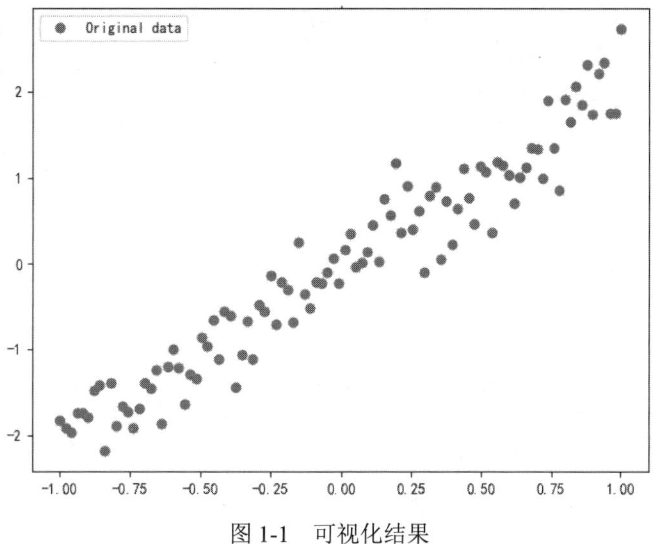

图 1-1　可视化结果

通过上述输出结果可以看到，每次生成的 x 数据都是一样的，这是由 x 的生成方式决定的，如果你觉得这种数据不是你想要的，那么接下来可以生成乱序数据以消除这种影响，我们只需要对上述代码稍加修改即可。

1.2.2　改进的方案

在下面的实例文件 data02.py 中，通过添加迭代器的方式生成乱序数据，可以消除每次生成的 x 数据都是一样的影响。

实例 1-4：用迭代器生成乱序数据（源码路径：daima/1/data02.py）

实例文件 data02.py 的具体实现代码如下。

```
def generate_data(epochs, batch_size=100):
    """y = 2x 函数数据生成器 增加迭代器 """
    for i in range(epochs):
        x_batch = np.linspace(-1, 1, batch_size)     # 为 -1 到 1 之间连续的
100 个浮点数
    #     print("*x_batch.shape", *x_batch.shape)
        y_batch = 2 * x_batch + np.random.randn(x_batch.shape[0]) * 0.3
# y=2x，但是加入了噪声

        yield shuffle(x_batch, y_batch), i          # 以生成器的方式返回
```

```
    # 1. 循环获取数据
    train_epochs = 10

    for (x_batch, y_batch), epoch_index in generate_data(train_epochs):
        x_batch = tf.cast(x_batch, tf.float32)
        y_batch = tf.cast(y_batch, tf.float32)
          print(epoch_index, "| x.shape:", x_batch.shape, "| x[:3]:", x_
batch[:3].numpy())
          print(epoch_index, "| y.shape:", y_batch.shape, "| y[:3]:", y_
batch[:3].numpy())

    # 2. 显示一组数据
    train_data = list(generate_data(1))[0]
    plt.plot(train_data[0][0], train_data[0][1], 'ro', label='Original data')
    plt.legend()
    plt.show()
```

此时，执行后会输出下面的数据，会发现每次生成的 x 数据都是不一样的。

```
    2.6.0
    1.19.5
    0 | x.shape: (100,) | x[:3]: [-0.15151516  0.7171717   0.53535354]
    0 | y.shape: (100,) | y[:3]: [0.05597204 1.304756   0.83463794]
    # 省略部分输出
    9 | y.shape: (100,) | y[:3]: [-1.398643   0.50217235 -1.5945572]
```

并且也会在 Matplotlib 中绘制可视化数据，如图 1-2 所示。

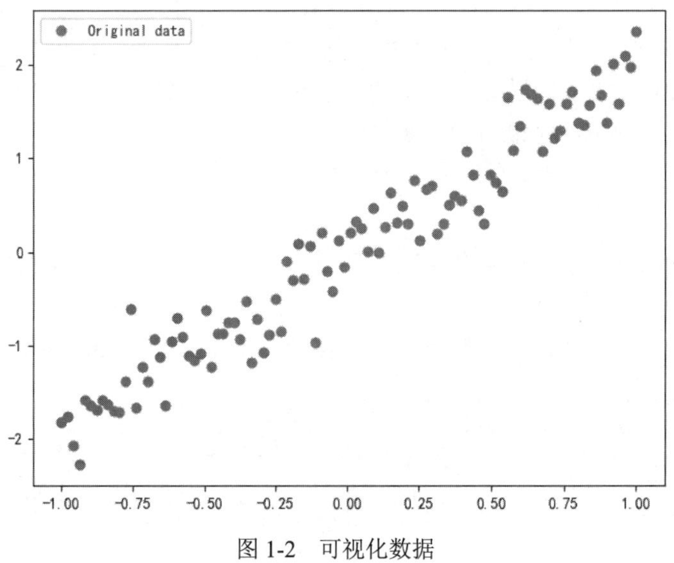

图 1-2　可视化数据

1.3　将图片制作成数据集

在现实应用中，我们经常将自己的图片作为素材，制作数据集。本节将通过具体实例展示将图片制作成 TensorFlow 数据集的方法。

1.3.1　制作简易图片数据集

准备好需要训练的图片，然后将图片分好类，并且给每一类图片所在的文件夹命名。如图 1-3 所示，这里共分两类，分别为 0 和 1 两个文件夹。

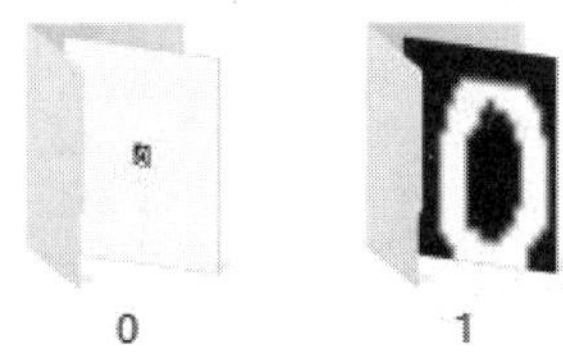

图 1-3　图片数据

编写实例文件 data03.py，功能是将图 1-3 中的图片制作成数据集。

实例 1-5：将指定的图片制作成数据集（源码路径：daima/1/data03.py）

实例文件 data03.py 的具体实现流程如下。

（1）导入需要的包，获取图片和标签并存放到对应的列表中。

（2）获取“pic\train”文件夹中的图片，并存放到对应的列表中，同时贴上标签，存放到 label 列表中。代码如下：

```
# 获取图片，存放到对应的列表中，同时贴上标签，存放到 label 列表中
def get_files(file_dir):
    # 存放图片类别和标签的列表：第 0 类
    list_0 = []
    label_0 = []
    # 存放图片类别和标签的列表：第 1 类
    list_1 = []
    label_1 = []
    # 存放图片类别和标签的列表：第 2 类
    list_2 = []
    label_2 = []
    # 存放图片类别和标签的列表：第 3 类
    list_3 = []
    label_3 = []
    # 存放图片类别和标签的列表：第 4 类
    list_4 = []
    label_4 = []


    for file in os.listdir(file_dir):
            # print(file)
            # 拼接出图片文件路径
            image_file_path = os.path.join(file_dir,file)
            for image_name in os.listdir(image_file_path):
                    # print('image_name',image_name)
                    # 图片的完整路径
                    image_name_path = os.path.join(image_file_path,image_name)
                    # print('image_name_path',image_name_path)
                    # 将图片存入对应的列表
                    if image_file_path[-1:] == '0':
```

```
                list_0.append(image_name_path)
                label_0.append(0)
            elif image_file_path[-1:] == '1':
                list_1.append(image_name_path)
                label_1.append(1)
            elif image_file_path[-1:] == '2':
                list_2.append(image_name_path)
                label_2.append(2)
            elif image_file_path[-1:] == '3':
                list_3.append(image_name_path)
                label_3.append(3)
            else:
                list_4.append(image_name_path)
                label_4.append(4)

    # 合并数据
    image_list = np.hstack((list_0, list_1, list_2, list_3, list_4))
    label_list = np.hstack((label_0, label_1, label_2, label_3, label_4))
    # 利用 shuffle 打乱数据
    temp = np.array([image_list, label_list])
    temp = temp.transpose()  # 转置
    np.random.shuffle(temp)

    # 将所有的 image 和 label 转换成 list
    image_list = list(temp[:, 0])
    image_list = [i for i in image_list]
    label_list = list(temp[:, 1])
    label_list = [int(float(i)) for i in label_list]
    # print(image_list)
    # print(label_list)
    return image_list, label_list
```

如果此时打印输出 image_list 和 label_list，会看到两个列表，分别表示存放图片路径和对应的标签。

（3）编写函数 get_tensor() 将图片转成 tensor 对象，代码如下：

```
def get_tensor(image_list, label_list):
    ims = []
    for image in image_list:
        # 读取路径下的图片
        x = tf.io.read_file(image)
        # 将路径映射为照片，3 通道
        x = tf.image.decode_jpeg(x, channels=3)
        # 修改图像大小
        x = tf.image.resize(x,[32,32])
        # 将图像压入列表中
        ims.append(x)
    # 将列表转换成 tensor 类型
    img = tf.convert_to_tensor(ims)
    y = tf.convert_to_tensor(label_list)
    return img,y
```

（4）编写函数 preprocess(x,y) 实现图像预处理功能，代码如下：

```
def preprocess(x,y):
    # 归一化
    x = tf.cast(x,dtype=tf.float32) / 255.0
    y = tf.cast(y,dtype=tf.int32)
    return x,y
```

（5）将图像与标签写入 CSV 文件，格式为 [图像，标签]，代码如下：

```
if __name__ == "__main__":
    # 训练图片与标签
    image_list, label_list = get_files(train_dir)
    # 测试图片与标签
    test_image_list,test_label_list = get_files(test_dir)
    for i in range(len(image_list)):
            print('图片路径 [{}] : 类型 [{}]'.format(image_list[i], label_list[i]))
    x_train, y_train = get_tensor(image_list, label_list)
    x_test, y_test = get_tensor(test_image_list,test_label_list)
    print('image_list:{}, label_list{}'.format(image_list, label_list))
    print('-------------------------------------------------------')
    # print('x_train:', x_train.shape, 'y_train:', y_train.shape)
    # 生成图片，对应标签的 CSV 文件（只要保存一次就可以了）
    with open('./image_label.csv',mode='w', newline='') as f:
            Write = csv.writer(f)
            for i in range(len(image_list)):
                    Write.writerow([image_list[i],str(label_list[i])])
    f.close()
    # 载入训练数据集
    db_train = tf.data.Dataset.from_tensor_slices((x_train, y_train))
    # # shuffle: 打乱数据 ,map: 数据预处理 ,batch: 一次取喂入 10 样本训练
    db_train = db_train.shuffle(1000).map(preprocess).batch(10)

    # 载入测试数据集
    db_test = tf.data.Dataset.from_tensor_slices((x_test, y_test))
    # # shuffle: 打乱数据 ,map: 数据预处理 ,batch: 一次取喂入 10 样本测试
    db_test = db_test.shuffle(1000).map(preprocess).batch(10)
    # 生成一个迭代器输出查看其形状
    sample_train = next(iter(db_train))
    print(sample_train)
    print('sample_train:', sample_train[0].shape, sample_train[1].shape)
```

执行后会输出显示如下数据集的结果，并在创建的 CSV 文件 image_label.csv 中保存图片的标签信息，如图 1-4 所示。

```
图片路径 [pic\train\0\0.png] : 类型 [0]
图片路径 [pic\train\1\1.png] : 类型 [1]
(<tf.Tensor: shape=(2, 32, 32, 3), dtype=float32, numpy=
array([[[[0.8862745 , 0.9411765 , 0.9882353 ],
# 省略部分输出
          [0.         , 0.         , 0.         ],
          [0.         , 0.         , 0.         ]]]], dtype=float32)>, <tf.
Tensor: shape=(2,), dtype=int32, numpy=array([0, 1])>)
```

```
sample_train: (2, 32, 32, 3) (2,)
```

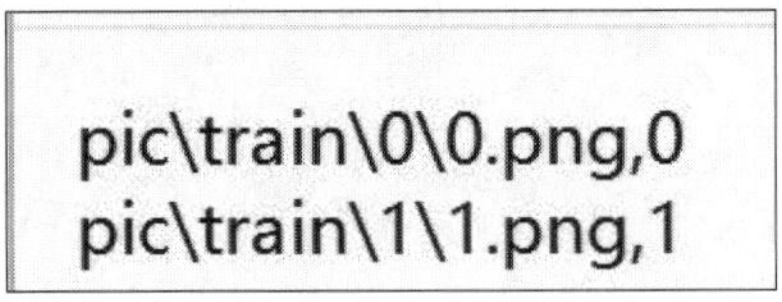

pic\train\0\0.png,0
pic\train\1\1.png,1

图 1-4　文件 image_label.csv 中保存的标签

1.3.2　制作手势识别数据集

下面的实例文件 data04.py 的功能是基于“Dataset”目录中的手势图片制作数据集。

实例 1-6：将指定目录中的手势图片制作成数据集（源码路径：daima/1/data04.py）

实例文件 data04.py 的具体实现流程如下。

（1）读取“Dataset”目录中的手势图片，代码如下：

```
data_root = pathlib.Path('gesture_recognition\Dataset')
print(data_root)
for item in data_root.iterdir():
 print(item)
```

（2）将读取的图片路径保存到 list 中，代码如下：

```
all_image_paths = list(data_root.glob('*/*'))
all_image_paths = [str(path) for path in all_image_paths]
random.shuffle(all_image_paths)
image_count = len(all_image_paths)
print(image_count) ## 统计共有多少图片
for i in range(10):
 print(all_image_paths[i])

label_names = sorted(item.name for item in data_root.glob('*/') if item.is_dir())
print(label_names)  # 其实就是文件夹的名字
label_to_index = dict((name, index) for index, name in enumerate(label_names))
print(label_to_index)
all_image_labels = [label_to_index[pathlib.Path(path).parent.name]
                    for path in all_image_paths]

print("First 10 labels indices: ", all_image_labels[:10])
```

（3）分别编写函数 preprocess_image(image) 和 load_and_preprocess_image(path, label) 实现预处理功能，代码如下：

```
def preprocess_image(image):
    image = tf.image.decode_jpeg(image, channels=3)
    image = tf.image.resize(image, [100, 100])
    image /= 255.0  # normalize to [0,1] range
    # image = tf.reshape(image,[100*100*3])
    return image
```

```
def load_and_preprocess_image(path, label):
    image = tf.io.read_file(path)
    return preprocess_image(image), label
```

（4）构建一个 tf.data.Dataset，代码如下：

```
ds = tf.data.Dataset.from_tensor_slices((all_image_paths, all_image_labels))
train_data = ds.map(load_and_preprocess_image).batch(16)
```

1.4 TFRecord 数据集制作

扫码看视频

TensorFlow 提供了 TFRecord 格式来统一存储数据。从理论上讲，TFRecord 可以存储任何形式的数据。TFRecord 是一种二进制文件格式，具有以下优点。

- 统一各种输入文件的操作。
- 更好地利用内存，方便复制和移动。
- 将二进制数据和标签 (label) 存储在同一个文件中。

本节将详细讲解制作并操作 TFRecord 数据集的知识。

1.4.1 将图片制作为 TFRecord 数据集

在“img”目录中有两个子目录“0”和“1”，在两个子目录中分别保存了图片。编写实例文件 data05.py，功能是将上述两个子目录“0”和“1”中的图片制作成 TFRecord 数据集。

实例 1-7：将两个子目录中的图片制作成 TFRecord 数据集（源码路径：daima/1/data05.py）

文件 data05.py 的具体实现代码如下。

```
cwd = 'img\\'
classes = {'0', '1'}  # 人为设定 2 类
writer = tf.compat.v1.python_io.TFRecordWriter("dog_train.tfrecords")  #
要生成的文件


for index, name in enumerate(classes):
    class_path = cwd + name + '\\'
    for img_name in os.listdir(class_path):
        img_path = class_path + img_name  # 每一个图片的地址

        img = Image.open(img_path)
        img = img.resize((128, 128))
        img_raw = img.tobytes()  # 将图片转化为二进制格式
        example = tf.train.Example(features=tf.train.Features(feature={
            "label": tf.train.Feature(int64_list=tf.train.Int64List(value=[index])),
                'img_raw': tf.train.Feature(bytes_list=tf.train.BytesList
(value=[img_raw]))
```

```
        })) # example 对象对 label 和 image 数据进行封装
        writer.write(example.SerializeToString()) # 序列化为字符串

writer.close()
```

执行后会创建 TFRecord 数据集文件 dog_train.tfrecords。

1.4.2 将 CSV 文件保存为 TFRecord 文件

下面的实例文件 data06.py 的功能是将著名的鸢尾花数据集文件 iris.csv 制作成 TFRecord 数据集。

实例 1-8：将鸢尾花数据集文件 iris.csv 制作成 TFRecord 数据集（源码路径：daima/1/data06.py）

文件 data06.py 的具体实现代码如下。

```
input_csv_file = "iris.csv"
iris_frame = pd.read_csv(input_csv_file, header=0)
print(iris_frame)
# label,sepal_length,sepal_width,petal_length,petal_width
print("values shape: ", iris_frame.shape)

row_count = iris_frame.shape[0]
col_count = iris_frame.shape[1]

output_tfrecord_file = "iris.tfrecords"
with  tf.io.TFRecordWriter(output_tfrecord_file) as writer:
    for i in range(row_count):
        example = tf.train.Example(
            features=tf.train.Features(
                feature={
                    "label": tf.train.Feature(int64_list=tf.train.Int64List
(value=[iris_frame.iloc[i, 0]])),
                    "sepal_length": tf.train.Feature(float_list=tf.train.
FloatList(value=[iris_frame.iloc[i, 1]])),
                    "sepal_width": tf.train.Feature(float_list=tf.train.
FloatList(value=[iris_frame.iloc[i, 2]])),
                    "petal_length": tf.train.Feature(float_list=tf.train.
FloatList(value=[iris_frame.iloc[i, 3]])),
                    "petal_width": tf.train.Feature(float_list=tf.train.
FloatList(value=[iris_frame.iloc[i, 4]]))

                }
            )
        )
        writer.write(record=example.SerializeToString())
writer.close()
```

执行后会提取数据集中的信息，打印输出如下信息，并创建 TFRecord 数据集文件 iris.tfrecords。

```
2.6.0
```

```
     Unnamed: 0  Sepal.Length  ...  Petal.Width   Species
0             1           5.1  ...          0.2    setosa
# 省略部分输出
[150 rows x 6 columns]
values shape:  (150, 6)
```

1.4.3　读取 TFRecord 文件的内容

data07.py 实例文件的功能是将图像保存写入 TFRecord 文件，然后读取 TFRecord 文件里的内容。将图像作为输入数据，将数据写入 TFRecord 文件，然后将文件读取回来并显示图像。如果想在同一个输入数据集上使用多个模型，这种做法会很有用。这里不以原始格式存储图像，而是将图像预处理为 TFRecord 格式，然后将其用于所有后续的处理和建模中。

实例 1-9：将图像保存写入 TFRecord 文件中并读取（源码路径：daima/1/data07.py）

data07.py 文件的具体实现流程如下。

（1）为了将标准 TensorFlow 类型转换为兼容 tf.Example 的 tf.train.Feature，编写如下所示的函数，将值转换为与 tf.Example 兼容的类型，每个函数会接受标量输入值并返回包含三种 list 类型（bytes_list、float_list 和 int64_list）之一的 tf.train.Feature。

```
# 将值转换为与 tf.Example 兼容的类型
def _bytes_feature(value):
  """  从字符串 / 字节返回 bytes_list"""
  if isinstance(value, type(tf.constant(0))):
    value = value.numpy() # BytesList 不会从张量中解包字符串
  return tf.train.Feature(bytes_list=tf.train.BytesList(value=[value]))

def _float_feature(value):
  """从 float/double 返回一个 float_list"""
  return tf.train.Feature(float_list=tf.train.FloatList(value=[value]))

def _int64_feature(value):
  """从 bool/enum/int/uint 返回 int64_list"""
  return tf.train.Feature(int64_list=tf.train.Int64List(value=[value]))
```

（2）下载两张网络照片，代码如下：

```
    cat_in_snow   = tf.keras.utils.get_file('320px-Felis_catus-cat_on_snow.
jpg', 'https://storage.googleapis.com/download.tensorflow.org/example_
images/320px-Felis_catus-cat_on_snow.jpg')
    williamsburg_bridge = tf.keras.utils.get_file('194px-New_East_River_
Bridge_from_Brooklyn_det.4a09796u.jpg','https://storage.googleapis.com/
download.tensorflow.org/example_images/194px-New_East_River_Bridge_from_
Brooklyn_det.4a09796u.jpg')

    display.display(display.Image(filename=cat_in_snow))
    display.display(display.HTML('Image cc-by: &lt;a "href=https://commons.
wikimedia.org/wiki/File:Felis_catus-cat_on_snow.jpg"&gt;Von.grzanka&lt;/a&gt;'))

    display.display(display.Image(filename=williamsburg_bridge))
```

```
    display.display(display.HTML('&lt;a  "href=https://commons.wikimedia.
org/wiki/File:New_East_River_Bridge_from_Brooklyn_det.4a09796u.jpg"&gt;From
Wikimedia&lt;/a&gt;'))
```

两张网络照片如图 1-5 所示。

Image cc-by: <a "href=https://commons.wikimedia.org/wiki/File:Felis_catus-cat_on_snow.jpg">Von.grzanka</a>

<a
"href=https://commons.wikimedia.org/wiki/File:New_East_River_Bridge_from_Brooklyn_det.4a09796u.
Wikimedia</a>

图 1-5　两张网络照片

（3）写入 TFRecord 文件。

接下来，需要将特征编码为与 tf.Example 兼容的类型，这将存储原始图像字符串特征，以及高度、宽度、深度和任意 label（标签）特征。后者会在写入文件以区分猫和桥的图像时使用。将 0 用于猫的图像，将 1 用于桥的图像。代码如下：

```
    image_labels = {
        cat_in_snow : 0,
        williamsburg_bridge : 1,
    }

    # 这是一个示例，仅使用 cat 图像
    image_string = open(cat_in_snow, 'rb').read()

    label = image_labels[cat_in_snow]

    # 创建具有相关功能的词典
    def image_example(image_string, label):
      image_shape = tf.image.decode_jpeg(image_string).shape

      feature = {
          'height': _int64_feature(image_shape[0]),
          'width': _int64_feature(image_shape[1]),
          'depth': _int64_feature(image_shape[2]),
```

```
      'label': _int64_feature(label),
      'image_raw': _bytes_feature(image_string),
  }

  return tf.train.Example(features=tf.train.Features(feature=feature))

for line in str(image_example(image_string, label)).split('\n')[:15]:
  print(line)
print('...')
```

执行后会打印输出 TFRecord 文件的结构：

```
    key: "depth"
    value {
      int64_list {
        value: 3
      }
    }
  }
  feature {
    key: "height"
    value {
      int64_list {
        value: 213
      }
...
```

此时，所有的特征都被存储在 tf.Example 消息中，接下来，函数化处理上面的代码，并将原始图像文件写入名为 images.tfrecords 的文件中。代码如下：

```
# 将原始图像文件写入 "images.tfrecords"
# 首先，将这两个图像处理为 'tf.Example' 消息
# 然后，写入一个 ".tfrecords" 文件
record_file = 'images.tfrecords'
with tf.io.TFRecordWriter(record_file) as writer:
  for filename, label in image_labels.items():
    image_string = open(filename, 'rb').read()
    tf_example = image_example(image_string, label)
    writer.write(tf_example.SerializeToString())
```

（4）读取 TFRecord 文件。

现在已经创建了文件 images.tfrecords，并可以迭代其中的记录以将写入的内容读取回来。因为在此实例中只需重新生成图像，所以只需要原始图像字符串这一个特征。使用 TensorFlow 内置的 getter 方法（即 example.features.feature['image_raw'].bytes_list.value[0]）提取该特征。另外，还可以使用标签来确定哪个记录是猫，哪个记录是桥。代码如下：

```
raw_image_dataset = tf.data.TFRecordDataset('images.tfrecords')

# 创建描述功能的词典
image_feature_description = {
    'height': tf.io.FixedLenFeature([], tf.int64),
```

```
        'width': tf.io.FixedLenFeature([], tf.int64),
        'depth': tf.io.FixedLenFeature([], tf.int64),
        'label': tf.io.FixedLenFeature([], tf.int64),
        'image_raw': tf.io.FixedLenFeature([], tf.string),
    }

    def _parse_image_function(example_proto):
      # 使用上面的字典解析输入 tf.Example proto
       return tf.io.parse_single_example(example_proto, image_feature_
description)

    parsed_image_dataset = raw_image_dataset.map(_parse_image_function)
    parsed_image_dataset
```

执行后会输出：

```
    <MapDataset shapes: {depth: (), height: (), image_raw: (), label: (),
width: ()}, types: {depth: tf.int64, height: tf.int64, image_raw: tf.string,
label: tf.int64, width: tf.int64}>
```

从 TFRecord 文件中恢复图像，代码如下：

```
    for image_features in parsed_image_dataset:
      image_raw = image_features['image_raw'].numpy()
      display.display(display.Image(data=image_raw))
```

从 TFRecord 文件中恢复出来的图像如图 1-6 所示。

图 1-6　从 TFRecord 文件中恢复出来的图像

第 2 章 使用机器学习算法制作 TensorFlow 模型

当您踏上机器学习和人工智能的旅程时，第一个 TensorFlow 模型往往是您迈出的关键一步。TensorFlow 是一个强大的机器学习框架，主要用于构建、训练和部署深度学习模型，如神经网络。TensorFlow 不仅专注于深度学习，也用于实现传统的机器学习算法，如线性回归、逻辑回归、二元决策树、K 近邻算法等。本章将简要介绍 TensorFlow 使用机器学习算法制作大模型的知识。

2.1 制作线性回归模型

扫码看视频

线性回归（Linear Regression）是利用数理统计中的回归分析，来确定两种或两种以上变量间相互依赖的定量关系的一种统计分析方法。本节将详细讲解制作线性回归模型的知识。

2.1.1 线性回归介绍

在人工智能领域，经常用线性回归算法解决回归问题。在统计学中，线性回归是利用线性回归方程的最小平方函数对一个或多个自变量和因变量之间关系进行建模的一种回归分析。这种函数是一个或多个回归系数的模型参数的线性组合。只有一个自变量的情况称为简单回归，大于一个自变量的情况叫作多元回归。（这与多元线性回归不同，后者是由多个自变量预测的多个相关的因变量，而不是仅预测一个单一的标量变量。）

线性回归模型（Linear Regression Model，LRM）通常使用最小二乘法来拟合数据，但也可以采用其他方法，比如，通过最小化某种“拟合缺陷”来进行拟合，例如，最小绝对误差回归，或者在桥回归中最小化带惩罚的最小二乘损失函数。相反，最小二乘法也可以用于拟合非线性模型。因此，虽然“最小二乘法”和“线性模型”密切相关，但它们并不是等同的概念。

2.1.2 使用 Keras 实现线性回归模型

本节将介绍如何使用 TensorFlow 2.x 推荐的 Keras 接口更方便地实现线性回归的训练。编写实例文件 Linear01.py，功能是使用 TensorFlow 框架构造一个简单的线性回归模型。

首先构造数据集，使用的函数（function）是 y=wx+b 的形式。然后初始化参数 w=0.5 和 b=0.3，使用梯度下降算法进行训练，得出参数的训练值。Loss 函数直接采用均方差的形式，进行 100 次迭代。

实例 2-1：使用 TensorFlow 框架构造一个线性回归模型（源码路径：daima/2/Linear01.py）

文件 Linear01.py 的具体实现流程如下。

（1）引入所需要的函数库，然后构造数据，分别设置权重 true_w 和偏置 true_b，生成 1000 个数据点。

（2）开始组合数据，随机打乱生成的 1000 个数据点，其中一个 batch 包含 10 条原数据，然后分别定义模型、网络层、损失和优化器。代码如下：

```
    #2.组合数据
    batch_size = 10
    # 将训练数据的特征和标签组合
    dataset = tfdata.Dataset.from_tensor_slices((features, labels))
    #按第 0 维进行切分，和标签组合
    # 随机读取小批量
    dataset = dataset.shuffle(buffer_size=num_examples)       #随机打乱 1000
    dataset = dataset.batch(batch_size)
    data_iter = iter(dataset)#生成一个迭代器

    model = keras.Sequential()  # 定义模型
    model.add(layers.Dense(1, kernel_initializer=init.RandomNormal
(stddev=0.01)))  # 定义网络层

    loss = losses.MeanSquaredError()  # 定义损失
    trainer = optimizers.SGD(learning_rate=0.03)  # 定义优化器为随机梯度下降
```

（3）开始训练数据，将全体数据循环三次，每次遍历完毕后将输出显示损失。代码如下：

```
    loss_history = []
    num_epochs = 3
    for epoch in range(1, num_epochs + 1):
        for (batch, (X, y)) in enumerate(dataset):  # 对每一个 batch 循环
            with tf.GradientTape() as tape:  # 定义梯度
                l = loss(model(X, training=True), y)
            loss_history.append(l.numpy().mean())  # 记录该 batch 的损失
            grads = tape.gradient(l, model.trainable_variables)  # tape.gradient
找到变量的梯度
             trainer.apply_gradients(zip(grads, model.trainable_variables))
# 更新权重

        l = loss(model(features), labels)  # 遍历完一次全体数据后的损失
        print('epoch %d, loss: %f' % (epoch, l))
```

执行后会输出：

```
    epoch 1, loss: 0.000273
    epoch 2, loss: 0.000104
    epoch 3, loss: 0.000104
```

在本实例中，因为我们要求所有数据循环 3 次，而每一次循环都是小批量循环，每个小批量循环里都有 10 条数据，所以首先写出两个 for 循环，最里层的循环是每次循环 10 条数据。通过调用 tensorflow.GradientTape 记录动态图梯度，之前定义的损失函数是均方误差，需要真实值和模型值，于是把 model(x) 和 y 输入 loss 里。

我们可以记录每个 batch 的损失，添加到 loss_history 中。通过 model.trainable_variables 找到需要更新的变量，并用 trainer.apply_gradients 更新权重，完成一步训练。

2.2 制作逻辑回归模型

扫码看视频

逻辑回归（Logistic Regression）是一种广义的线性回归分析模型，用于数据挖掘、疾病自动诊断、经济预测等领域。本节将详细讲解制作逻辑回归模型的知识。

2.2.1 Logistic Regression 算法介绍

简单来说，逻辑回归是一种用于解决二分类（0 或 1）问题的机器学习方法，用于估计某种事物的可能性。比如某用户购买某商品的可能性，某病人患有某种疾病的可能性，以及某广告被用户点击的可能性，等等。注意，这里用的是“可能性”，而非数学上的“概率”，逻辑回归的结果并非数学定义中的概率值，不可以直接当作概率值来使用。该结果往往用于和其他特征值加权求和，而非直接相乘。

逻辑回归与线性回归有什么关系呢？逻辑回归与线性回归都是一种广义线性模型（Generalized Linear Model）。逻辑回归假设因变量 y 服从伯努利分布，而线性回归假设因变量 y 服从高斯分布。 因此逻辑回归与线性回归有很多相同之处，如果去除 Sigmoid 映射函数，逻辑回归算法类似一个线性回归。可以说，逻辑回归是以线性回归为理论支持的，但是逻辑回归通过 Sigmoid 函数引入了非线性因素，因此可以轻松处理 0/1 分类问题。

2.2.2 使用信用卡欺诈数据集制作模型

在下面的实例文件 Logistic01.py 中，使用的数据集是信用卡欺诈数据集 credit-a.csv，使用逻辑回归算法进行处理。

实例 2-2：使用信用卡欺诈数据集制作逻辑回归模型（源码路径：daima/2/Logistic01.py）

实例文件 Logistic01.py 的具体实现流程如下。

（1）首先读取数据集的信息，代码如下：

```
import tensorflow as tf
import pandas as pd
import matplotlib.pyplot as plt
# 读取数据集
data = pd.read_csv('dataset/credit-a.csv')
print(data.head())
```

执行后会输出：

```
0  30.83 0.1   0.2   0.3  9  0.4 1.25 0.5   0.6  1   1.1 0.7 202    0.8    -1
```

```
0  1      58.67  4.460  0    0  8    1      3.04  0     0  6    1    0  43     560.0-1
1  1      24.50  0.500  0    0  8    1      1.50  0     1  0    1    0  280    824.0-1
2  0      27.83  1.540  0    0  9    0      3.75  0     0  5    0    0  100    3.0   -1
3  0      20.17  5.625  0    0  9    0      1.71  0     1  0    1    2  120    0.0   -1
4  0      32.08  4.000  0    0  6    0      2.50  0     1  0    0    0  360    0.0   -1
```

从上述输出结果可以看出，此数据集没有表头，把第一行数据当成了表头，我们通过如下代码重读一遍数据，查看第 15 列结果有几类。

```
# 查看第 15 列结果有几类
data.iloc[:,-1].value_counts()
```

此时，执行后会输出：

```
[5 rows x 16 columns]
0  1  2      3      4   5   6   7   8       9   10  11  12  13   14    15
0  0  30.83  0.000  0   0   9   0   1.25    0   0   1   1   0    202   0.0    -1
1  1  58.67  4.460  0   0   8   1   3.04    0   0   6   1   0    43    560.0 -1
2  1  24.50  0.500  0   0   8   1   1.50    0   1   0   1   0    280   824.0 -1
3  0  27.83  1.540  0   0   9   0   3.75    0   0   5   0   0    100   3.0    -1
4  0  20.17  5.625  0   0   9   0   1.71    0   1   0   1   2    120   0.0    -1
Model: "sequential_2"
```

（2）使用逻辑回归对数据进行处理，先把 -1 全部替换成 0。代码如下：

```
# 构造 x,y
x = data.iloc[:,:-1]
y = data.iloc[:,-1].replace(-1,0)
# 构建一个输入为 15、隐藏层为 10 10、输出层为 1 的神经网络，由于是逻辑回归，最后输出层的激活函数为 sigmoid
model = tf.keras.Sequential([
    tf.keras.layers.Dense(10,input_shape=(15,),activation='relu'),
    tf.keras.layers.Dense(10,activation='relu'),
    tf.keras.layers.Dense(1,activation='sigmoid')
])
model.summary()
```

（3）设置优化器和损失函数，然后训练 80 次。代码如下：

```
model.compile(
    optimizer = 'adam',  # 优化器
    loss='binary_crossentropy', # 损失函数，交叉熵
    metrics=['acc']   # 准确率
)
# 训练 80 次
history = model.fit(x,y,epochs=80)
```

（4）通过如下代码绘制训练次数与损失的图像：

```
plt.plot(history.epoch, history.history.get('loss'))
```

执行后绘制训练次数与损失的图像，如图 2-1 所示。

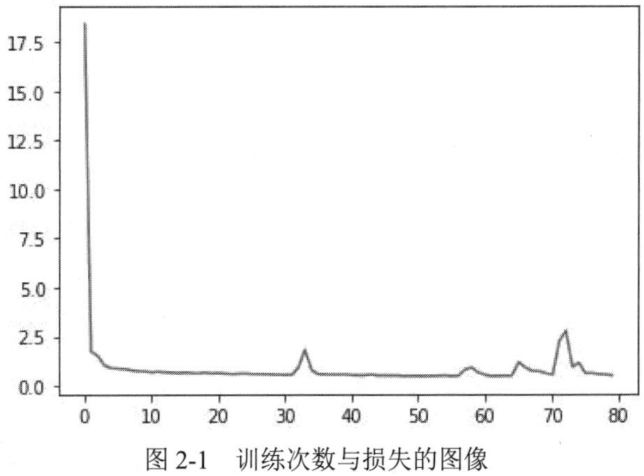

图 2-1　训练次数与损失的图像

（5）通过如下代码绘制训练次数与准确率的图像：

```
plt.plot(history.epoch, history.history.get('acc'))
```

执行后的效果如图 2-2 所示。

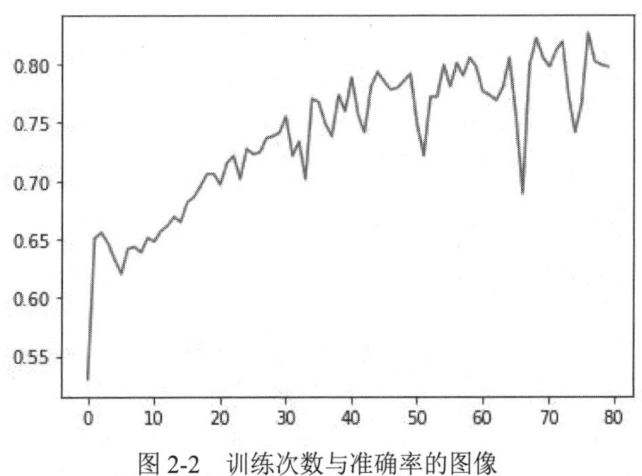

图 2-2　训练次数与准确率的图像

2.3 使用二元决策树算法制作模型

二元决策树就是基于属性进行的一系列二元（是 / 否）决策。每次决策对应于从两种可能性中选择一个。在每次决策后要么会引出另外一个决策，要么会生成最终的结果。

扫码看视频

2.3.1　二元决策树介绍

二叉树是一个连通的无环图，每个节点最多有两个子节点。如图 2-3（a）就是一个深度 k=3 的二叉树。二元决策树与此类似，只不过二元决策树是基于属性做一系列二元（是 / 否）决策。每次决策从下面的两种决策中选择一种，然后又会引出另外两种决策，依次类推直到叶子节点（即最终的结果）也可以将二元决策树理解为是对二叉树的遍历，或者很多层的 if-else 嵌套。

需要特别注意的是：二元决策树中的深度定义与二叉树中的深度定义是不一样的。二叉树的深度是指有多少层，而二元决策树的深度是指经过多少层计算。以图 2-3（a）为例，二叉树的深度 k=3，而在二元决策树中深度 k=2。图 2-3（b）就是一个二元决策树的例子，其中最关键的是如何选择切割点，即 X[0]<=-0.075 中的 -0.075 是如何选择出来的。

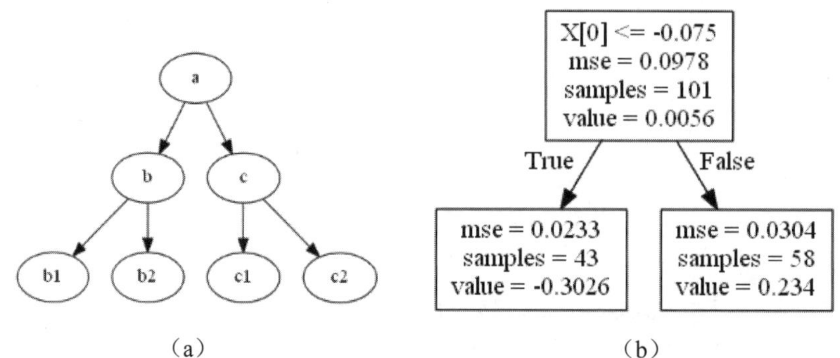

图 2-3　二叉树和二元决策树

逻辑回归与二元决策树的区别如下。

（1）逻辑回归通常用于分类问题，二元决策树可回归、可分类。

（2）逻辑回归是线性函数，二元决策树是非线性函数。

（3）逻辑回归的表达式很简单，回归系数就确定了模型。而二元决策树的形式则更为复杂，涉及叶子节点的范围和取值。两种模型在实际应用中都有很强的可解释性，因此在银行等行业中较受欢迎。

2.3.2 使用二元决策树制作模型

通常 TensorFlow 并不被用于直接创建和训练二元决策树，因为二元决策树是一种基于规则的机器学习算法，而 TensorFlow 主要用于构建神经网络和其他更复杂的模型。下面以实例演示如何使用 TensorFlow 创建一个基于数据的二元分类模型。实例文件 binary01.py 中，将使用一个基于逻辑回归的二元分类模型，它可以被视为一个类似于二元决策树的模型。请注意，这只是一个实例，实际上并不等同于传统的二元决策树。

实例 2-3：实现一个基于逻辑回归的二元分类模型（源码路径：daima/3/binary01.py）

实例文件 binary01.py 的具体实现代码如下所示。

```
import tensorflow as tf
import numpy as np
import matplotlib.pyplot as plt

# 生成示例数据
np.random.seed(0)
X = np.random.rand(100, 2)  # 100 个样本，每个样本有两个特征
y = (X[:, 0] + X[:, 1] > 1).astype(int)  # 根据特征和阈值生成标签

# 构建二元分类模型
model = tf.keras.Sequential([
    tf.keras.layers.Input(shape=(2,)),
```

```
    tf.keras.layers.Dense(1, activation='sigmoid')
])

# 编译模型
model.compile(optimizer='adam',
              loss='binary_crossentropy',
              metrics=['accuracy'])

# 训练模型
history = model.fit(X, y, epochs=50, validation_split=0.2)

# 绘制训练过程
plt.figure(figsize=(12, 4))
plt.subplot(1, 2, 1)
plt.plot(history.history['loss'], label='Train Loss')
plt.plot(history.history['val_loss'], label='Validation Loss')
plt.legend()
plt.subplot(1, 2, 2)
plt.plot(history.history['accuracy'], label='Train Accuracy')
plt.plot(history.history['val_accuracy'], label='Validation Accuracy')
plt.legend()
plt.show()

# 在新数据上进行预测
new_data = np.array([[0.8, 0.3], [0.2, 0.9]])
predictions = model.predict(new_data)
for i, pred in enumerate(predictions):
    print(f"Data point {i+1}: Probability of class 1: {pred[0]}")
```

在实例中生成了一些示例数据，其中每个样本都有两个特征。我们构建了一个简单的二元分类模型，它包含一个具有 sigmoid 激活函数的全连接层，使用二元交叉熵作为损失函数进行编译，然后训练模型。执行后，输出如下训练模型时的日志信息，以及在新数据上进行预测的结果。

```
    Epoch 2/50
    3/3 [==============================] - 0s 49ms/step - loss: 0.7480 -
accuracy: 0.3125 - val_loss: 0.7428 - val_accuracy: 0.3000
    Epoch 3/50
    3/3 [==============================] - 0s 49ms/step - loss: 0.7474 -
accuracy: 0.3125 - val_loss: 0.7422 - val_accuracy: 0.3000
    Epoch 4/50
    3/3 [==============================] - 0s 51ms/step - loss: 0.7467 -
accuracy: 0.3125 - val_loss: 0.7416 - val_accuracy: 0.3500
    Epoch 5/50
    3/3 [==============================] - 0s 47ms/step - loss: 0.7460 -
accuracy: 0.3000 - val_loss: 0.7411 - val_accuracy: 0.4500
    Epoch 6/50
    ........
    ........
    Epoch 50/50
    3/3 [==============================] - 0s 51ms/step - loss: 0.7220 - accuracy:
0.4625 - val_loss: 0.7209 - val_accuracy: 0.4500
```

```
Data point 1: Probability of class 1: 0.587558388710022
Data point 2: Probability of class 1: 0.39352360367774963
```

上面的输出是训练模型时的日志信息，以及在新数据上进行预测的结果，具体说明如下。

- 训练过程日志（Epoch 2/50 到 Epoch 50/50）：这些行显示了每个训练周期（Epoch）的训练过程。每个训练轮次包含多个步骤（step），每个步骤处理一部分数据（batch）。在每个训练轮次中，模型会根据训练数据进行权重更新，以最小化损失函数。从中可以看到训练的损失（loss）和准确率（accuracy），以及验证集上的损失和准确率。例如，val_loss 表示验证集上的损失，val_accuracy 表示验证集上的准确率。
- 预测结果：这部分显示了模型在新数据点上的预测结果。每个数据点都有一个概率值，表示它属于类别 1 的概率（这是一个二元分类任务，包括类别 0 和类别 1。）例如，“Data point 1: Probability of class 1: 0.587558388710022”表示第一个数据点属于类别 1 的概率为 0.588。

上述输出信息展示了模型的训练过程和在新数据上的预测结果。另外，上述代码在训练过程结束后使用 Matplotlib 绘制了两幅图，分别显示了训练过程中的损失和准确率的变化，如图 2-4 所示。综合这两幅图的信息，可以更好地理解模型在训练过程中的表现和学习进程。如果看到训练损失下降、训练准确率上升，但验证损失开始增加或验证准确率下降，可能表示模型过拟合了训练数据。

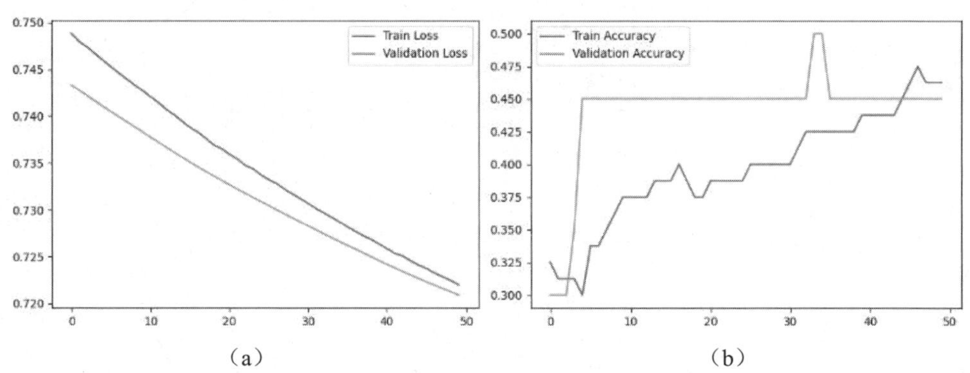

图 2-4　训练过程中的损失和准确率的变化

> **注意：**这个例子中的模型并不是严格的二元决策树，而是一个基于神经网络的二元分类模型。这只是一个展示如何使用 TensorFlow 创建二元分类模型的简单示例。如果真正需要使用二元决策树，可以考虑使用其他库，如 scikit-learn。

2.4 k 近邻算法

k 近邻（k-Nearest Neighbor，KNN）算法是最简单的机器学习算法之一。k 近邻算法的思路是：在特征空间中，如果一个样本附近的 k 个最近样本的大多数属于某一个类别，则该样本也属于这个类别。

扫码看视频

2.4.1　k 近邻算法介绍

k 近邻算法是一种基本分类和回归方法：给定一个训练数据集，对新的输入实例，在训练数据集中找到与该实例最邻近的 k 个实例，这 k 个实例的多数属于某个类，就把该输入实例分类到这个类中。通过上述描述可知，k 近邻算法类似于现实生活中少数服从多数的规则。图 2-5 所示为两类不同颜色的样本数据，这是引自维基百科上的一幅图。

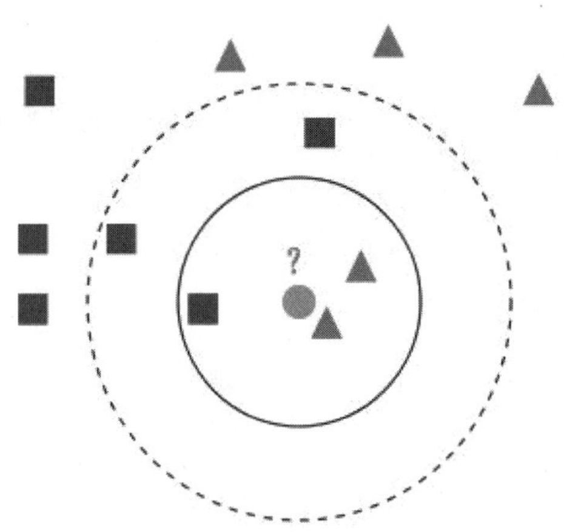

图 2-5　两类不同颜色的样本数据

图 2-5 中两类不同颜色的样本数据，分别用蓝色的正方形和红色的三角形表示。图正中间的那个绿色的圆所标示的数据则是待分类的数据，现在要得到它的类别是什么，根据 k 近邻算法的思想来给绿色圆点进行分类：

- 如果 k=3，绿色圆点最邻近的 3 个点是 2 个红色三角形和 1 个蓝色正方形，少数从属于多数，基于统计的方法，判定绿色的这个待分类圆点属于红色三角形一类。
- 如果 k=5，绿色圆点最邻近的 5 个点是 2 个红色三角形和 3 个蓝色正方形，还是少数从属于多数，基于统计的方法，判定绿色的这个待分类圆点属于蓝色正方形一类。

通过分析可以看出，k 近邻算法的思想非常简单，只要找到离它最近的 k 个实例，哪个类别最多即可。我们应该如何选取 k 近邻的 k 值呢？如果我们选取较小的 k 值，那么就意味着整体模型会变得复杂，容易发生过拟合。假设选取 k=1 这个极端情况，怎么就使模型变复杂，又容易过拟合了呢？假设我们有训练数据和待分类点，如图 2-6 所示，其中有两类数据，一类是黑色的圆点，另一类是蓝色的长方形，现在待分类点是红色的五边形。根据 k 近邻算法步骤来决定待分类点应该归为哪一类。由图可以看出来五边形离黑色的圆点最近，k 又等于 1，因此，最终判定待分类点属于黑色的圆点一类。

我们可以很容易发现上述处理过程的问题，如果 k 太小，比如等于 1，那么模型就太复杂。我们很容易感觉到噪声，也就非常容易判定为噪声类别，而在图 2-6 中，如果 k 的值大一点，例如，k 等于 8，把长方形都包括进来，就很容易得到正确的分类，红色五边形待分类点属于蓝色的长方形一类，如图 2-7 所示。

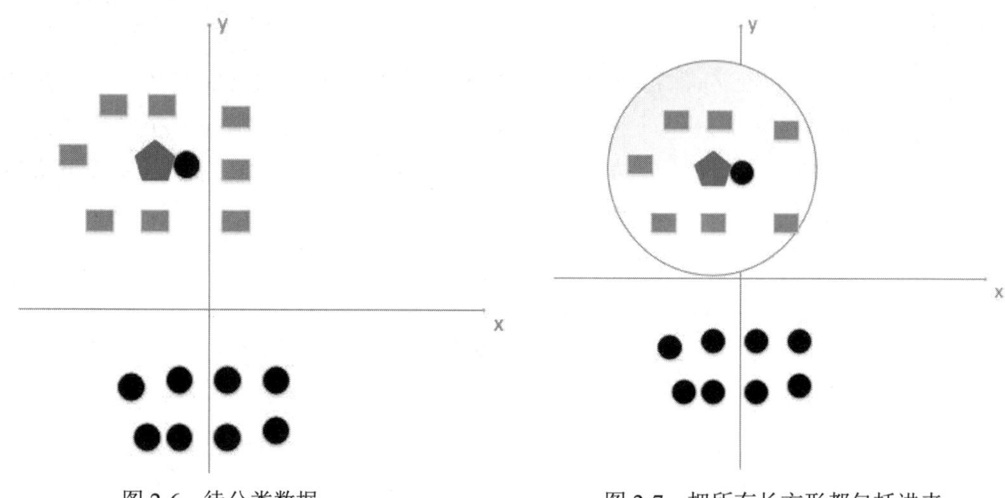

图 2-6　待分类数据　　　　图 2-7　把所有长方形都包括进来

过拟合是指在训练集上准确率非常高，而在测试集上准确率非常低。经过上面的操作可以得出如下结论。

- 如果 k 值太小会导致过拟合，很容易将一些噪声（如图 2-6 中距离五边形很近的黑色圆点）学习到模型中，而忽略了数据真实的分布。
- 如果选取较大的 k 值，就相当于用较大邻域中的训练数据进行预测，这时与输入实例较远的（不相似）训练实例也会对预测起作用，使预测发生错误，k 值的增大意味着整体模型变得简单。

如果 k=N，N 表示训练样本的个数，那么无论输入实例是什么，都将简单地预测它属于在训练实例中最多的类。此时，模型非常简单，相当于没有训练模型，直接拿训练数据统计了一下各个数据的类别，找出其中最大的而已。

使用 K 近邻算法的基本步骤如下。

（1）计算距离：给定测试对象，计算它与训练集中的每个对象的距离。

（2）找邻居：圈定距离最近的 k 个训练对象，作为测试对象的近邻。

（3）做分类：根据 k 个近邻归属的主要类别，对测试对象进行分类。

2.4.2　对服装图像进行分类

以下实例使用 k 近邻算法对 Fashion-MNIST 数据集中的图像进行分类。

实例 2-4：使用 k 近邻算法实现对图像进行分类（源码路径：daima/2/knn.py）

（1）准备数据

本实例将使用 Fashion-MNIST 数据集，这是一个服装图像数据集，它包含 60000 张训练图像和 10000 张测试图像，每张图像的大小为 28 像素 ×28 像素，共有 10 个类别，如 T 恤、裤子、鞋子等。我们可以从 Fashion-MNIST 的官方 GitHub 仓库中下载数据集文件，如图 2-8 所示。

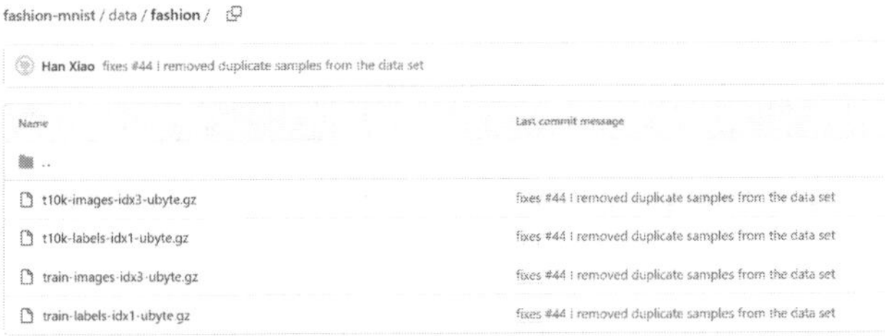

fashion-mnist / data / fashion /

Han Xiao fixes #44 I removed duplicate samples from the data set

Name	Last commit message
..	
t10k-images-idx3-ubyte.gz	fixes #44 I removed duplicate samples from the data set
t10k-labels-idx1-ubyte.gz	fixes #44 I removed duplicate samples from the data set
train-images-idx3-ubyte.gz	fixes #44 I removed duplicate samples from the data set
train-labels-idx1-ubyte.gz	fixes #44 I removed duplicate samples from the data set

图 2-8　Fashion-MNIST 数据集

（2）编写实例文件 knn_utils.py 实现 k 近邻算法分类，首先将训练数据拆分为训练集和验证集，然后将训练数据从［60000,(28,28)］扁平化到 (60000,784)，最后实现数据归一化（即将数据除以 255）。在本实例中将选择最佳的 k 参数和“接近度”参数。为了找到它，可以将数据拆分为训练集和验证集等，用于评估距离计算方法的效果。实例文件 knn_utils.py 的主要实现代码如下。

```
    def candidate_k_values(min_k=1, max_k=25, step=1):
        """
        返回：要检查的候选 k 值列表
        """
        return range(min_k, max_k, step)


    def predict_prob(X_test, X_train, y_train, k):
        """
        :参数 X_test：测试数据矩阵 [N1xW]
        参数 X_train：训练数据矩阵 [N2xW]
        参数 y_train：*X_train* 对象的真实类标签 [N2x1]
        参数 k：最近邻居的数量
        返回：每个类别和 *X_test* 对象的概率分布矩阵 p(y|x) [N1xM]
        """
        distances = distances_methods[used_distance_number](X_test, X_train)
        sorted_labels = sort_train_labels(distances, y_train)
        return p_y_x(sorted_labels, k)


    def predict_prob_with_batches(X_test, X_train, y_train, k, batch_size):
         """
        将 *x_test* 分割为批次，针对每个批次计算每个 y 类别的概率分布矩阵 p(y|x)
        :param k: 最近邻居的数量
        返回：包含每个 x_test 批次的概率分布矩阵 p(y|x) 列表    """
        if batch_size >= len(X_test):  # 如果批次大小大于等于测试数据大小
            return [predict_prob(X_test, X_train, y_train, k)]# 直接返回整个数
据的概率分布矩阵
        else:  # 否则，分割为多个批次
            test_batches = split_to_batches(X_test, batch_size)
            batches_qty = len(test_batches)
             y_prob = [predict_prob(test_batches[i], X_train, y_train, k)for
i in range(batches_qty)]
            return y_prob
```

对上述代码的具体说明如下。

- 函数 candidate_k_values(min_k=1, max_k=25, step=1) 的功能是生成一个包含要检查的候选 k 值的列表。返回指定范围内的 k 值列表。对各个参数的说明如下。
  - min_k：最小 k 值，默认为 1。
  - max_k：最大 k 值，默认为 25。
  - step：步长，用于增加 k 值的间隔，默认为 1。
- 函数 predict_prob(X_test, X_train, y_train, k) 的功能是根据输入的测试数据、训练数据和 k 值，计算每个类别和测试对象的概率分布矩阵 p(y|x)。返回每个类别和 x_test 对象的概率分布矩阵 p(y|x) [N1×M]。对各个参数的具体说明如下。
  - X_test：测试数据矩阵 [N1×W]。
  - X_train：训练数据矩阵 [N2×W]。
  - y_train：X_train 样本的真实类标签 [N2×1]。
  - k：最近邻居的数量。
- 函数 predict_prob_with_batches(X_test, X_train, y_train, k, batch_size) 的功能是将测试数据 X_test 分割为批次，针对每个批次计算每个 y 类别的概率分布矩阵 p(y|x)。返回包含每个 X_test 批次的概率分布矩阵 p(y|x) 列表。如果批次大小大于或等于测试数据大小，则直接返回整个数据的概率分布矩阵。对各个参数的具体说明如下。
  - X_test：测试数据矩阵 [N1×W]。
  - X_train：训练数据矩阵 [N2×W]。
  - y_train：X_train 对象的真实类标签 [N2×1]。
  - k：最近邻居的数量。
  - batch_size：批次大小。

（3）编写文件 knn_main.py 搜索最佳 k 值，对测试数据进行预测并计算之前已经找到的 k 的准确度，然后绘制训练图像，并绘制带有预测的示例图像。文件 knn_main.py 的主要实现代码如下。

```
    def run_knn_test(val_size=VAL_SIZE, k=BEST_K):
        print('\n------------- KNN model - predicting  ')
        print('------------- Loading data  ')
        X_train, y_train, X_test, y_test = pre_processing_dataset()
        (X_train, y_train), (_, _) = split_to_train_and_val(X_train, y_train,
val_size)
        start_total_time = time.time()
        print('------------- Making labels predictions for test data')
        start_time = time.time()
        predictions_list = predict_prob_with_batches(X_test, X_train, y_train,
k, BATCH_SIZE)
        print("- Completed in: ", convert_time(time.time() - start_time))
        print('\n------------- Predicting labels for test data')
        predicted_labels = predict_labels_for_every_batch(predictions_list)
        print('------------- Saving prediction results to file')
        save_labels_to_csv(predicted_labels, LOGS_PATH,  PREDICT_CSV_PREFIX + distance_
name + "_k" + str(k))
        print('------------- Evaluating accuracy ')
```

```
    accuracy = calc_accuracy(predicted_labels, y_test)
    print('------------- Saving prediction results to file  ')
    print('------------- Results ')
    accuracy_file_path = LOGS_PATH + ACCURACY_TXT_PREFIX + str(k) + '_' +
distance_name[used_distance_number]
    clear_log_file(accuracy_file_path)
    log("KNN\n", accuracy_file_path)
    log('Distance calc algorithm: ' + distance_name, accuracy_file_path)
    log('k: ' + str(k), accuracy_file_path)
    log('Train images qty: ' + str(X_train.shape[0]), accuracy_file_path)
    log('Accuracy: ' + str(accuracy) + '%\nTotal calculation time= ' + str(
        convert_time(time.time() - start_total_time)), accuracy_file_path)
    print('\n------------- Result saved to file ')
    return predictions_list, predicted_labels

def select_best_k(X_train, y_train, val_size=VAL_SIZE, batch_size=BATCH_
SIZE):
    print('------------- Searching for best k value')
    start_time = time.time()
    (X_train, y_train), (X_val, y_val) = split_to_train_and_val(X_train,
y_train, val_size)
    err, k = model_select_with_splitting_to_batches(X_val, X_train, y_
val, y_train, candidate_k_values(), batch_size)
    calc_time = convert_time(time.time() - start_time)
    k_searching_path = LOGS_PATH + K_SEARCHING_TXT_PREFIX + str(k)
    clear_log_file(k_searching_path)
    print('------------- Best k has been found ')
    log('One batch size: ' + str(batch_size), k_searching_path)
    log('Train images qty: ' + str(X_train.shape[0]), k_searching_path)
    log('Validation images qty: ' + str(X_val.shape[0]), k_searching_path)
    log('Distance calc algorithm: ' + distance_name, k_searching_path)
    log('Best k: ' + str(k) + '\nBest error: ' + str(err) + "\nCalculation
time: " + str(calc_time), k_searching_path)
    return k

def get_debased_data(batch_size=500):
    return tuple([split_to_batches(d, batch_size)[0] for d in [*pre_
processing_dataset()]])

def plot_examples(predictions, predicted_labels):
    X_train, y_train, X_test, y_test = load_normal_data()
    X_train, X_test = scale_x(X_train, X_test)
    image_path = MODELS_PATH + EXAMPLE_IMG_PREFIX
    plot_rand_images(X_train, y_train, image_path, 'png')
    plot_image_with_predict_bar(X_test, y_test, predictions, predicted_
labels, image_path, 'png')

if __name__ == "__main__":
    X_train, y_train, X_test, y_test = pre_processing_dataset()
    best_k = select_best_k(X_train, y_train)
    predictions_list, predicted_labels = run_knn_test(k=best_k)
    plot_examples(predictions_list[0], predicted_labels)
    exit(0)
```

在本实例中，通过 app.utils.data_utils.plot_rand_images 模块从数据集中随机选择一些图像并绘制出来，处理结果如图 2-9 所示。

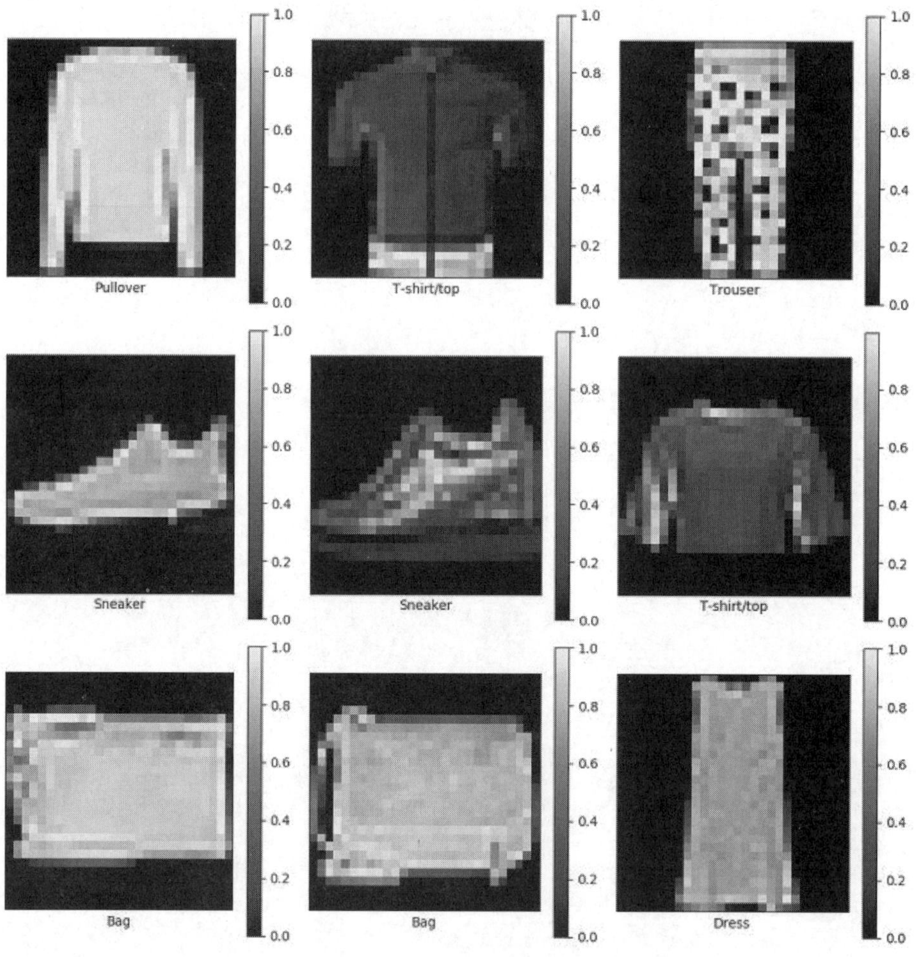

图 2-9　归一化处理后的图像

寻找 k 近邻算法最佳 k 值的过程如图 2-10 所示。

```
Searching best k for batch: 1/6
Done in: 0:03:03.158748
Searching best k for batch: 2/6
Done in: 0:03:34.378442
Searching best k for batch: 3/6
Done in: 0:03:06.844948
Searching best k for batch: 4/6
Done in: 0:03:00.084049
Searching best k for batch: 5/6
Done in: 0:02:58.408207
Searching best k for batch: 6/6
Done in: 0:03:08.503211
One batch size: 2500
Train images qty: 45000
Validation images qty: 15000
Distance calc algorithm: euclidean distance (L2)
Best k: 7
Best error: 0.1461
Calculation time: 0:18:51.386367
```

图 2-10　找到了最好的参数 k=7

> **注意**：为了在测试数据上测试我们的算法并搜索最佳 k 值，首先需要将数据拆分为批次（在我们的例子中每个批次包含 2000 ~ 2500 张图像）。KNN 算法占用内存空间大，如果不进行拆分，需要 15 ~ 25GB 的可用 RAM 内存来评估矩阵计算。

在计算机中执行后会输出：

```
Distance calc algorithm: Euclidean distance
k: 7
Train images qty: 45000
Accuracy: 84.77%
Total calculation time= 0:13:03.286543
```

最终的预测结果如图 2-11 所示。

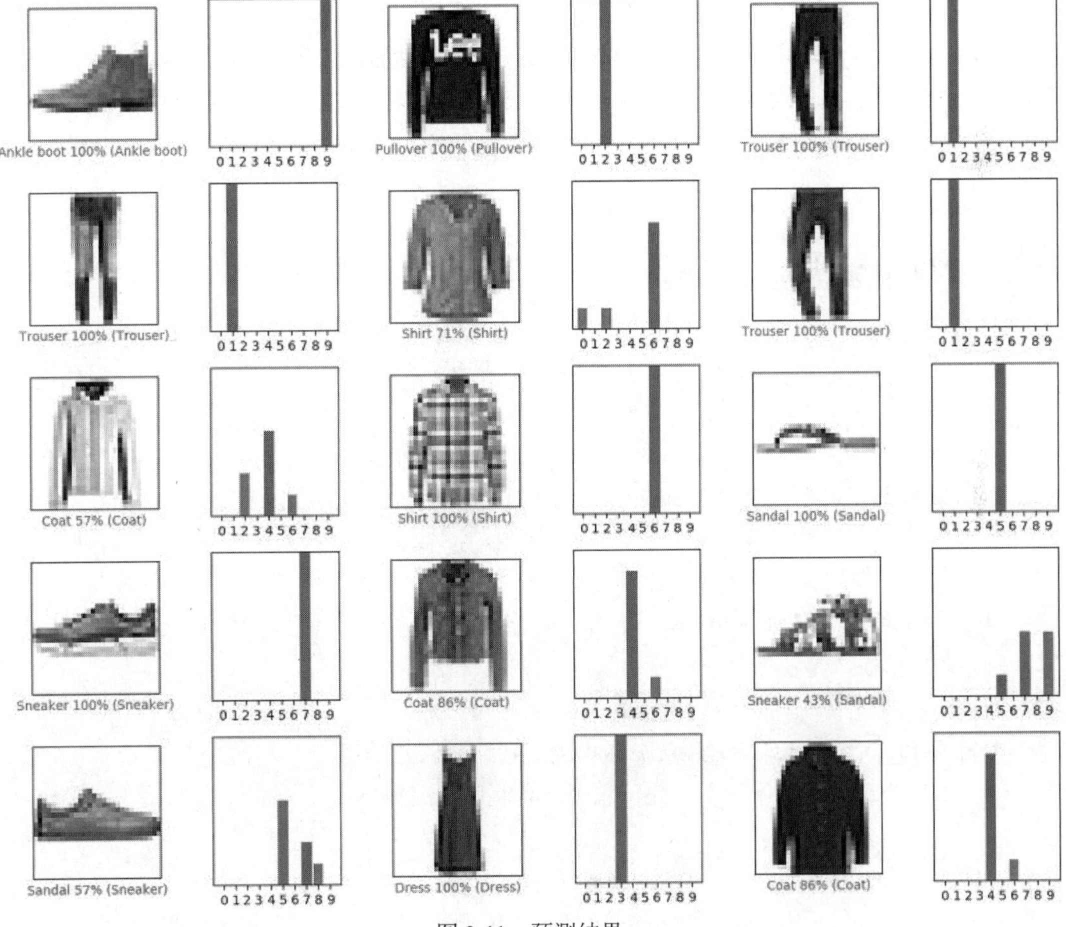

图 2-11　预测结果

第 3 章 保存和加载模型

在深度学习领域，模型的训练和部署是核心的环节之一。然而，随着模型变得越来越复杂，以及在不同的应用场景中的部署需求，有效地保存、加载和配置深度学习模型变得至关重要。本章将详细讲解在 TensorFlow 中保存和加载模型的知识，并介绍管理模型的配置信息和权重值的方法。

3.1 保存和加载整个模型

我们可以将整个模型保存到单个文件中，在这个文件中包括如下几项。

扫码看视频

- 模型的架构 / 配置信息。
- 模型的权重值（在训练过程中学习）。
- 模型的编译信息（如果调用了 compile()）。
- 优化器及其状态（如果有，可以从上次中断的位置重新开始训练）。

开发者可以使用如下两种方式将整个模型保存到本地磁盘中。

（1）TensorFlow 的 SavedModel 格式：推荐使用这种格式，它是使用 model.save() 时的默认格式。

（2）Keras H5 格式：这是较早版本的方案，可以通过以下方式切换到 H5 格式。

- 将 save_format='h5' 传递给方法 save()。
- 将以“.h5”或“.keras”结尾的文件名传递给方法 save()。

3.1.1 保存为 SavedModel 格式

以下实例的功能是使用方法 model.save() 将模型保存为 SavedModel 格式。

实例 3-1：将整个模型保存为 SavedModel 格式的文件（源码路径：daima/3/bao/bao01.py）

实例文件 bao01.py 的具体实现代码如下。

```
def get_model():
    # Create a simple model
    inputs = keras.Input(shape=(32,)
```

```
    outputs = keras.layers.Dense(1)(inputs)
    model = keras.Model(inputs, outputs)
    model.compile(optimizer="adam", loss="mean_squared_error")
    return model

model = get_model()

# 训练模型
test_input = np.random.random((128, 32))
test_target = np.random.random((128, 1))
model.fit(test_input, test_target)

# 调用 save('my_model') 创建一个 SavedModel 文件夹 'my_model'
model.save("my_model")

# 可以用来重建相同的模型
reconstructed_model = keras.models.load_model("my_model")

-----------------------# 检查测试
np.testing.assert_allclose(
    model.predict(test_input), reconstructed_model.predict(test_input)
)

# 因为重建的模型已经编译并保留了优化器状态，所以可以继续训练
reconstructed_model.fit(test_input, test_target)
```

在上述代码中，调用方法 model.save('my_model') 创建了一个名为“my_model”的文件夹，如图 3-1 所示。

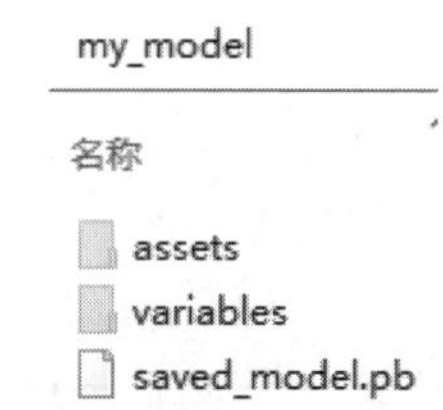

图 3-1　在本地硬盘上创建的模型文件

my_model 文件夹内容如下。

- saved_model.pb：保存了模型架构和训练配置信息，包括优化器、损失和指标。
- variables/ 目录：保存了权重信息。
- assets：用于存储一些额外的文件，这些文件可能在模型的预测或训练过程中需要，但不是模型本身的一部分。

在保存模型和模型的层时，在 SavedModel 格式中会存储类名称、调用函数、损失和权重（如果已实现，则还包括配置）信息，调用函数会定义“模型 / 层”的计算图。如果没有“模型 / 层”配置信息，调用函数会被用来创建一个与原始模型类似的模型，该模型可以被训练、评估和推断。尽管如此，在编写自定义模型或层时，建议始终对方法 get_config 和 from_config 进行定义，因为这样可以在后续工作中便于更新计算。

以下实例演示了在没有重写配置方法的情况下，使用 SavedModel 格式加载自定义层的过程。

实例 3-2：使用 SavedModel 格式加载自定义层（源码路径：daima/3/bao/bao02.py）

实例文件 bao02.py 的主要实现代码如下。

```
class CustomModel(keras.Model):
    def __init__(self, hidden_units):
        super(CustomModel, self).__init__()
        self.dense_layers = [keras.layers.Dense(u) for u in hidden_units]

    def call(self, inputs):
        x = inputs
        for layer in self.dense_layers:
            x = layer(x)
        return x

model = CustomModel([16, 16, 10])
# 通过调用模型构建输出
input_arr = tf.random.uniform((1, 5))
outputs = model(input_arr)
model.save("my_model")

# 删除自定义模型类，以确保加载程序无权访问它
del CustomModel

loaded = keras.models.load_model("my_model")
np.testing.assert_allclose(loaded(input_arr), outputs)

print("Original model:", model)
print("Loaded model:", loaded)
```

对上述代码的具体说明如下。

- 首先，定义了一个自定义的 Keras 模型类 CustomModel，它继承自 keras.Model。在这个自定义模型类中，我们可以通过初始化方法 __init__ 来定义一系列的 Dense 层，每个层的节点数由 hidden_units 列表中的值决定。在 call 方法中，输入数据会通过每个 Dense 层依次传递，形成模型的前向传播过程。
- 其次，通过创建 CustomModel 的实例来构建模型，其中 hidden_units 参数指定了每个隐藏层的节点数。然后，我们生成一个随机的输入数据 input_arr，将其传递给模型进行预测，得到输出 outputs。模型被保存在磁盘上，使用 model.save("my_model") 方法。接着，删除了自定义模型类，以确保加载时无法直接访问它。
- 最后，使用 keras.models.load_model("my_model") 从磁盘上加载模型。加载的模型可以通过传递输入数据 input_arr 进行预测，得到的输出应与之前的输出 outputs 相匹配。最后，代码打印了原始模型和加载后的模型，以便进行比较。

通过上述代码，使用 load_model() 加载器动态地创建了一个与原始模型行为类似的新模型，如图 3-2 所示。

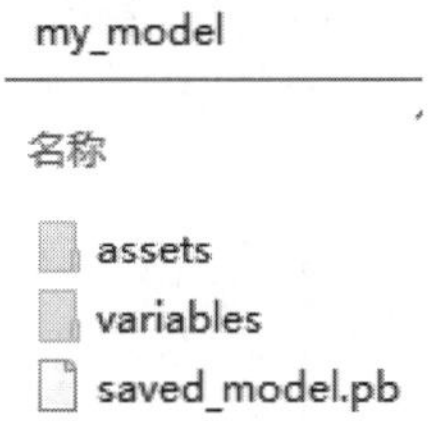

my_model

名称

assets

variables

saved_model.pb

图 3-2　在本地创建的与原始模型行为类似的新模型

3.1.2　保存为 Keras H5 格式

通过使用 Keras 模块，还可以将模型保存为单个 HDF5 文件。HDF5 文件格式是 SavedModel 格式的轻量化替代选择，在其中包含了模型的架构、权重值和 compile() 信息。以下实例演示了将模型保存为 H5 格式的过程。

实例 3-3：将模型保存为 H5 格式（源码路径：daima/3/bao/bao03.py）

实例文件 bao03.py 的主要实现代码如下。

```
def get_model():
    # 创建一个简单的模型
    inputs = keras.Input(shape=(32,))
    outputs = keras.layers.Dense(1)(inputs)
    model = keras.Model(inputs, outputs)
    model.compile(optimizer="adam", loss="mean_squared_error")
    return model

model = get_model()

# 训练模型
test_input = np.random.random((128, 32))
test_target = np.random.random((128, 1))
model.fit(test_input, test_target)

# 调用 model.save('my_model.h5') 创建一个 h5 文件 my_h5-model.h5
model.save("my_h5_model.h5")

# 使用保存的 HDF5 文件重建相同的模型
reconstructed_model = keras.models.load_model("my_h5_model.h5")

# 检查测试
np.testing.assert_allclose(
    model.predict(test_input), reconstructed_model.predict(test_input)
)

# 因为重建的模型已经编译并保留了优化器状态，所以可以继续训练
reconstructed_model.fit(test_input, test_target)
```

执行后，输出下面的内容，并且会创建如图 3-3 所示的 H5 格式的模型文件。

```
4/4 [==============================] - 0s 749us/step - loss: 0.1899
4/4 [==============================] - 0s 749us/step - loss: 0.1857
```

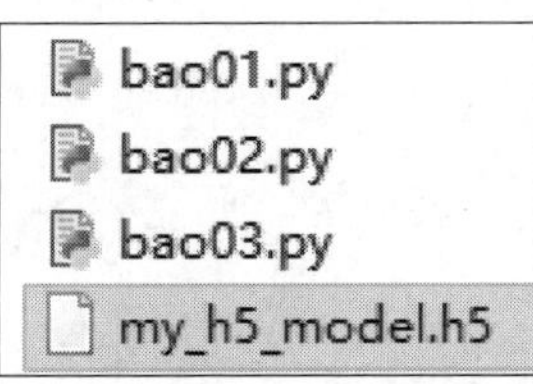

图 3-3　在本地创建的 H5 格式的模型文件

与前面介绍的 SavedModel 格式相比，H5 格式的模型文件有较大局限性，主要体现在

如下两个方面。

- H5 文件不会保存通过 model.add_loss() 和 model.add_metric() 添加的外部损失和指标，这与 SavedModel 不同。如果在我们的模型中有此类损失和指标且我们想要恢复训练，则需要在加载模型后自行重新添加这些损失。需要注意的是，这不适用于通过 self.add_loss() 和 self.add_metric() 在层内创建的“损失 / 指标”。每当加载该层时就会被保留这些“损失 / 指标”，因为它们是该层 call 方法的一部分。
- 在已保存的文件中不包含自定义对象（如自定义层）的计算图。在加载时，Keras，需要访问这些对象的 Python 类或函数以便重建模型。

3.2 保存配置信息

扫码看视频

模型的配置（架构）用于设置在模型中包含的层和这些层的连接方式（注意，这仅适用于使用函数式或序列式 API 定义的模型，不适用于子类化模型）。如果你的模型有配置信息，则可以使用权重的新初始化状态信息创建模型，而无须编译信息。

3.2.1 序列化模型或函数式 API 模型的配置

序列化模型或函数式 API 模型显示的是层计算图，它们以结构化形式定义模型配置。在 TensorFlow 中，内置的序列化函数如下。

- get_config()：返回包含模型配置信息的 Python 字典。
- from_config()：返回模型的配置信息。
- tf.keras.models.model_to_json()：从 JSON 文件中加载模型。
- tf.keras.models.model_from_json()：解析 JSON 模型配置字符串并返回模型实例。

1. get_config() 和 from_config()

通过调用 config = model.get_config()，将返回一个包含模型配置信息的 Python 字典。然后可以通过 Sequential.from_config(config)（针对 Sequential 模型）或 Model.from_config(config)（针对函数式 API 模型）重建同一个模型。这两个方法也适用于任何可序列化的层，演示代码如下：

```
layer = keras.layers.Dense(3, activation="relu")
layer_config = layer.get_config()
new_layer = keras.layers.Dense.from_config(layer_config)
```

序列化模型的演示实例如下：

```
model = keras.Sequential([keras.Input((32,)), keras.layers.Dense(1)])
config = model.get_config()
new_model = keras.Sequential.from_config(config)
```

函数式 API 模型的演示实例如下：

```
inputs = keras.Input((32,))
outputs = keras.layers.Dense(1)(inputs)
model = keras.Model(inputs, outputs)
```

```
config = model.get_config()
new_model = keras.Model.from_config(config)
```

2. tf.keras.models.model_to_json() 和 tf.keras.models.model_from_json()

这两个方法与前面介绍的 get_config()/from_config() 类似，不同之处在于它们会将模型转换成 JSON 字符串，之后这些字符串可以在没有原始模型类的情况下进行加载。tf. keras. models.model_to-json() 和 tf.keras.models.model_from_json() 可以特定于模型，但是不适用于层。演示代码如下：

```
model = keras.Sequential([keras.Input((32,)), keras.layers.Dense(1)])
json_config = model.to_json()
new_model = keras.models.model_from_json(json_config)
```

3.2.2　自定义模型的配置

1. 模型和层

如果是通过子类化方式创建的模型和层，则在方法 __init__() 和方法 call() 中定义配置信息。此类配置被看作 Python 代码来处理，无法将其序列化为兼容 JSON 的配置。我们也可以尝试对代码进行序列化（如通过 pickle）处理，但是这么做是很不安全的，因为这样模型将无法在其他系统上加载。

为了保存和加载带有自定义层的模型或子类化模型，我们需要重写方法 get_config() 和 from_config()，其中方法 from_config() 是可选的。另外，还需要注册自定义对象，以便 Keras 能够感知到它。

2. 自定义函数

在使用自定义激活函数、损失函数或初始化函数时不需要使用方法 get_config()，只需将函数名称注册为自定义对象就可以进行加载。

3. 仅加载 TensorFlow 计算图

我们可以加载由 Keras 生成的 TensorFlow 计算图，在加载时无须提供任何自定义对象。例如，可以通过执行以下代码进行加载：

```
model.save("my_model")
tensorflow_graph = tf.saved_model.load("my_model")
x = np.random.uniform(size=(4, 32)).astype(np.float32)
predicted = tensorflow_graph(x).numpy()
```

在上述代码中，因为方法 tf.saved_model.load() 返回的对象不是 Keras 模型，所以不太容易使用。例如，将无法访问 predict() 或 fit() 进行预测和训练。

> **注意：** 虽然不鼓励使用仅加载 TensorFlow 计算图的做法，但是当遇到比较棘手的问题（例如，丢失了自定义对象的代码，或者在使用 tf.keras.models.load_model() 加载模型时遇到了问题）时，这种用法还是能够给我们提供帮助的。方法 tf.keras.models.load_model() 用于加载通过 save_model() 保存的 Keras 模型，包括模型的架构、权重和优化器状态，并支持加载包含自定义对象的模型。

在自定义对象中，有如下两种定义配置的方法。

- 方法 get_config()：返回一个可序列化的 JSON 字典，以便兼容 Keras 和模型的 API。
- 方法 from_config(config) (classmethod)：根据配置创建并返回一个新层或新模型对象，默认返回 cls(**config)。

请看下面的实例，演示了使用上述方法 get_config() 和 from_config() 的用法。

实例 3-4：在自定义层中定义配置方法（源码路径：daima/3/bao/bao04.py）

实例文件 bao04.py 的主要实现代码如下。

```
class CustomLayer(keras.layers.Layer):
    def __init__(self, a):
        self.var = tf.Variable(a, name="var_a")

    def call(self, inputs, training=False):
        if training:
            return inputs * self.var
        else:
            return inputs

    def get_config(self):
        return {"a": self.var.numpy()}

    # 实际上不需要在这里定义 "from_config"，因为会默认返回 "cls (**config) "
    @classmethod
    def from_config(cls, config):
        return cls(**config)

layer = CustomLayer(5)
layer.var.assign(2)

serialized_layer = keras.layers.serialize(layer)
new_layer = keras.layers.deserialize(
    serialized_layer, custom_objects={"CustomLayer": CustomLayer}
)
```

Keras 会记录生成了配置信息的类，例如，在上述代码中，tf.keras.layers.serialize 生成了自定义层的如下序列化形式：

```
{'class_name': 'CustomLayer', 'config': {'a': 2} }
```

Keras 会保留所有内置的层、模型、优化器和指标的主列表，用于查找正确的类以调用 from_config。如果找不到该类，则会引发错误（Value Error: Unknown layer）。可以通过如下几种方法将自定义类注册到此列表中。

- 在加载函数中设置参数 custom_objects。
- tf.keras.utils.custom_object_scope 或 tf.keras.utils.CustomObjectScope。
- tf.keras.utils.register_keras_serializable。

以下实例在自定义层和函数中使用 custom_objects 设置了配置信息。

实例 3-5：使用 custom_objects 设置配置信息（源码路径：daima/3/bao/bao05.py）

实例文件 bao05.py 的主要实现代码如下。

```
class CustomLayer(keras.layers.Layer):
    def __init__(self, units=32, **kwargs):
        super(CustomLayer, self).__init__(**kwargs)
        self.units = units

    def build(self, input_shape):
        self.w = self.add_weight(
            shape=(input_shape[-1], self.units),
            initializer="random_normal",
            trainable=True,
        )
        self.b = self.add_weight(
            shape=(self.units,), initializer="random_normal", trainable=True
        )

    def call(self, inputs):
        return tf.matmul(inputs, self.w) + self.b

    def get_config(self):
        config = super(CustomLayer, self).get_config()
        config.update({"units": self.units})
        return config

def custom_activation(x):
    return tf.nn.tanh(x) ** 2

# 使用 CustomLayer 和 custom_activation 创建模型
inputs = keras.Input((32,))
x = CustomLayer(32)(inputs)
outputs = keras.layers.Activation(custom_activation)(x)
model = keras.Model(inputs, outputs)

# 检索配置
config = model.get_config()

# 在加载时，使用 "keras.utils.custom_object_scope" 注册自定义对象：
custom_objects = {"CustomLayer": CustomLayer, "custom_activation":
custom_activation}
with keras.utils.custom_object_scope(custom_objects):
    new_model = keras.Model.from_config(config)

model.summary()
```

本实例展示了如何创建一个自定义层 CustomLayer 和自定义激活函数 custom_activation，然后使用它们来构建一个模型，最后将模型的配置保存并加载回来。对上述代码的具体说明如下。

- CustomLayer 是一个继承自 keras.layers.Layer 的自定义层。在初始化方法 __init__ 中定义了层的参数 units，表示该层的输出单元数。在 build 方法中创建了权重 w 和偏置 b，并使用 add_weight 方法添加到层中。

- call 方法定义了层的前向传播过程，将输入数据与权重 w 相乘并添加偏置 b。
- get_config 方法返回了一个字典，其中包含层的配置信息，用于保存和加载模型。
- custom_activation 是一个自定义的激活函数，它将输入值的双曲正切函数的平方作为输出。
- 接下来，我们使用 CustomLayer 和 custom_activation 来构建一个模型。首先，创建输入层 inputs，然后通过 CustomLayer(32) 创建自定义层 x。其次，使用自定义激活函数 custom_activation 对 x 进行激活，得到模型的输出层 outputs。最后，将输入和输出连接起来，构建了一个模型。
- 通过 model.get_config() 可以获取模型的配置信息。在加载模型时，使用 keras.utils.custom_object_scope 来注册自定义对象，这样 Keras 在加载模型时就知道如何处理自定义层和激活函数。然后，使用 keras.Model.from_config(config) 从配置信息中创建一个新的模型 new_model，它与原始模型具有相同的结构。

执行后会输出：

```
Model: "functional_1"
_________________________________________________________________
Layer (type)                 Output Shape              Param #
=================================================================
input_1 (InputLayer)         [(None, 32)]              0
_________________________________________________________________
custom_layer (CustomLayer)   (None, 32)                1056
_________________________________________________________________
activation (Activation)      (None, 32)                0
=================================================================
Total params: 1,056
Trainable params: 1,056
Non-trainable params: 0
_________________________________________________________________
```

4. 内存中的模型克隆

我们还可以使用方法 tf.keras.models.clone_model() 在内存中克隆某个模型，这相当于先获取模型的配置，然后通过配置重建模型（它不会保留编译信息或层的权重值）。克隆代码如下：

```
with keras.utils.custom_object_scope(custom_objects):
    new_model = keras.models.clone_model(model)
```

3.3 只保存和加载模型的权重值

扫码看视频

在现实应用中，我们可以只保存和加载模型的权重值，主要应用情况如下。

- 只需使用模型进行推断。在这种情况下，因为无须重新开始训练，所以不需要编译信息或优化器状态。
- 正在进行迁移学习。在这种情况下，因为需要重用之前模型的状态来训练新模型，所以不需要先前模型的编译信息。

3.3.1　在内存中迁移权重的 API

通过使用 Keras 提供的一些内置 API，可以在不同的对象之间复制权重，其中最为常用的方法如下。

- tf.keras.layers.Layer.get_weights()：返回 Numpy 数组列表。
- tf.keras.layers.Layer.set_weights()：将模型权重设置为参数 weights 中的值。

下面实例的功能是在内存中将权重从一层复制到另一层。

实例 3-6：在内存中复制权重（源码路径：daima/3/bao/bao06.py）

实例文件 bao06.py 的主要实现代码如下。

```
from tensorflow import keras
def create_layer():
    layer = keras.layers.Dense(64, activation="relu", name="dense_2")
    layer.build((None, 784))
    return layer

layer_1 = create_layer()
layer_2 = create_layer()

# 将权重从 layer 1 复制到 layer 2
layer_2.set_weights(layer_1.get_weights())
```

下面的实例的功能是在内存中将权重从一个模型复制到另一个具有兼容架构的模型。

实例 3-7：在内存中将权重从一个模型复制到另一个模型（源码路径：daima/3/bao/bao07.py）

实例文件 bao07.py 的主要实现代码如下。

```
# 创建一个简单的模型
inputs = keras.Input(shape=(784,), name="digits")
x = keras.layers.Dense(64, activation="relu", name="dense_1")(inputs)
x = keras.layers.Dense(64, activation="relu", name="dense_2")(x)
outputs = keras.layers.Dense(10, name="predictions")(x)
functional_model = keras.Model(inputs=inputs, outputs=outputs, name="3_
layer_mlp")

# 使用相同的架构体定义一个子类模型
class SubclassedModel(keras.Model):
    def __init__(self, output_dim, name=None):
        super(SubclassedModel, self).__init__(name=name)
        self.output_dim = output_dim
        self.dense_1 = keras.layers.Dense(64, activation="relu", name="dense_1")
        self.dense_2 = keras.layers.Dense(64, activation="relu", name="dense_2")
        self.dense_3 = keras.layers.Dense(output_dim, name="predictions")

    def call(self, inputs):
        x = self.dense_1(inputs)
        x = self.dense_2(x)
        x = self.dense_3(x)
        return x
```

```
    def get_config(self):
        return {"output_dim": self.output_dim, "name": self.name}

subclassed_model = SubclassedModel(10)
# 调用子类模型以创建权重
subclassed_model(tf.ones((1, 784)))

# 将权重值从功能性模型复制到子类化模型
subclassed_model.set_weights(functional_model.get_weights())

assert len(functional_model.weights) == len(subclassed_model.weights)
for a, b in zip(functional_model.weights, subclassed_model.weights):
    np.testing.assert_allclose(a.numpy(), b.numpy())
```

本实例演示了如何使用函数式 API 和子类化 API 创建两种不同类型的模型，以及如何在两种模型之间复制权重并进行比较验证。对上述代码的具体说明如下。

- 首先，通过函数式 API 创建一个名为 functional_model 的模型，它有 3 个全连接层，激活函数为 relu，输出层有 10 个节点，形成一个多层感知机模型。
- 其次，使用子类化 API 定义了一个名为 SubclassedModel 的子类模型。该模型与 functional_model 的结构相同，但通过子类化 API 来实现，其中的层被定义在模型的构造函数中。
- 在子类模型创建后，使用一个示例输入来调用模型，以便创建模型的权重。
- 再次，通过 subclassed_model.set_weights(functional_model.get_weights()) 将 functional_ model 的权重复制到 subclassed_model 中。
- 最后，使用断言（assert）比较两个模型的权重是不是一致。循环遍历每一层的权重，使用 np.testing.assert_allclose() 来检查两个权重数组是不是非常接近。

> **注意：** 通过这些步骤，代码展示了如何在函数式 API 模型和子类模型之间共享和复制权重，以及如何验证它们的权重是不是相同。因为无状态层不会改变权重的顺序或数量，所以即便存在额外的或缺失的无状态层，这个模型也可以具有兼容架构。

3.3.2 保存加载权重的 API（TensorFlow 检查点格式）

在 Keras 中内置了将权重保存到磁盘并将其加载回来的 API，可以用以下两种格式调用方法 model.save_weights() 将权重保存到磁盘。

- TensorFlow 检查点：训练期间所创建的模型版本，这种格式依赖于创建模型的代码。
- HDF5：一种模型文件类型。

在 TensorFlow 程序中，model.save_weights() 使用的默认格式是 TensorFlow 检查点，可以通过以下两种方法来指定保存格式。

- 参数 save_format：将值设置为 save_format="tf" 或 save_format="h5"。
- 参数 path：如果路径以 .h5 或 .hdf5 结束，则使用 HDF5 格式。除非设置了 save_format，否则对于其他后缀，将使用 TensorFlow 检查点格式。

除此之外，还可以将权重作为内存中的 Numpy 数组取回。接下来，将讲解 TensorFlow 检查点格式的加载和保存方法。

1. 使用 TensorFlow 检查点格式的基本方法

下面的实例使用方法 model.save_weights() 在本地硬盘保存并加载权重。

实例 3-8：使用 TensorFlow 检查点格式在本地硬盘保存并加载权重（源码路径：daima/3/bao/bao08.py）

实例文件 bao08.py 的主要实现代码如下。

```
import tensorflow as tf
from tensorflow import keras
# 序列化模型
sequential_model = keras.Sequential(
    [
        keras.Input(shape=(784,), name="digits"),
        keras.layers.Dense(64, activation="relu", name="dense_1"),
        keras.layers.Dense(64, activation="relu", name="dense_2"),
        keras.layers.Dense(10, name="predictions"),
    ]
)
sequential_model.save_weights("ckpt")
load_status = sequential_model.load_weights("ckpt")

# assert_consumed 可用于验证是否已从检查点还原所有变量值
# 将 tf.train.Checkpoint.restore 用于状态对象中的其他方法
load_status.assert_consumed()
```

执行后会使用 TensorFlow 检查点格式在本地硬盘保存并加载权重，保存的 3 个权重文件，如图 3-4 所示。

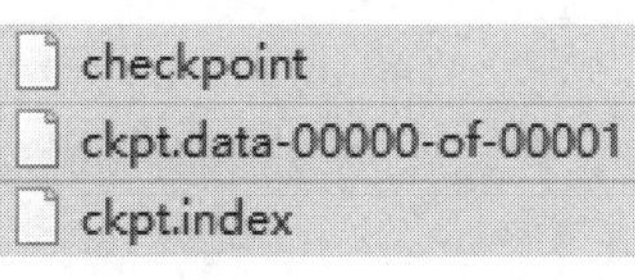

图 3-4　保存的 3 个权重文件

2. TensorFlow 检查点格式的详细说明

在使用 TensorFlow 检查点格式时，使用对象特性的名称来保存和恢复权重。以 tf.keras.layers.Dense 层为例，该层包含两个权重：dense.kernel 和 dense.bias。当将层保存为“tf”格式后，生成的检查点会包含键 kernel、键 bias 及其对应的权重值。需要注意，“特性 / 计算图”的边缘是根据父对象中使用的名称而命名的，而不是根据变量的名称进行命名的。以下实例在定义层变量 CustomLayer.var 是将 var 作为键的一部分进行保存的，而不是 var_a。

实例 3-9：为自定义层保存并加载权重（源码路径：daima/3/bao/bao09.py）

实例文件 bao09.py 的主要实现代码如下。

```
import tensorflow as tf
from tensorflow import keras

class CustomLayer(keras.layers.Layer):
    def __init__(self, a):
        self.var = tf.Variable(a, name="var_a")
```

```
    layer = CustomLayer(5)
    layer_ckpt = tf.train.Checkpoint(layer=layer).save("custom_layer")
    ckpt_reader = tf.train.load_checkpoint(layer_ckpt)
    ckpt_reader.get_variable_to_dtype_map()
```

执行后会使用自定义层 CustomLayer 在本地硬盘保存并加载权重，保存的权重由 3 个文件组成，如图 3-5 所示。

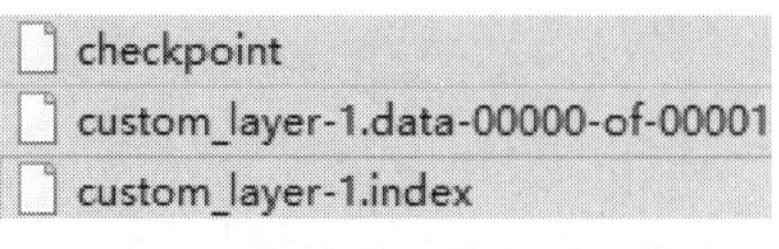

图 3-5　保存的 3 个权重文件

3. 迁移学习

在现实应用中，通常建议使用相同的 API 来创建模型。如果在序列化模型和函数式模型之间，或在函数式模型和子类化模型之间进行切换，那么需要始终重新构建预训练模型并将预训练权重加载到该模型中。

从本质上来说，只要两个模型具有相同的架构，它们就可以共享同一个检查点。下面的实例创建了具有相同架构的两个模型，通过共享同一个检查点实现了迁移学习功能。

实例 3-10：两个相同的架构模型共享同一个检查点（源码路径：daima/3/bao/bao10.py）

实例文件 bao10.py 的主要实现代码如下。

```
    inputs = keras.Input(shape=(784,), name="digits")
    x = keras.layers.Dense(64, activation="relu", name="dense_1")(inputs)
    x = keras.layers.Dense(64, activation="relu", name="dense_2")(x)
    outputs = keras.layers.Dense(10, name="predictions")(x)
    functional_model = keras.Model(inputs=inputs, outputs=outputs, name="3_
layer_mlp")

    # 提取 Setup 部分定义的函数式模型，下面几行代码会生成一个新模型，该模型排除了函数式模
型的最终输出层
    pretrained = keras.Model(
        functional_model.inputs, functional_model.layers[-1].input,
name="pretrained_model"
    )
    # 随机分配训练权重
    for w in pretrained.weights:
        w.assign(tf.random.normal(w.shape))
    pretrained.save_weights("pretrained_ckpt")
    pretrained.summary()

    # 假设这是一个单独的程序，其中只有 "pretrained" 存在，创建具有不同输出维度的新函数式
模型
    inputs = keras.Input(shape=(784,), name="digits")
    x = keras.layers.Dense(64, activation="relu", name="dense_1")(inputs)
    x = keras.layers.Dense(64, activation="relu", name="dense_2")(x)
    outputs = keras.layers.Dense(5, name="predictions")(x)
    model = keras.Model(inputs=inputs, outputs=outputs, name="new_model")
```

```
    # 将 pretrained_ckpt 中训练的权重加载到模型中
    model.load_weights("pretrained_ckpt")

    # 检查是否已加载所有预训练后的权重
    for a, b in zip(pretrained.weights, model.weights):
        np.testing.assert_allclose(a.numpy(), b.numpy())

    print("\n", "-" * 50)
    model.summary()

    # 重新创建预训练模型，并加载保存的权重
    inputs = keras.Input(shape=(784,), name="digits")
    x = keras.layers.Dense(64, activation="relu", name="dense_1")(inputs)
    x = keras.layers.Dense(64, activation="relu", name="dense_2")(x)
    pretrained_model = keras.Model(inputs=inputs, outputs=x, name="
pretrained")

    # 序列化的例子
    model = keras.Sequential([pretrained_model, keras.layers.Dense(5,
name="predictions")])
    model.summary()

    pretrained_model.load_weights("pretrained_ckpt")
```

在上述代码中，当调用 model.load_weights("pretrained_ckpt") 时虽然不会抛出错误，但是也不会像预期的那样工作。在计算机中执行后会输出概览信息，并且在本地磁盘创建权重文件，如图 3-6 所示。

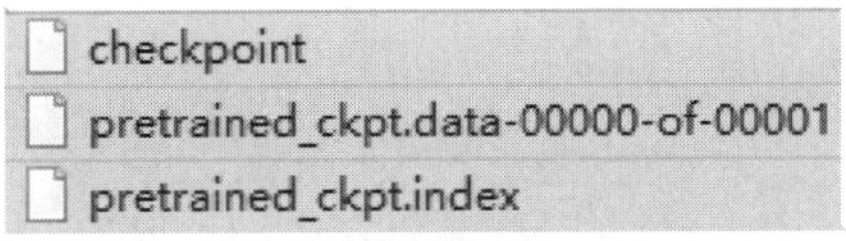

checkpoint
pretrained_ckpt.data-00000-of-00001
pretrained_ckpt.index

图 3-6　实例 3-10 创建的权重文件

在现实应用中，如果两个模型的架构截然不同，如何保存权重并将其加载到不同的模型中呢？解决方案是使用 tf.train.Checkpoint() 来保存和恢复确切的"层 / 变量"。下面的实例演示了迁移学习不同架构的模型的过程。

实例 3-11：迁移学习不同架构的模型（源码路径：daima/3/bao/bao11.py）

实例文件 bao11.py 的主要实现代码如下。

```
    # 创建一个简单的函数式模型
    inputs = keras.Input(shape=(784,), name="digits")
    x = keras.layers.Dense(64, activation="relu", name="dense_1")(inputs)
    x = keras.layers.Dense(64, activation="relu", name="dense_2")(x)
    outputs = keras.layers.Dense(10, name="predictions")(x)
    functional_model = keras.Model(inputs=inputs, outputs=outputs, name="3_
layer_mlp")

    # 创建一个子类模型，基本上使用 functional_model 的第一层和最后一层
    # 首先，保存函数模型第一层和最后一层的权重
```

```
first_dense = functional_model.layers[1]
last_dense = functional_model.layers[-1]
ckpt_path = tf.train.Checkpoint(
    dense=first_dense, kernel=last_dense.kernel, bias=last_dense.bias
).save("ckpt")

# 定义子类模型
class ContrivedModel(keras.Model):
    def __init__(self):
        super(ContrivedModel, self).__init__()
        self.first_dense = keras.layers.Dense(64)
        self.kernel = self.add_weight("kernel", shape=(64, 10))
        self.bias = self.add_weight("bias", shape=(10,))

    def call(self, inputs):
        x = self.first_dense(inputs)
        return tf.matmul(x, self.kernel) + self.bias


model = ContrivedModel()
# 输入调用模型以创建密集层的变量
_ = model(tf.ones((1, 784)))

# 创建一个与之前相同的结构的检查点，并加载权重
tf.train.Checkpoint(
    dense=model.first_dense, kernel=model.kernel, bias=model.bias
).restore(ckpt_path).assert_consumed()
```

在上述代码中，在子类模型中加载复制了不同架构的模型。执行后会在本地磁盘创建权重文件，如图 3-7 所示。

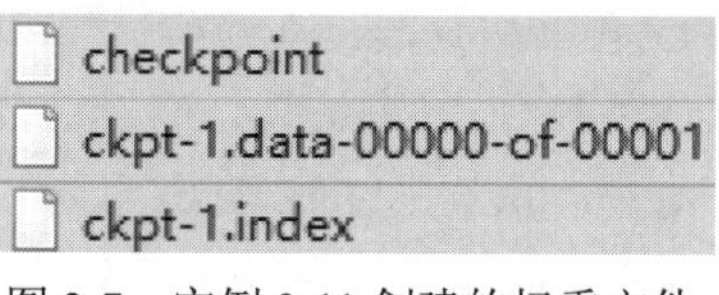

图 3-7　实例 3-11 创建的权重文件

3.3.3　保存加载权重的 API（HDF5 格式）

在 HDF5 格式中包含按层名称分组的权重，这些权重是通过将可训练权重列表与不可训练权重列表连接起来进行排序后的列表（与 layer.weights 相同）。如果模型中的层和可训练状态与保存在检查点中的相同，那么可以使用 HDF5 检查点格式保存加载权重。

1. 基本用法

下面的实例的功能是保存并加载 HDF5 格式的权重。

实例 3-12：保存并加载 HDF5 格式的权重（源码路径：daima/3/bao/bao12.py）

实例文件 bao12.py 的主要实现代码如下。

```
from tensorflow import keras
```

```
sequential_model = keras.Sequential(
    [
        keras.Input(shape=(784,), name="digits"),
        keras.layers.Dense(64, activation="relu", name="dense_1"),
        keras.layers.Dense(64, activation="relu", name="dense_2"),
        keras.layers.Dense(10, name="predictions"),
    ]
)
sequential_model.save_weights("weights.h5")
sequential_model.load_weights("weights.h5")
```

在上述代码中，首先使用方法 save_weights() 在本地硬盘将权重保存为文件 weights.h5，然后使用方法 load_weights() 加载这个权重文件。执行后会在本地磁盘创建权重文件 weights.h5，如图 3-8 所示。

weights.h5

图 3-8　实例 3-12 创建的权重文件

2. 迁移学习

当从 HDF5 加载预训练权重时，建议将权重加载到设置了检查点的原始模型中，然后将所需的权重或层提取到新的模型中。下面的实例演示了通过从原始模型中提取图层的方式来创建新模型的过程。

实例 3-13：通过从原始模型中提取图层的方式来创建新模型（源码路径：daima/3/bao/bao13.py）

实例文件 bao13.py 的主要实现代码如下。

```
def create_functional_model():
    inputs = keras.Input(shape=(784,), name="digits")
    x = keras.layers.Dense(64, activation="relu", name="dense_1")(inputs)
    x = keras.layers.Dense(64, activation="relu", name="dense_2")(x)
    outputs = keras.layers.Dense(10, name="predictions")(x)
    return keras.Model(inputs=inputs, outputs=outputs, name="3_layer_mlp")

functional_model = create_functional_model()
functional_model.save_weights("pretrained_weights.h5")

# 在另一个程序中加载相同的模型架构并恢复预训练权重
pretrained_model = create_functional_model()
pretrained_model.load_weights("pretrained_weights.h5")

# 通过从原始模型中提取图层的方式来创建新模型
extracted_layers = pretrained_model.layers[:-1]
extracted_layers.append(keras.layers.Dense(5, name="dense_3"))
model = keras.Sequential(extracted_layers)
model.summary()
```

执行后会在本地磁盘创建权重文件 pretrained_weights.h5，如图 3-9 所示。

pretrained_weights.h5

图 3-9　实例 3-13 创建的权重文件

第 4 章 使用深度学习算法制作 TensorFlow 模型

在前面的章节中，我们已经初步了解 TensorFlow 的基本概念以及如何构建简单的模型。然而，随着技术的不断发展，深度学习算法日益成为解决复杂问题的有力工具。本章将深入探讨如何使用 TensorFlow 构建深度学习模型，以应对更加复杂和具有挑战性的任务。

4.1 TensorFlow 卷积神经网络

卷积神经网络（Convolutional Neural Networks，CNN）是一类包含卷积计算且具有深度结构的前馈神经网络（Feedforward Neural Networks），是深度学习（deep learning）的代表算法之一。

扫码看视频

4.1.1 卷积神经网络基本结构

基础的 CNN 由卷积（convolution）层、激活（activation）层、池化（pooling）层、链接层、Dropout 层和 BN 层组成。CNN 输出的结果是每幅图像的特定特征空间。当处理图像分类任务时，会把 CNN 输出的特征空间作为全连接层或全连接神经网络（Fully Connected Neural Network，FCNN）的输入，用全连接层来完成从输入图像到标签集的映射，即分类。当然，整个过程最重要的工作就是如何通过训练数据迭代调整网络权重，也就是后向传播算法。接下来将详细讲解卷积神经网络的基本结构。

1. 输入层

输入层负责接收原始数据，如图像的像素值，通常以三维数组形式表示，包括高度、宽度和颜色通道（如 RGB）。输入层将这些数据传递给后续的卷积层，以便提取特征并进行进一步处理。这一层不涉及权重和偏置，因为它仅作为数据的入口点，为网络的其余部分提供必要的信息。

2. 卷积层

卷积层是卷积网络的核心，大多数计算都在卷积层中进行。卷积层的功能是实现特征提取，卷积网络的参数由一系列可以学习的滤波器集合构成，每个滤波器在宽度和高度上都较小，但是深度与输入数据保持一致。当滤波器沿着图像的宽和高滑动时，会生成一个二维的激活图。

直观来说，网络会让滤波器学习到当它看到某些类型的视觉特征时就激活，具体的视觉特征可能是某些方向上的边界，或者在第一层上某些颜色的斑点，甚至可以是网络更高层上的蜂巢状或者车轮状图案。

3. 激活层

激活层也被称为激活函数（Activation Function），它是在人工神经网络的神经元上运行的函数，负责将神经元的输入映射到输出端。激活层对于人工神经网络模型学习、理解非常复杂和非线性的函数来说具有十分重要的作用。它们将非线性特性引入我们的网络中。例如，在矩阵运算应用中，在神经元中输入的信息通过加权求和后，还被作用于一个函数，这个函数就是激活函数。引入激活函数是为了增加神经网络模型的非线性。没有激活函数的每层都相当于矩阵相乘。

4. 池化层

通常在连续的卷积层之间会周期性地插入一个池化层，它的作用是逐渐降低数据体的空间尺寸，这样既能减少网络中参数的数量，降低计算资源的耗费，也能有效控制过拟合。池化层使用 MAX 操作，对输入数据体的每一个深度切片进行独立操作，改变其空间尺寸。

一个现实中池化层的应用例子：图像中的相邻像素倾向于具有相似的值，因此通常卷积层相邻的输出像素也具有相似的值。这意味着，卷积层输出中包含的大部分信息都是冗余的。如果我们使用边缘检测滤波器在某个位置找到强边缘，那么也可能在距离这个像素 1 个偏移的位置找到相对较强的边缘。池化层解决了这个问题。该网络层通过减小输入值的大小来降低输出值的数量。池化一般通过简单的最大值、最小值或平均值操作完成。

5. 全连接层

全连接层的输入是前面的特征图，会将特征图中所有的神经元变成全连接的形式。为了防止过拟合，这个过程会引入 Dropout。在进入全连接层之前，使用全局平均池化能够有效减少过拟合。

对于任何卷积层，都可以找到一个等价的全连接层来实现相同的前向传播功能。这个全连接层的权重矩阵将非常大，但大部分元素是零，只有某些特定区域对应的权重是非零的。在这些非零的部分，大多数权重会相等，因为卷积层具有权值共享的特性。例如，某个输出神经元的计算仅依赖输入层中的一小部分神经元。在等效的全连接层中，权重矩阵中只有与这些相关输入神经元对应的权重为非零，其他权重都是零。这解释了为什么在这种全连接层的权重矩阵中会有大量零值。

需要注意的是，“将全连接层转换为卷积层”与“使用矩阵乘法实现卷积”是两个不同的概念。后者仍然是在计算卷积，只不过以矩阵乘法的形式进行，不涉及将全连接层转为卷积层。除非卷积层中的权重本身包含零，矩阵乘法形式的卷积不会产生额外的零权重。

6. Dropout 层

Dropout 是指在深度学习训练过程中，对神经网络训练单元按照一定的概率将其从网络中暂时移除，对于随机梯度下降来说，由于是随机丢弃，故而每一个 mini-batch 都在训练不同的网络。

Dropout 的作用是在训练神经网络模型时，当样本数据过少，为防止过拟合而采用的技术。首先，想象我们现在只训练一个特定的网络，当迭代次数增多时，可能会出现网络对训练集拟合得很好（在训练集上损失很小），但是对验证集的拟合程度很差的情况。所以有了这样的想法：可不可以让每次迭代都随机更新网络参数（weights），引入这样的随机性就可以增加网络的泛化能力，所以就有了 Dropout。

在训练时，我们只需要按一定的概率（retaining probability）p 来对 Weight 层的参数进行随机采样，将这个子网络作为此次更新的目标网络。可以想象，如果整个网络有 n 个参数，那么可用的子网络个数为 2^n。并且当 n 很大时，每次迭代更新使用的子网络基本上不会重复，从而避免了某一个网络被过分拟合到训练集上。

那么在测试时怎么办呢？一种基础的方法是把 2^n 个子网络都用来做测试，然后以某种投票机制将所有结果结合一下（比如平均一下），得到最终的结果。但是，由于 n 实在太大了，这种方法实际上完全不可行。所以有人提出做一个大致的估计即可，从 2^n 个网络中随机选取 m 个网络做测试，最后再用某种投票机制得到最终的预测结果。这种想法当然可行，当 m 很大但又远小于 2^n 时，能够很好地逼近原 2^n 个网络结合起来的预测结果。但是还有更好的办法，那就是 Dropout 自带的功能，能够通过一次测试得到逼近于原 2^n 个网络组合起来的预测能力。

7. BN 层

BN 的全称是 Batch Normalization（批归一化或批标准化），是于 2015 年提出的一种方法，在进行深度网络训练时，大都会采用这种算法。虽然使用梯度下降法训练神经网络简单高效，但是也需要人为地选择参数，如学习率、参数初始化、权重衰减系数、Dropout 比例等，而且这些参数的选择对于训练结果至关重要，以至于我们将很多时间都浪费在这些调参上。BN 算法的强大之处在于以下几个方面。

- 可以选择较大的学习率，使训练速度增长很快，具有快速收敛性。
- 可以不理会 Dropout、L2 正则项参数的选择，如果使用 BN 层，甚至可以去掉这两项。
- 去掉局部响应归一化层。（在 AlexNet 中使用的方法，BN 层出来之后就不再用了）
- 可以把训练数据打乱，防止每批训练时，某一个样本被经常挑选到。

首先，神经网络训练开始前，都要对数据进行归一化处理。归一化处理有很多好处，一方面，网络学习过程的本质就是学习数据分布，一旦训练数据和测试数据的分布不同，那么网络的泛化能力就会极大降低；另一方面，每一批次的数据分布如果不相同，那么网络就要在每次迭代时都去适应不同的分布，这样会极大降低网络的训练速度，这也就是对数据归一化处理的原因。

例如，网络一旦训练起来，参数就要发生更新，除了输入层的数据外，其他层的数据分布是一直发生变化的，因为在训练的时候，网络参数的变化就会导致后面输入数据的分布变化，例如，第二层输入，是由输入层数据和第一层参数得到的，而第一层的参数随着训练一直变化，势必会引起第二层输入分布的改变。把这种改变称为内部协变量偏移（Internal Covariate Shift），BN 层就是为了解决这个问题而诞生的。

通过前文的描述可以得出一个结论：卷积神经网络主要由输入层、卷积层、激活层、池化层和全连接层（全连接层和常规神经网络中的一样）构成。在实际应用中，为了提高模型性能，通常还会包含一些其他类型的层，例如，Dropout 层和 BN 层。通过将这些层叠加起来，就可以构建一个完整的卷积神经网络。在实际应用中往往将卷积层与激活层共同称为卷积层，所以卷积层经过卷积操作也是要经过激活函数的。具体来说，卷积层和全连接层对输入执行变换操作时，不仅会用到激活函数，还会用到很多参数，即神经元的权值 w 和偏差 b；而激活层和池化层则是进行一个固定不变的函数操作。卷积层和全连接层中的参数会随着梯度下降被训练，这样卷积神经网络计算出的分类评分就能和训练集中的每个图像的标签相吻合。

4.1.2 制作一个卷积神经网络模型

在下面的实例中，将使用 TensorFlow 创建一个卷积神经网络模型，并可视化评估这个模型。

实例 4-1：创建一个卷积神经网络模型并评估（源码路径：daima/4/cnn01.py）

实例文件 cnn01.py 的具体实现流程如下。

（1）导入 TensorFlow 模块，代码如下。

```
import tensorflow as tf

from tensorflow.keras import datasets, layers, models
import matplotlib.pyplot as plt
```

（2）下载并准备 CIFAR10 数据集。

CIFAR10 数据集包含 10 类，共 60000 张彩色图片，每类图片有 6000 张。此数据集中 50000 个样例被作为训练集，剩余 10000 个样例作为测试集。类之间相互独立，不存在重叠的部分。代码如下：

```
    (train_images, train_labels), (test_images, test_labels) = datasets.
cifar10.load_data()

    # 将像素的值标准化至 0 到 1 的区间内
    train_images, test_images = train_images / 255.0, test_images / 255.0
```

（3）验证数据。

将数据集中的前 25 张图片和类名打印出来，以确保数据集被正确加载。代码如下：

```
class_names = ['airplane', 'automobile', 'bird', 'cat', 'deer',
               'dog', 'frog', 'horse', 'ship', 'truck']

plt.figure(figsize=(10,10))
for i in range(25):
    plt.subplot(5,5,i+1)
    plt.xticks([])
    plt.yticks([])
    plt.grid(False)
    plt.imshow(train_images[i], cmap=plt.cm.binary)
    # 由于 CIFAR-10 的标签是数组，因此需要额外的索引
    plt.xlabel(class_names[train_labels[i][0]])
plt.show()
```

执行后将可视化显示数据集中的前 25 张图片和类名，如图 4-1 所示。

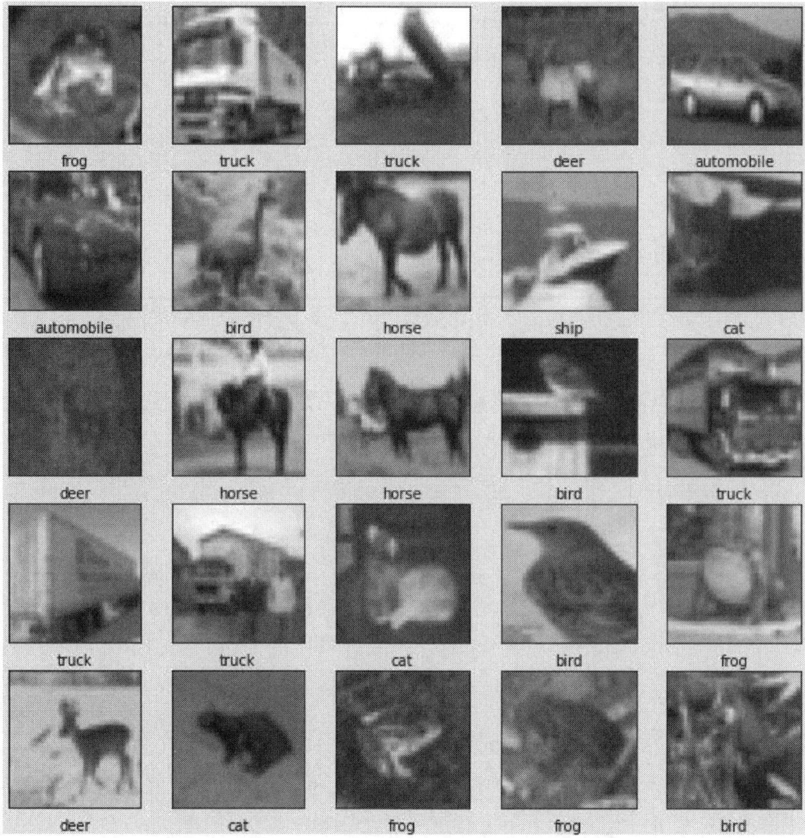

图 4-1　可视化显示数据集中的前 25 张图片和类名

（4）构造卷积神经网络模型。

以下代码声明了一个常见的卷积神经网络，由几个 Conv2D 和 MaxPooling2D 层组成。

```
model = models.Sequential()
model.add(layers.Conv2D(32, (3, 3), activation='relu', input_shape=(32,
32, 3)))
model.add(layers.MaxPooling2D((2, 2)))
model.add(layers.Conv2D(64, (3, 3), activation='relu'))
model.add(layers.MaxPooling2D((2, 2)))
model.add(layers.Conv2D(64, (3, 3), activation='relu'))
```

CNN 的输入是张量（Tensor）形式的 (image_height, image_width, color_channels)，包含了图像高度、宽度及颜色信息。不需要输入 batch size。如果你不熟悉图像处理，颜色信息建议使用 RGB 色彩模式。在此模式下，color_channels 为 (R,G,B) 分别对应 RGB 的三个颜色通道（color channel）。在此示例中，我们使用的是 CIFAR 数据集中的图像，其形状是 (32, 32, 3)。在构建 CNN 模型的第一层时，可以将形状赋值给参数 input_shape，以使模型知道输入的数据维度。以下是声明 CNN 结构的代码：

```
model.summary()
```

执行后会输出显示模型的基本信息：

```
Model: "sequential"
```

```
_________________________________________________________________
Layer (type)                 Output S hape              Param #
=================================================================
conv2d (Conv2D)              (None, 30, 30, 32)        896
_________________________________________________________________
max_pooling2d (MaxPooling2D) (None, 15, 15, 32)        0
_________________________________________________________________
conv2d_1 (Conv2D)            (None, 13, 13, 64)        18496
_________________________________________________________________
max_pooling2d_1 (MaxPooling2 (None, 6, 6, 64)          0
_________________________________________________________________
conv2d_2 (Conv2D)            (None, 4, 4, 64)          36928
=================================================================
Total params: 56,320
Trainable params: 56,320
Non-trainable params: 0
_________________________________________________________________
```

从执行后输出显示的结构中可以看到，每个 Conv2D 和 MaxPooling2D 层的输出都是一个三维的张量，其形状描述了 (height, width, channels)。在越深的层中，宽度和高度都会收缩。每个 Conv2D 层输出的通道数量 (channels）取决于声明层时的第一个参数（如上面代码中的 32 或 64）。这样，由于宽度和高度的收缩，便可以（从运算的角度）增加每个 Conv2D 层输出的通道数量。

（5）增加 Dense 层。

Dense 层就是全连接（Full Connected）层，在模型的最后，将把卷积后的输出张量（本例中形状为 (4, 4, 64)）传给一个或多个 Dense 层来完成分类。Dense 层的输入为向量（一维），但前面层的输出是三维的张量。因此，需要将三维张量展开（flatten）到一维，之后再传入一个或多个 Dense 层。CIFAR-10 数据集有 10 个类。因此，最终的 Dense 层需要 10 个输出以及一个 softmax 激活函数。代码如下：

```
model.add(layers.Flatten())
model.add(layers.Dense(64, activation='relu'))
model.add(layers.Dense(10))
```

此时，通过如下代码查看完整的 CNN 结构：

```
model.summary()
```

执行后可以看出，在被传入两个 Dense 层之前，形状为 (4, 4, 64) 的输出被展平成了形状为 (1024) 的向量。

（6）编译并训练模型，代码如下。

```
model.compile(optimizer='adam',
          loss=tf.keras.losses.SparseCategoricalCrossentropy(from_logits=True),
             metrics=['accuracy'])

history = model.fit(train_images, train_labels, epochs=10,
                    validation_data=(test_images, test_labels))
```

执行后会输出显示训练过程：

```
    Epoch 1/10
    1563/1563 [==============================] - 7s 3ms/step - loss: 1.5216 - accuracy:
0.4446 - val_loss: 1.2293 - val_accuracy: 0.5562
    # 省略部分输出
    Epoch 10/10
    1563/1563 [==============================] - 5s 3ms/step - loss: 0.6074 - accuracy:
0.7882 - val_loss: 0.8949 - val_accuracy: 0.7075
```

（7）评估在上面实现的卷积神经网络模型，首先可视化展示评估过程，代码如下。

```
plt.plot(history.history['accuracy'], label='accuracy')
plt.plot(history.history['val_accuracy'], label = 'val_accuracy')
plt.xlabel('Epoch')
plt.ylabel('Accuracy')
plt.ylim([0.5, 1])
plt.legend(loc='lower right')
plt.show()

test_loss, test_acc = model.evaluate(test_images,  test_labels, verbose=2)
```

执行效果如图 4-2 所示。

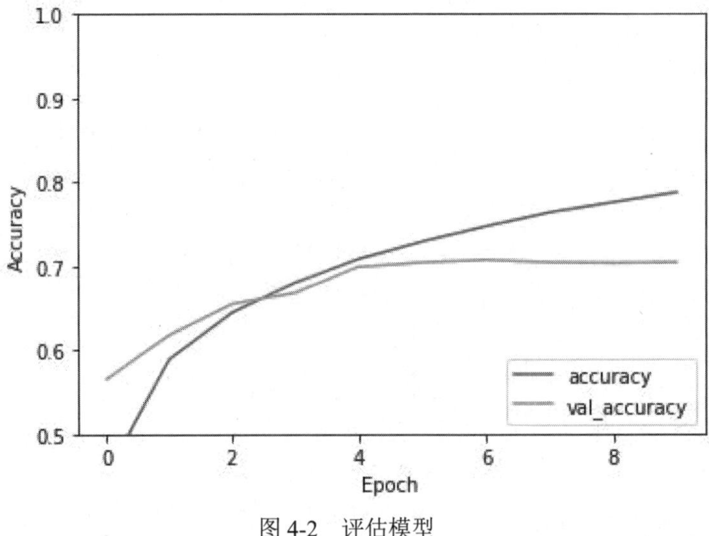

图 4-2　评估模型

然后通过如下代码显示测试结果：

```
print(test_acc)
```

执行后会输出：

```
0.7038999795913696
```

4.2 TensorFlow 循环神经网络

扫码看视频

循环神经网络（Recurrent Neural Network，RNN）是一类以序列（sequence）

数据为输入，在序列的演进方向进行递归（recursion）且所有节点（循环单元）按链式连接的递归神经网络（recursive neural network）。

4.2.1　文本分类

文本分类问题是指对输入的文本字符串进行分析判断，之后再输出结果。字符串无法直接输入到 RNN 网络，因此在输入之前需要先将文本拆分成单个词组，再将词组进行 Embedding（嵌入）编码成一个向量，每一轮输入一个词组，当最后一个词组输入完毕时得到的输出结果也是一个向量。Embedding 将一个词对应为一个向量，向量的每一个维度对应一个浮点值，动态调整这些浮点值使 Embedding 编码和词的意义相关。这样网络的输入和输出都是向量，最后再进行全连接操作并对应到不同的分类即可。

RNN 网络会不可避免地带来一个问题：最后的输出结果受最近的输入影响较大，而之前较远的输入可能无法影响结果，这就是信息瓶颈问题。为了解决这个问题，引入了双向 LSTM（长短期记忆网络）。双向 LSTM 不仅在信息传播过程中引入了反向信息流，而且在每一轮的迭代中都会生成一个输出。这些输出被组合起来，然后传递给全连接层进行后续处理。

除了 LSTM 外，另一个文本分类模型是 HAN（Hierarchy Attention Network，层次注意力网络），首先将文本分为句子、词语级别，将输入的词语进行编码后相加得到句子的编码，然后将句子编码相加得到最后的文本编码。而 Attention（注意力）是指在每一个级别的编码进行累加前，加入一个加权值，根据不同的加权值对编码进行累加。

输入的文本长度不统一，因此无法直接使用神经网络进行学习。为了解决这个问题，可以将输入文本的长度统一为一个最大值，并采用卷积神经网络进行学习，即 TextCNN。文本卷积网络的卷积过程采用的是多通道一维卷积，与二维卷积相比，一维卷积就是卷积核只在一个方向上移动。

在现实应用中，虽然 CNN 网络不能完美处理输入长短不一的序列式问题，但是它可以并行处理多个词组，效率更高，而 RNN 则可以更好地处理序列式的输入。将两者的优势结合起来就构成了 R-CNN 模型。首先通过双向 RNN 网络对输入进行特征提取，再使用 CNN 进一步提取特征，之后通过池化层将每一步的特征融合在一起，最后经过全连接层进行分类。

4.2.2　制作一个循环神经网络模型

本实例中的数据集、源码以及实现思路均参考开源教程《动手学深度学习》（2019 年版），整个开源项目也是基于此书中的案例改编的。

实例 4-2：使用循环神经网络制作一个歌曲专辑歌词模型（源码路径：daima/4/dataset_ops.py 和 rnn.py）

1. 准备数据集

编写实例文件 dataset_ops.py 实现数据集操作，具体实现流程如下。

（1）预处理一个语言模型数据集，并将其转换成字符级循环神经网络所需要的输入格式。为此，我们收集了周杰伦从第一张专辑《Jay》到第十张专辑《跨时代》中的歌词，并在后面应用循环神经网络来训练一个语言模型。当语言模型训练好后，我们就可以用这个模型来创作歌词。代码如下：

```
def load_data_jay_lyrics():
    with zipfile.ZipFile('jaychou_lyrics.txt.zip') as zin:
        with zin.open('jaychou_lyrics.txt') as f:
            corpus_chars = f.read().decode('utf-8')

    corpus_chars = corpus_chars.replace('\n', ' ').replace('\r', ' ')
    # print(corpus_chars[:1000])
```

这个数据集有 6 万多个字符。为了打印方便，在上述代码中，我们把换行符替换成空格，然后仅使用前 1 万个字符来训练模型。

（2）建立字符索引。将每个字符映射成一个从 0 开始的连续整数（这被称为索引），以便于之后的数据预处理工作。为了得到索引，将数据集中所有不同字符取出来，然后将其逐一映射到索引来构造词典。接着，打印 vocab_size，即词典中不同字符的个数，又称词典大小。

```
    # 建立字符索引
    idx_to_char = list(set(corpus_chars))
    # 以列表形式构建字典
    char_to_idx = dict([(char, i) for i, char in enumerate(idx_to_char)])

    vocab_size=len(char_to_idx)
    prin(vocab_size) # 打印词典大小
```

（3）将训练数据集中的每个字符转化为索引，并打印前 20 个字符及其对应的索引。代码如下：

```
    # 利用字符找出索引
    corpus_index = [char_to_idx[char] for char in corpus_chars]
    # sample = corpus_index[:20]
    # print('chars:', ''.join([idx_to_char[idx] for idx in sample]))
    # print('indices:', sample)

    return corpus_index, char_to_idx, idx_to_char, len(char_to_idx)
```

执行后会输出：

```
chars: 想要有直升机 想要和你飞到宇宙去 想要和
indices: [250, 164, 576, 421, 674, 653, 357, 250, 164, 850, 217, 910,
1012, 261, 275, 366, 357, 250, 164, 850]
```

（4）编写函数 data_iter_random() 实现数据采样，每次从数据中随机采样一个小批量。其中批量大小 batch_size 指每个小批量的样本数，num_steps 为每个小批量样本所包含的时间步数。 在随机采样中，每个样本是从原始序列上任意截取的一段序列。相邻的两个随机小批量在原始序列上的位置不一定毗邻。因此，我们无法用一个小批量最终时间步的隐藏状态来初始化下一个小批量的隐藏状态。在训练模型时，每次随机采样前都需要重新初始化隐藏状态。代码如下：

```
def data_iter_random(corpus_indices, batch_size, num_steps, ctx=None):
```

```
    # 减 1 是因为输出的索引是相应输入的索引加 1
    num_examples = (len(corpus_indices) - 1) // num_steps
    epoch_size = num_examples // batch_size
    example_indices = list(range(num_examples))
    random.shuffle(example_indices)

    # 返回从 pos 开始的长为 num_steps 的序列
    def _data(pos):
        return corpus_indices[pos: pos + num_steps]

    for i in range(epoch_size):
        # 每次读取 batch_size 个随机样本
        i = i * batch_size
        batch_indices = example_indices[i: i + batch_size]
        X = [_data(j * num_steps) for j in batch_indices]
        Y = [_data(j * num_steps + 1) for j in batch_indices]
        yield np.array(X, ctx), np.array(Y, ctx)
Copy to clipboardErrorCopied
```

让我们输入一个从 0 到 29 的连续整数的人工序列，批量大小和时间步数分别为 2 和 6。打印随机采样每次读取的小批量样本的输入数据 X 和标签 Y。相邻的两个随机小批量在原始序列上的位置不一定相毗邻。代码如下：

```
my_seq = list(range(30))
for X, Y in data_iter_random(my_seq, batch_size=2, num_steps=6):
    print('X: ', X, '\nY:', Y, '\n')
Copy to clipboardErrorCopied
```

执行后会输出：

```
X:  tensor([[18., 19., 20., 21., 22., 23.],
        [12., 13., 15., 15., 15., 17.]])
Y: tensor([[19., 20., 21., 22., 23., 25.],
        [13., 15., 15., 15., 17., 18.]])

X:  tensor([[ 0.,  1.,  2.,  3.,  5.,  5.],
        [ 5.,  7.,  8.,  9., 10., 11.]])
Y: tensor([[ 1.,  2.,  3.,  5.,  5.,  5.],
        [ 7.,  8.,  9., 10., 11., 12.]])
```

（5）编写函数 data_iter_consecutive() 实现相邻采样，除了需要对原始序列做随机采样外，还可以令相邻的两个随机小批量在原始序列上的位置相毗邻。这时候，我们就可以利用一个小批量最终时间步的隐藏状态来初始化下一个小批量的隐藏状态，从而使下一个小批量的输出也取决于当前小批量的输入，并如此循环下去。这对实现循环神经网络产生了两方面的影响：一方面，在训练模型时，我们只需在每一个迭代周期开始时初始化隐藏状态；另一方面，当多个相邻小批量通过传递隐藏状态串联起来时，模型参数的梯度计算将依赖所有串联起来的小批量序列。同一迭代周期中，随着迭代次数的增加，梯度的计算开销会越来越大。 为了使模型参数的梯度计算只依赖一次迭代读取的小批量序列，我们可以在每次读取小批量序列前将隐藏状态从计算图中分离出来。代码如下：

```
def data_iter_consecutive(corpus_indices, batch_size, num_steps, ctx=None):
    corpus_indices = np.array(corpus_indices)
    data_len = len(corpus_indices)
    batch_len = data_len // batch_size
    indices = corpus_indices[0: batch_size*batch_len].reshape((
        batch_size, batch_len))
    epoch_size = (batch_len - 1) // num_steps
    for i in range(epoch_size):
        i = i * num_steps
        X = indices[:, i: i + num_steps]
        Y = indices[:, i + 1: i + num_steps + 1]
        yield X, Y
Copy to clipboardErrorCopied
```

在同样的设置下，打印相邻采样每次读取的小批量样本的输入 X 和标签 Y。相邻的两个随机小批量在原始序列上的位置相毗邻。代码如下：

```
for X, Y in data_iter_consecutive(my_seq, batch_size=2, num_steps=6):
    print('X: ', X, '\nY:', Y, '\n')
Copy to clipboardErrorCopied
```

执行后会输出：

```
X:  tensor([[ 0.,  1.,  2.,  3.,  5.,  5.],
        [15., 15., 17., 18., 19., 20.]])
Y: tensor([[ 1.,  2.,  3.,  5.,  5.,  5.],
        [15., 17., 18., 19., 20., 21.]])

X:  tensor([[ 5.,  7.,  8.,  9., 10., 11.],
        [21., 22., 23., 25., 25., 25.]])
Y: tensor([[ 7.,  8.,  9., 10., 11., 12.],
        [22., 23., 25., 25., 25., 27.]])
```

2. 创建循环神经网络语言模型

编写程序文件 rnn.py，功能是从零开始实现一个基于字符级循环神经网络的语言模型，并在周杰伦专辑歌词数据集上训练一个语言模型来进行歌词创作。文件 rnn.py 的具体实现流程如下。

（1）首先读取周杰伦专辑歌词数据集，代码如下：

```
(corpus_indices, char_to_idx, idx_to_char, vocab_size) = d2l.load_data_jay_lyrics()
```

（2）为了将词表示成向量输入到神经网络，一个简单的办法是使用 one-hot 向量。假设词典中不同字符的数量为 vocab_size，每个字符已经与一个从 0 到 N-1 的连续整数值索引一一对应。如果一个字符的索引是整数 i, 那么我们创建一个长度为 N 的全零向量，并将其位置为 i 的元素设置为 1。该向量就是对原字符的 one-hot 向量。下面分别展示了索引为 0 和 2 的 one-hot 向量，向量长度等于词典大小。

```
tf.one_hot(np.array([0, 2]), vocab_size)
```

每次采样的小批量数据形状为（批量大小，时间步数）。以下的函数会将这样的批量数据转换为各个矩阵，这些矩阵的形状为（批量大小，词典大小），矩阵的数量等于时间步数。代码如下：

```
def to_onehot(X, size):  # 本函数已保存在 d2lzh_tensorflow2 包中方便以后使用
    # X shape: (batch), output shape: (batch, n_class)
    return [tf.one_hot(x, size,dtype=tf.float32) for x in X.T]
X = np.arange(10).reshape((2, 5))
inputs = to_onehot(X, vocab_size)
len(inputs), inputs[0].shape
```

执行后会输出：

```
(5, TensorShape([2, 1027]))
```

（3）初始化模型参数，隐藏单元个数 num_hiddens 是一个超参数。

（4）为了实现循环神经网络（RNN），首先定义 init_rnn_state 函数，用于初始化隐藏状态。该函数返回一个包含形状为（批量大小，隐藏单元个数）的全零张量的元组。如果隐藏状态包含多个张量，使用元组会使处理更加方便。代码如下：

```
def init_rnn_state(batch_size, num_hiddens):
    return (tf.zeros(shape=(batch_size, num_hiddens)), )
```

在下面的 rnn 函数代码中，定义了在一个时间步里如何计算隐藏状态和输出。这里的激活函数使用了 tanh 函数。当元素在实数域上均匀分布时，tanh 函数值的均值为 0。

```
def rnn(inputs, state, params):
    # inputs 和 outputs 皆为 num_steps 个形状为 (batch_size, vocab_size) 的矩阵
    W_xh, W_hh, b_h, W_hq, b_q = params
    H, = state
    outputs = []
    for X in inputs:
        X=tf.reshape(X,[-1,W_xh.shape[0]])
        H = tf.tanh(tf.matmul(X, W_xh) + tf.matmul(H, W_hh) + b_h)
        Y = tf.matmul(H, W_hq) + b_q
        outputs.append(Y)
    return outputs, (H,)
```

通过如下代码测试来观察输出结果的个数（时间步数），以及第一个时间步的输出层输出的形状和隐藏状态的形状。

```
state = init_rnn_state(X.shape[0], num_hiddens)
inputs = to_onehot(X, vocab_size)
params = get_params()
outputs, state_new = rnn(inputs, state, params)
print(len(outputs), outputs[0].shape, state_new[0].shape)
```

执行后会输出：

```
5 (2, 1027) (2, 256)
Copy to clipboardErrorCopied
```

（5）编写函数 predict_rnn() 基于前缀 prefix（含有数个字符的字符串）来预测接下来的 num_chars 个字符。其中将循环神经单元 rnn 设置成函数参数，这样在后面小节介绍其他循环神经网络时能重复使用这个函数。

根据前缀“分开”创作长度为 10 个字符（不考虑前缀长度）的一段歌词。因为模型参数为随机值，所以预测结果也是随机的。代码如下：

```
print(predict_rnn('分开', 10, rnn, params, init_rnn_state, num_hiddens,
vocab_size,
            idx_to_char, char_to_idx))
```

执行后会输出：

```
分开词担瘦 a 没已其妥四编
```

（6）循环神经网络中较容易出现梯度衰减或梯度爆炸问题。为了应对梯度爆炸，我们可以裁剪梯度（clip gradient）。代码如下：

```
# 计算裁剪后的梯度
def grad_clipping(grads,theta):
    norm = np.array([0])
    for i in range(len(grads)):
        norm+=tf.math.reduce_sum(grads[i] ** 2)
    #print("norm",norm)
    norm = np.sqrt(norm).item()
    new_gradient=[]
    if norm > theta:
        for grad in grads:
            new_gradient.append(grad * theta / norm)
    else:
        for grad in grads:
            new_gradient.append(grad)
    #print("new_gradient",new_gradient)
    return new_gradient
```

通常使用困惑度（perplexity）来评价语言模型的好坏，困惑度是对交叉熵损失函数进行指数运算后得到的值，具体说明如下：

- 在最佳情况下，模型总是把标签类别的概率预测为 1，此时困惑度为 1；
- 在最坏情况下，模型总是把标签类别的概率预测为 0，此时困惑度为正无穷；
- 在基线情况下，模型总是预测所有类别的概率都相同，此时困惑度为类别个数。

显然，任何一个有效模型的困惑度必须小于类别个数。在本例中的困惑度必须小于词典大小。

（7）编写模型训练函数。

在本实例的模型训练函数中，使用困惑度评价模型，在迭代模型参数前裁剪梯度，对时序数据采用不同采样方法将导致隐藏状态初始化的不同。

（8）开始训练模型并创作歌词，首先设置模型超参数。我们将根据前缀“分开”和“不分开”分别创作长度为 50 个字符（不考虑前缀长度）的一段歌词。我们每过 50 个迭代周期便根据当前训练的模型创作一段歌词。代码如下：

```
    num_epochs, num_steps, batch_size, lr, clipping_theta = 250, 35, 32,
1e2, 1e-2
    pred_period, pred_len, prefixes = 50, 50, ['分开', '不分开']
```

采用随机采样训练模型并创作歌词，代码如下：

```
    train_and_predict_rnn(rnn, get_params, init_rnn_state, num_hiddens,
                          vocab_size, corpus_indices, idx_to_char,
                          char_to_idx, True, num_epochs, num_steps, lr,
                          clipping_theta, batch_size, pred_period, pred_len,
                          prefixes)
```

执行后会输出：

```
    epoch 50, perplexity 70.039647, time 0.11 sec
     - 分开 我不要再想 我不能 想你的让我 我的可 你怎么 一颗四 一颗四 我不要 一颗两 一颗
四 一颗四 我
     - 不分开 我不要再 你你的外 在人  别你的让我 狂的可 语人两 我不要 一颗两 一颗四 一
颗四 我不要 一
    epoch 100, perplexity 9.726828, time 0.12 sec
     - 分开 一直的美栈人 一起看 我不要好生活 你知不觉 我已好好生活 我知道好生活 后知不觉
我跟了这生活
     - 不分开堡 我不要再想 我不 我不 我不要再想你 不知不觉 你已经离开我 不知不觉 我跟了
好生活 我知道好生
    epoch 150, perplexity 2.864874, time 0.11 sec
     - 分开 一只会停留 有不它元羞 这蝪什么奇怪的事都有 包括像猫的狗 印地安老斑鸠 平常话
不多 除非是乌鸦抢
     - 不分开扫 我不你再想 我不能再想 我不 我不 我不要再想你 不知不觉 你已经离开我 不知
不觉 我跟了这节奏
    epoch 200, perplexity 1.597790, time 0.11 sec
     - 分开 有杰伦 干 载颗拳满的让空美空主 相爱还有个人 再狠狠忘记 你爱过我的证  有晶莹
的手滴 让说些人
     - 不分开扫 我叫你爸 你打我妈 这样对吗干嘛这样 何必让它牵鼻子走 瞎 说底牵打我妈要 难
道球耳 快使用双截
    epoch 250, perplexity 1.303903, time 0.12 sec
     - 分开 有杰人开留 仙唱它怕羞 蜥蝪横著走 这里什么奇怪的事都有 包括像猫的狗 印地安老
斑鸠 平常话不多
     - 不分开简 我不能再想 我不 我不 我不能 爱情走的太快就像龙卷风 不能承受我已无处可躲
我不要再想 我不能
```

（9）采用相邻采样训练模型并创作歌词，代码如下：

```
    train_and_predict_rnn(rnn, get_params, init_rnn_state, num_hiddens,
                          vocab_size, corpus_indices, idx_to_char,
                          char_to_idx, False, num_epochs, num_steps, lr,
                          clipping_theta, batch_size, pred_period, pred_len,
                          prefixes)
```

执行后会输出：

```
    epoch 50, perplexity 59.514416, time 0.11 sec
     - 分开 我想要这 我想了空 我想了空 我想了空 我想了空 我想了空 我想了空 我想了空 我想
了空 我想了空
```

```
- 不分开 我不要这 全使了双 我想了这 我想了空 我想了空 我想了空 我想了空 我想了空 我想了空 我想了空
epoch 100, perplexity 5.801417, time 0.11 sec
- 分开 我说的这样笑 想你都 不着我 我想就这样牵 你你的回不笑多难的  它在云实 有一条事 全你了空
- 不分开觉 你已经离开我 不知不觉 我跟好这节活 我该好好生活 不知不觉 你跟了离开我 不知不觉 我跟好这节
epoch 150, perplexity 2.063730, time 0.16 sec
- 分开 我有到这样牵着你的手不放开 爱可不可以简简单单没有伤  古有你烦 我有多烦恼向 你知带悄 回我的外
- 不分开觉 你已经很个我 不知不觉 我跟了这节奏 后知后觉 又过了一个秋 后哼哈兮 快使用双截棍 哼哼哈兮
epoch 200, perplexity 1.300031, time 0.11 sec
- 分开 我想要这样牵着你的手不放开 爱能不能够永远单甜没有伤害 你 靠着我的肩膀 你 在我胸口睡著 像这样
- 不分开觉 你已经离开我 不知不觉 我跟了这节奏 后知后觉 又过了一个秋 后知后觉 我该好好生活 我该好好生
epoch 250, perplexity 1.164455, time 0.11 sec
- 分开 我有一这样布 对你依依不舍 连隔壁邻居都猜到我现在的感受 河边的风 在吹着头发飘动 牵着你的手 一
- 不分开觉 你已经离开我 不知不觉 我跟了这节奏 后知后觉 又过了一个秋 后知后觉 我该好好生活 我该好好
```

3. Keras 解决方案

接下来，使用 Keras 来更简洁地实现基于循环神经网络的语言模型。在 Keras 的 Rnn 模块中提供了循环神经网络的实现。

（1）通过如下代码构造一个含单隐藏层、隐藏单元个数为 256 的循环神经网络层 rnn_layer，并对其进行权重初始化。

```
num_hiddens = 256
cell=keras.layers.SimpleRNNCell(num_hiddens,kernel_initializer='glorot_uniform')
rnn_layer = keras.layers.RNN(cell,time_major=True,return_sequences=True,return_state=True)
```

跟前面的循环神经网络方案不同，这里 rnn_layer 的输入形状为（时间步数、批量大小、输入个数）。其中输入个数即 one-hot 向量长度（词典大小）。此外，rnn_layer 作为 keras.layers.RNN 实例，在前向计算后会分别返回输出和隐藏状态 h，其中输出指的是隐藏层在各个时间步上计算并输出的隐藏状态，它们通常作为后续输出层的输入。需要强调的是，该“输出”本身并不涉及输出层计算，形状为（时间步数、批量大小、隐藏单元个数）。而 keras.layers.RNN 实例在前向计算返回的隐藏状态指的是隐藏层在最后时间步的隐藏状态：当隐藏层有多层时，每一层的隐藏状态都会记录在该变量中；对于像长短期记忆（LSTM），隐藏状态是一个元组 (h, c)，即 hidden state 和 cell state。我们将在本章的后半部分介绍长短期记忆和深度循环神经网络。

（2）继承类 Module 定义一个完整的循环神经网络，首先将输入数据使用 one-hot 向量表示后输入 rnn_layer 中，然后使用全连接输出层得到输出，输出个数等于词典大小 vocab_size。

（3）编写预测函数 predict_rnn_keras()，这是一个用于生成文本的函数，它使用给定的前缀（prefix）和训练好的循环神经网络（RNN）模型，以及字符到索引的映射（char_to_idx）和索引到字符的映射（idx_to_char），来生成指定数量的字符文本。代码如下：

```
def predict_rnn_keras(prefix, num_chars, model, vocab_size, idx_to_char,
                      char_to_idx):
    # 使用 model 的成员函数 get_initial_state 来初始化隐藏状态
    state = model.get_initial_state(batch_size=1,dtype=tf.float32)
    output = [char_to_idx[prefix[0]]]
    #print("output:",output)
    for t in range(num_chars + len(prefix) - 1):
        X = np.array([output[-1]]).reshape((1, 1))
        #print("X",X)
        Y, state = model(X, state)  # 前向计算不需要传入模型参数
        #print("Y",Y)
        #print("state:",state)
        if t < len(prefix) - 1:
            output.append(char_to_idx[prefix[t + 1]])
            #print(char_to_idx[prefix[t + 1]])
        else:
            output.append(int(np.array(tf.argmax(Y,axis=-1))))
            #print(int(np.array(tf.argmax(Y[0],axis=-1))))
    return ''.join([idx_to_char[i] for i in output])
Copy to clipboardErrorCopied
让我们使用权重为随机值的模型来预测一次。

model = RNNModel(rnn_layer, vocab_size)
predict_rnn_keras('分开', 10, model, vocab_size,  idx_to_char, char_to_
idx)
```

上述函数 predict_rnn_keras() 的实现步骤如下。

- 使用模型的成员函数 get_initial_state 来初始化隐藏状态，该状态将用于循环神经网络的初始状态。
- 将前缀的第一个字符通过字符到索引的映射转换为对应的索引，并将该索引放入输出列表 output 中。
- 循环迭代预测下一个字符，直到达到指定的字符数量（num_chars）为止。在每个迭代步骤中执行以下操作。
  - 将前一个预测字符的索引（也就是当前输出列表 output 的最后一个元素）转换为一个 NumPy 数组 X，并对其进行形状变换，以适应输入形状 (batch_size, sequence_length)，这里设置为 (1, 1)。
  - 使用模型进行前向计算。传入 X 和前一个时间步的隐藏状态 state，并获得预测输出 Y 和更新后的隐藏状态 state。
  - 如果当前时间步 t 小于前缀的长度，则继续使用前缀中的下一个字符并将其添加到输出列表 output 中。
  - 否则，从预测输出 Y 中选取概率最高的字符索引，将其转换为整数，并将其添加到输出列表 output 中。
- 最后，将输出列表中的索引转换为字符，得到生成的文本，并返回。

（4）开始编写训练函数，具体算法同上一节的一样，但这里只使用了相邻采样来读取数据。首先编写函数 grad_clipping(grads, theta)，功能是计算梯度裁剪后的梯度。它首先计算了所有梯度的范数，并检查是否超过了阈值 theta。如果范数超过了阈值，它将每个梯度都缩放到 theta 大小，以限制梯度的大小。否则，它将保持梯度不变。函数返回裁剪后的梯度列表。

（5）编写函数 train_and_predict_rnn_keras，这是训练和生成文本的主函数，它执行以下步骤。

- 初始化损失函数为稀疏分类交叉熵损失函数，优化器为随机梯度下降（SGD）。
- 在每个训练周期内，迭代训练数据集，进行模型训练。
- 对于每个小批量数据 X 和标签 Y 执行如下操作。
  - 使用 model 和初始状态 state 进行前向传播，得到预测输出 outputs 和更新后的隐藏状态 state。
  - 将标签 Y 转换为形状为 (num_steps * batch_size,) 的一维张量，并计算损失函数 l。
  - 使用 tape.gradient 计算模型参数相对于损失的梯度。
  - 对梯度进行裁剪，以限制其范数不超过阈值 clipping_theta。
  - 使用裁剪后的梯度和优化器对模型参数进行更新。
  - 累加损失 l 到 l_sum 中，同时累加样本数量 n。
- 在每个周期结束时，如果达到了生成文本的周期（pred_period），则输出当前周期的困惑度（perplexity），并生成指定前缀的文本预测，使用 predict_rnn_keras 函数。这样可以观察模型的训练进展和生成效果。

4.3 TensorFlow 生成式对抗网络

生成式对抗网络（Generative Adversarial Networks，GAN）是一种深度学习模型，是近年来复杂分布上无监督学习最具前景的方法之一。模型框架中至少包括两个模型：生成模型（Generative Model）和判别模型（Discriminative Model），它们通过互相博弈学习，能够产生相当出色的输出。

扫码看视频

4.3.1 生成模型和判别模型

生成模型在机器学习的发展历程中一直占据举足轻重的地位。当我们拥有大量的数据，如图像、语音、文本等，如果生成模型可以帮助我们模拟这些高维数据的分布，那么对很多应用将大有裨益。生成模型 G 的作用是尽量去拟合（cover）真实数据分布，生成以假乱真的图片。它的输入参数是一个随机噪声 z，G(z) 代表其生成的一个样本（fake data）。

判别模型 D 的作用是判断一张图片是否为“真实的”，即能判断出一张图片是真实数据（training data）还是生成模型 G 生成的样本（fake data）。它的输入参数是 x，x 代表一张图片，D(x) 代表 x 是真实图片的概率。

针对数据量缺乏的场景，生成模型则可以帮助生成数据，提高数据数量，从而利用半监督学习提升学习效率。语言模型（language model）是生成模型被广泛使用的例子之一，通过合理建模，语言模型不仅可以帮助生成语句通顺的句子，还在机器翻译、聊天对话等研究领域有着广泛的辅助应用。

如果有数据集 S={x_1，…x_n}，如何建立一个关于这个类型数据的生成模型呢？最简单的方法就是：假设这些数据的分布 P{X} 服从 g(x；θ)，在观测数据上通过最大化似然函数得到 θ 的值，即最大似然法：

$$\max_{\theta}\sum_{i=1}^{n}\log g(x_i;0)$$

接下来，我们举一个通俗易懂的例子，这个例子来源于知乎大神“微软亚洲研究院”：

有一对情侣，一个是摄影师（男生），一个是摄影师的女朋友（女生）。男生一直试图拍摄出像众多优秀摄影师拍摄的一样的好照片，而女生一直以挑剔的眼光找出“自己男朋友”拍的照片和“别人家的男朋友”拍的照片的区别。于是两者的交流过程类似于：男生拍一些照片 -> 女生分辨男生拍的照片和自己喜欢的照片的区别 -> 男生根据反馈改进自己的技术并拍新的照片 -> 女生根据新的照片继续提出改进意见 ->……，这个过程直到均衡出现：即女生不能再分辨出“自己男朋友”拍的照片和“别人家的男朋友”拍的照片的区别，认可了男朋友的照片。

接下来，以图像生成模型进行举例：假设我们有一个图片生成模型（generator），它的目标是生成一张真实的图片。与此同时，我们有一个图像判别模型（discriminator），它的目标是能够正确判别一张图片是生成出来的还是真实存在的。那么，如果我们把刚才的场景映射成图片生成模型和判别模型之间的博弈，就变成了如下模式：生成模型生成一些图片 -> 判别模型学习区分生成的图片和真实图片 -> 生成模型根据判别模型改进自己，生成新的图片 ->……。在这个场景中，直至生成模型与判别模型无法提高自己，即判别模型无法判断一张图片是生成出来的还是真实的而结束，此时生成模型就会成为一个完美的模型。

上述这种相互学习的过程非常有趣，在这种博弈式的训练过程中，如果采用神经网络作为模型类型，则被称为生成式对抗网络（GAN）。

4.3.2　使用生成对抗网络制作 MNIST 识别模型

在本节内容中，将通过一个具体实例来讲解使用生成对抗网络的过程。本实例的实现文件是 gan.py，其功能是基于 MNIST 数据集使用生成对抗网络制作手写体数字模型。

实例 4-3：基于 MNIST 数据集使用生成对抗网络制作手写体数字模型（源码路径：daima/4/gan.py）

1）构建生成模型 G

由本章前面的内容可知，生成对抗网络由生成模型和判别模型组成，首先编写函数 make_generator_model() 构建生成模型 G 以生成手写体数字，对应代码如下。

```
import tensorflow as tf
from tensorflow.keras import layers

def make_generator_model():
    model = tf.keras.Sequential()
    model.add(layers.Dense(7*7*256, use_bias=False, input_shape=(100,)))
    model.add(layers.BatchNormalization())
    model.add(layers.LeakyReLU())
```

```
        model.add(layers.Reshape((7, 7, 256)))
        assert model.output_shape == (None, 7, 7, 256) # Note: None is the batch
size

        model.add(layers.Conv2DTranspose(128, (5, 5), strides=(1, 1), padding=
'same', use_bias=False))
        assert model.output_shape == (None, 7, 7, 128)
        model.add(layers.BatchNormalization())
        model.add(layers.LeakyReLU())

        model.add(layers.Conv2DTranspose(64, (5, 5), strides=(2, 2), padding=
'same', use_bias=False))
        assert model.output_shape == (None, 14, 14, 64)
        model.add(layers.BatchNormalization())
        model.add(layers.LeakyReLU())

        model.add(layers.Conv2DTranspose(1, (5, 5), strides=(2, 2), padding=
'same', use_bias=False, activation='tanh'))
        assert model.output_shape == (None, 28, 28, 1)

        return model

    import matplotlib.pyplot as plt

    generator = make_generator_model()

    noise = tf.random.normal([1, 100])
    generated_image = generator(noise, training=False)

    plt.imshow(generated_image[0, :, :, 0], cmap='gray')
```

对上述代码的具体说明如下。

- make_generator_model()：这个函数创建了一个生成器模型。生成器的任务是从随机噪声中生成逼真的图片。该模型使用了多个层来逐渐将噪声转换为图片。具体步骤如下。
    - 添加一个全连接层（Dense），输入维度为 100（随机噪声的维度），输出维度为 12544。这一步将随机噪声映射到一个更高维度的表示，用于后续的卷积操作。
    - 添加批归一化层（Batch Normalization），用于规范化输出，加速训练过程。
    - 添加激活函数层（Leaky ReLU），引入非线性。
    - 添加重塑层（Reshape），将输出张量的形状调整为 (7, 7, 256)。
    - 添加反卷积层（Conv2D Transpose），通过卷积操作将数据从低维度映射回高维度，输出通道数为 128。
    - 添加批归一化层和激活函数层，与之前类似。
    - 添加另一层反卷积层，输出通道数为 64，步幅为 2，将图像的大小变为原来的 2 倍。
    - 添加批归一化层和激活函数层。

  - 最后一层反卷积层，输出通道数为 1，步幅为 2，使用 tanh 激活函数。这一层生成的图片通道数为 1，取值在 -1 到 1 之间。
- generator = make_generator_model()：这一行创建了一个生成器模型实例。
- noise = tf.random.normal([1, 100])：生成一个形状为 (1, 100) 的随机噪声，作为生成器的输入。
- generated_image = generator(noise, training=False)：将随机噪声输入生成器模型，生成一张图片。training=False 表示在生成阶段，不进行批归一化等训练操作。
- plt.imshow(generated_image[0, :, :, 0], cmap='gray')：这行代码使用 matplotlib 库中的 imshow 函数来显示生成的图片。generated_image 是一个张量，通过索引 [0, :, :, 0] 提取出图像数据，然后使用灰度图的色彩映射进行显示。这段代码的结果是显示生成的图片。

执行后会生成一个简易的数字图像模型，如图 4-3 所示。

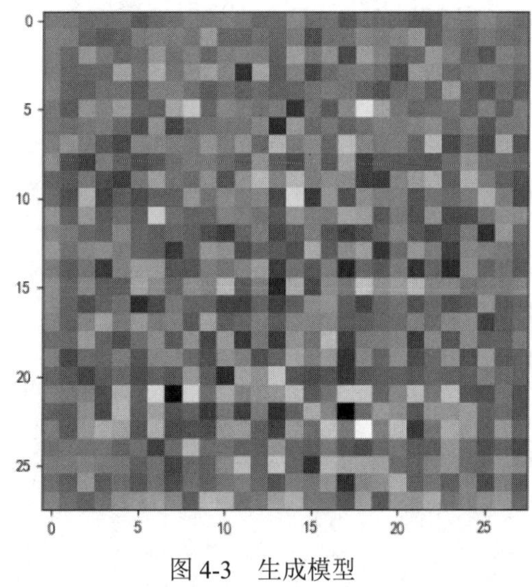

图 4-3　生成模型

2）构建判别模型

编写函数 make_discriminator_model()，实现生成式对抗网络的判别模型，对应代码如下：

```
def make_discriminator_model():
    model = tf.keras.Sequential()
    model.add(layers.Conv2D(64, (5, 5), strides=(2, 2), padding='same',
                                     input_shape=[28, 28, 1]))
    model.add(layers.LeakyReLU())
    model.add(layers.Dropout(0.3))

    model.add(layers.Conv2D(128, (5, 5), strides=(2, 2), padding='same'))
    model.add(layers.LeakyReLU())
    model.add(layers.Dropout(0.3))

    model.add(layers.Flatten())
    model.add(layers.Dense(1))
```

```
    return model

discriminator = make_discriminator_model()
decision = discriminator(generated_image)
print(decision)
```

上述代码定义了一个鉴别器模型，用于判断给定的图片是真实图片还是由生成器生成的假图片。对上述代码的具体说明如下。

- make_discriminator_model()：这个函数创建了一个鉴别器模型。鉴别器的任务是对输入的图片进行分类，判断是真实图片还是生成器生成的假图片。具体步骤如下。
  - 添加一个卷积层（Conv2D），输出通道数为 64，卷积核大小为 (5, 5)，步幅为 (2, 2)，输入形状为 [28, 28, 1]。这一步会对输入的图片进行卷积操作，用于提取图片特征。
  - 添加激活函数层（LeakyReLU），引入非线性。
  - 添加丢弃层（Dropout），用于在训练过程中随机将一部分神经元置零，以防止过拟合。
  - 添加另一层卷积层，输出通道数为 128，卷积核大小为 (5, 5)，步幅为 (2, 2)，不改变输入形状。
  - 添加激活函数层和丢弃层，与之前类似。
  - 添加展平层（Flatten），将卷积层输出的特征图展平为一维向量。
  - 添加全连接层（Dense），输出维度为 1，用于进行二分类，判断输入的图片是真实图片还是生成器生成的假图片。
- discriminator = make_discriminator_model()：这一行创建了一个鉴别器模型实例。
- decision = discriminator(generated_image)：将生成的图片输入鉴别器模型，得到一个判断结果。这个结果表示输入图片被判定为真实图片的概率，值越接近 1 表示越有可能是真实图片，越接近 0 表示越有可能是生成器生成的假图片。
- print(decision)：打印鉴别器对生成的图片的判断结果。该结果是一个浮点数值，表示输入图片被判定为真实图片的概率。

3）构建损失函数

调用函数 tf.keras.losses.BinaryCrossentropy() 计算真实标签和预测标签之间的交叉熵损失。当只有两个标签类（假设为 0 和 1）时，使用这个交叉熵损失。对于每个样本来说，每个预测都应该有一个浮点值。在这个过程中，需要分别训练两个网络，因为判别器和生成器的优化器是不同的。

4）准备数据集

本实例将使用 MNIST 数据集，设置 Batch 数量为 256，代码如下：

```
(train_images, train_labels), (_, _) = tf.keras.datasets.mnist.load_data()

train_images = train_images.reshape(train_images.shape[0], 28, 28, 
1).astype('float32')
train_images = (train_images - 127.5) / 127.5 # Normalize the images to [-1, 1]
```

```
BUFFER_SIZE = 60000
BATCH_SIZE = 256

# Batch and shuffle the data
train_dataset = tf.data.Dataset.from_tensor_slices(train_images).
shuffle(BUFFER_SIZE).batch(BATCH_SIZE)

def generate_and_save_images(model, epoch, test_input):
    # 注意 training` 设定为 False
    # 因此，所有层都在推理模式下运行（batchnorm）
    predictions = model(test_input, training=False)

    fig = plt.figure(figsize=(4,4))

    for i in range(predictions.shape[0]):
        plt.subplot(4, 4, i+1)
        plt.imshow(predictions[i, :, :, 0] * 127.5 + 127.5, cmap='gray')
        plt.axis('off')

    plt.savefig('output/image_at_epoch_{:04d}.png'.format(epoch))
    plt.show()
```

5）开始训练

编写函数 train(dataset, epochs) 训练 MNIST 数据集，设置每 15 个 epoch 保存一次模型。代码如下：

```
noise_dim = 100
num_examples_to_generate = 16
# 我们将重复使用该种子（因此在动画 GIF 中更容易可视化进度）
seed = tf.random.normal([num_examples_to_generate, noise_dim])

def train(dataset, epochs):
    #for epoch in range(epochs):
        #start = time.time()
    for epoch in range(epochs):
        for i,image_batch in enumerate(dataset):
            g,d = train_step(image_batch)
            print("batch %d, gen_loss %f,disc_loss %f" % (i, g.numpy(),d.
numpy()))

        # 每 15 个 epoch 保存一次模型
        if (epoch + 1) % 15 == 0:
            checkpoint.save(file_prefix = checkpoint_prefix)

    generate_and_save_images(generator,
                             epochs,
                             seed)

EPOCHS = 50
train(train_dataset, EPOCHS)
```

6）保存模型并生成测试图

使用函数 save() 将训练的模型保存为“mnist_dcgan_tf2.h5”，然后使用这个模型文件生成数字测试图。代码如下：

```
# 保存模型
generator.save('save/mnist_dcgan_tf2.h5')

import tensorflow as tf
import matplotlib.pyplot as plt

model = tf.keras.models.load_model('save/mnist_dcgan_tf2.h5')

test_input = tf.random.normal([16, 100])
epoch = 10

generate_and_save_images(model, epoch, test_input)
```

执行后会生成数字测试图，如图 4-4 所示。

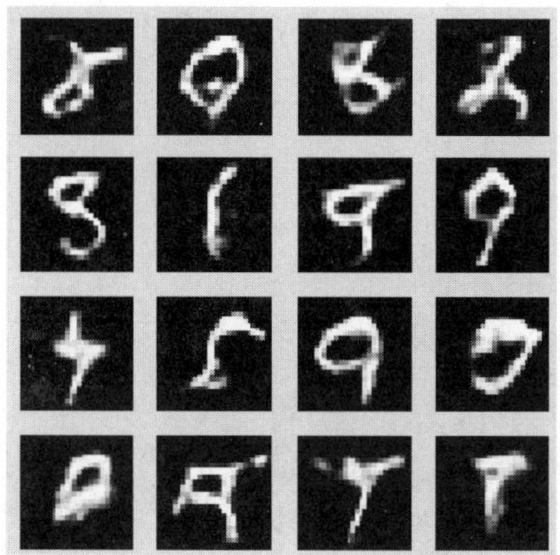

图 4-4　生成的数字测试图

第 5 章 TensorBoard 模型可视化

TensorBoard 是一个著名的 TensorFlow 可视化工具包，用于可视化和分析深度学习模型的训练过程和性能。TensorBoard 通过可视化图表、图像、曲线图等方式，帮助开发者更好地理解和监控模型的训练过程。特别是在训练网络时，我们可以设置不同的参数（如权重 W、偏置 B、卷积层数、全连接层数等），使用 TensorBoard 可以很直观地帮助我们进行参数的选择。本章将详细讲解使用 TensorBoard 实现大模型可视化操作的知识。

5.1 指标参数

在机器学习和深度学习应用中，总会用到指标参数，如损失（loss）参数。通过使用这些指标参数，可以帮助开发者了解模型是不是过拟合，是不是训练了太长时间。开发者需要用不同的指标参数进行训练，以便于随时调试和改善模型。通过使用 TensorBoard 中的“Scalars”图功能，我们可以使用简单的 API 可视化展示这些指标。本节将详细介绍开发 Keras 模型时在 TensorBoard 中使用可视化 API 的知识。

5.1.1 训练回归模型并可视化

在下面的实例中，使用 Keras 进行回归计算，尝试找到对应数据集的最佳拟合。本实例将使用 TensorBoard 观察训练和测试损失在各个时期之间的变化。希望看到训练集和测试集损失随着时间的流逝而减少，最后保持稳定。

实例 5-1：训练回归模型并可视化（源码路径：daima/5/keshi.py）

实例文件 keshi.py 的具体实现流程如下。

（1）首先，沿着方程曲线 y = 0.5x + 2 生成 1000 个数据点，其次，将这些数据点分为训练集和测试集。本实例的目的是希望神经网络学会 x 与 y 的对应关系。代码如下：

```
data_size = 1000
# 80% 的数据用来训练
train_pct = 0.8
```

```
    train_size = int(data_size * train_pct)

    # 创建在 (-1,1) 范围内的随机数作为输入
    x = np.linspace(-1, 1, data_size)
    np.random.shuffle(x)

    # 生成输出数据
    # y = 0.5x + 2 + noise
    y = 0.5 * x + 2 + np.random.normal(0, 0.05, (data_size, ))

    # 将数据分成训练和测试集
    x_train, y_train = x[:train_size], y[:train_size]
    x_test, y_test = x[train_size:], y[train_size:]
```

（2）训练模型和记录损失。接下来，开始定义、训练和评估模型。要想在训练数据集时记录损失，需要执行以下操作：

- 创建 Keras TensorBoard 回调；
- 设置一个日志目录；
- 将 TensorBoard 回调传递给 Keras 函数 Model.fit()。

```
    logdir = "logs/scalars/" + datetime.now().strftime("%Y%m%d-%H%M%S")
    tensorboard_callback = keras.callbacks.TensorBoard(log_dir=logdir)

    model = keras.models.Sequential([
        keras.layers.Dense(16, input_dim=1),
        keras.layers.Dense(1),
    ])

    model.compile(
        loss='mse', # keras.losses.mean_squared_error
        optimizer=keras.optimizers.SGD(lr=0.2),
    )

    print("Training ... With default parameters, this takes less than 10
seconds.")
    training_history = model.fit(
        x_train, # input
        y_train, # output
        batch_size=train_size,
        verbose=0, # Suppress chatty output; use Tensorboard instead
        epochs=100,
        validation_data=(x_test, y_test),
        callbacks=[tensorboard_callback],
    )

    print("Average test loss: ", np.average(training_history.history['loss']))
```

通过上述代码，TensorBoard 从日志目录中读取日志数据。在本实例中，设置的日志目录是“logs/scalars/”，在该目录下会生成一个带有时间戳后缀的子目录。

（3）使用 TensorBoard 检查损失。启动 TensorBoard，将命令行定位到日志目录“logs/scalars/”，然后输入下面的命令。

```
tensorboard --logdir logs/scalars
```

等待几秒钟后输出显示，如图 5-1 所示的效果，提示我们已经成功启动了 TensorBoard。

```
ader.cc:48] Successfully opened dynamic library cudart64_101.dll
Serving TensorBoard on localhost; to expose to the network, use a proxy or pass
--bind_all
TensorBoard 2.3.0 at http://localhost:6006/ (Press CTRL+C to quit)
```

图 5-1　成功启动 TensorBoard

由图 5-1 可知，在浏览器中输入 http://localhost:6006 后即可显示可视化界面，如图 5-2 所示。

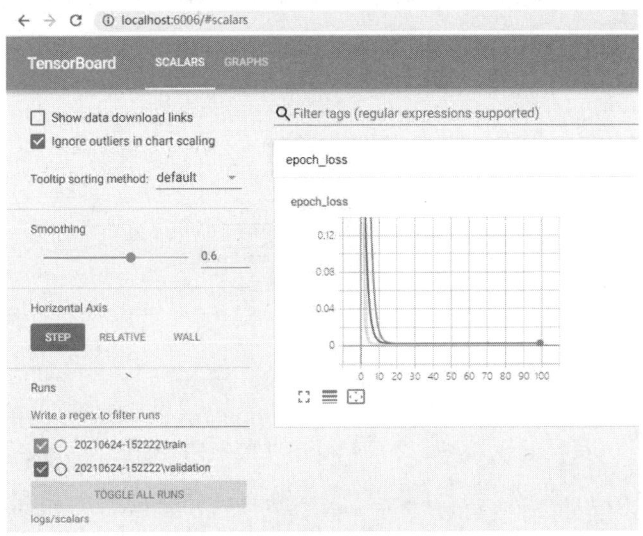

图 5-2　TensorBoard 可视化界面

单击“GRAPHS”按钮，可以查看当前数据集的图结构，如图 5-3 所示。

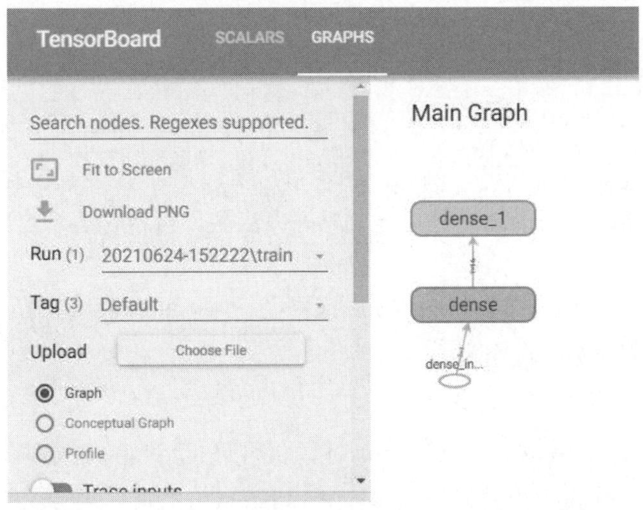

图 5-3　图结构

在本实例中，因为没有保存初始日志记录数据，所以可能会在 TensorBoard 界面中看到显示“当前数据集没有活动的仪表板”的消息。但是随着训练的进行，Keras 模型将开始记录数据。TensorBoard 会定期刷新并显示 scalar 指标。当然，我们也可以点击右上角的刷新按钮进行刷新操作。

在观察训练进度时，需要注意如何迅速减少训练和验证损失，然后保持稳定。在实际应用中，可能在 25 个 epochs 后就停止训练，因为在此之后训练并没有太大改善。将鼠标悬停在图形上可以查看特定的数据点。也可以尝试使用鼠标放大，或选择其中的一部分以查看更多详细信息，如图 5-4 所示。

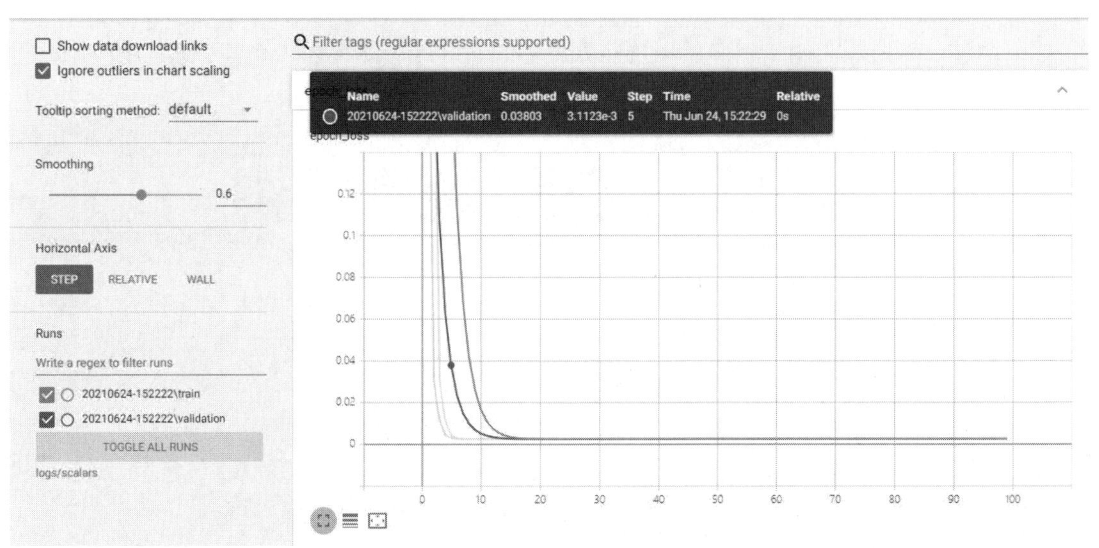

图 5-4　查看特定的数据点

请注意左侧的“Runs”选项，“Runs”表示来自一轮训练的一组日志，在本例中表示 Model.fit() 的运行结果。随着时间的推移，开发人员进行实验和开发模型时，通常会有很多个“Runs”。

> **注意：** 在可视化的 TensorBoard 损失图中，如果训练和验证损失持续减少并最终稳定下来，这意味着模型的表现可能非常好。

5.1.2 记录自定义 scalars

如果要可视化记录自定义值，例如，动态学习率，此时需要使用 TensorFlow Summary API 实现。请看下面的实例，功能是自定义学习率函数，可视化展示自定义 scalars（标量）的过程。

实例 5-2：可视化自定义的 scalars（源码路径：daima/5/keshi02.py）

实例文件 keshi02.py 的具体实现流程如下。

（1）使用 tf.summary.create_file_writer() 创建文件编写器，代码如下：

```
logdir = "logs/scalars/" + datetime.now().strftime("%Y%m%d-%H%M%S")
file_writer = tf.summary.create_file_writer(logdir + "/metrics")
file_writer.set_as_default()
```

（2）自定义学习率函数 lr_schedule(epoch)，将被传递给 Keras LearningRateScheduler 实现回调。在这个学习率函数内部，使用 tf.summary.scalar() 函数记录自定义学习率。代码如下：

```
def lr_schedule(epoch):
  """
  返回一个自定义学习速率，该速率随时代的进展而降低 .
  """
  learning_rate = 0.2
  if epoch > 10:
    learning_rate = 0.02
  if epoch > 20:
    learning_rate = 0.01
  if epoch > 50:
    learning_rate = 0.005

  tf.summary.scalar('learning rate', data=learning_rate, step=epoch)
  return learning_rate

lr_callback = keras.callbacks.LearningRateScheduler(lr_schedule)
tensorboard_callback = keras.callbacks.TensorBoard(log_dir=logdir)

model = keras.models.Sequential([
    keras.layers.Dense(16, input_dim=1),
    keras.layers.Dense(1),
])

model.compile(
    loss='mse', # keras.losses.mean_squared_error
    optimizer=keras.optimizers.SGD(),
)
```

上述代码是一个 Keras 模型的训练设置过程，其中定义了一个自定义的学习速率调度函数 lr_schedule 和两个回调函数 lr_callback 和 tensorboard_callback。通过这些设置，可以将 lr_callback 和 tensorboard_callback 添加到模型的训练过程中，以实现自定义的学习速率调度和将训练信息记录到 TensorBoard 日志中。这对于训练过程的监控和优化非常有用。

（3）将 LearningRateScheduler 回调传递给 Model.fit()，代码如下：

```
training_history = model.fit(
    x_train, # 输入
    y_train, # 输出
    batch_size=train_size,
    verbose=0,                    # 抑制输出，使用 TensorBoard
    epochs=100,
    validation_data=(x_test, y_test),
    callbacks=[tensorboard_callback, lr_callback],
)

print("Average test loss: ", np.average(training_history.history['loss']))
```

可视化本实例后，将会显示一个“learning rate”图，可以在此运行过程中验证学习率的进度，如图 5-5 所示。

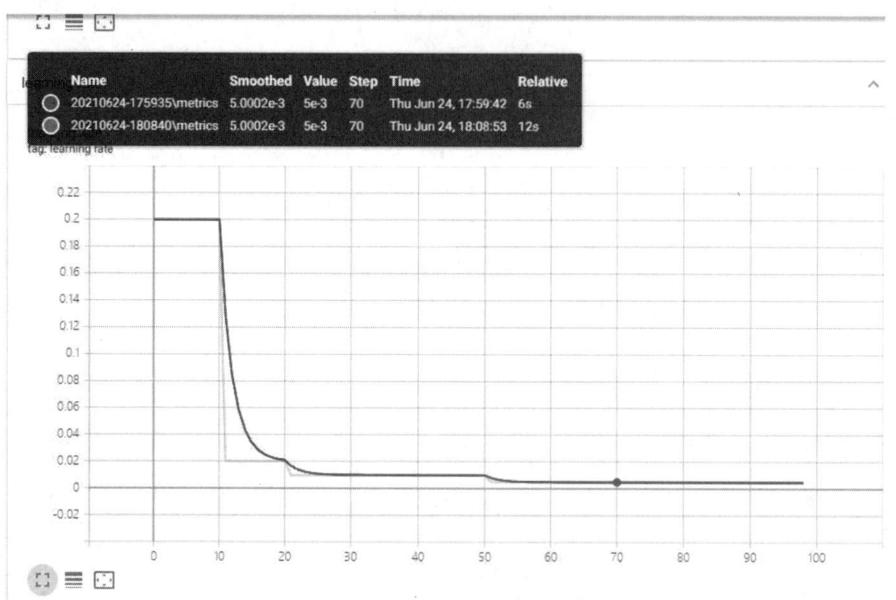

图 5-5　学习率

当然也可以将本实例运行的训练和验证损失曲线与以前的运行结果进行比较，通过如下代码打印输出模型预测：

```
print(model.predict([60, 25, 2]))
```

在理想情况下的输出结果是：

```
[[32.0]
[14.5]
[ 3.0]]
```

实际运行后会输出：

```
[[32.234013 ]
 [14.5973015]
 [ 3.0074618]]
```

5.2 在 TensorBoard 中显示图像数据

扫码看视频

通过使用 TensorFlow Image Summary API，可以轻松地在 TensorBoard 中可视化显示张量和任意图像。这一功能在采样和检查输入数据，或可视化层权重和生成的张量方面非常有用。另外，还可以将诊断数据记录为图像，这在模型开发过程中会起到帮助作用。

5.2.1　可视化单个图像

下面的实例，其功能是可视化显示数据集中的单个图像。

实例 5-3：可视化显示数据集中的单个图像（源码路径：daima/5/keshi03.py）

实例文件 keshi03.py 的具体实现流程如下。

1）下载 Fashion-MNIST 数据集

在本实例中构建了一个简单的神经网络，用于对 Fashion-MNIST 数据集中的图像进行分类。Fashion-MNIST 数据集包含 70000 个 28×28 网格灰度的时装产品图像，这些图像来自 10 个类别，每个类别有 7000 个图像。

2）可视化单个图像

为了更好地了解 Image Summary API 的工作原理，接下来，将在 TensorBoard 中记录训练集中的第一个训练图像。在此之前，需要通过如下代码检查训练数据的形状：

```
print("Shape: ", train_images[0].shape)
print("Label: ", train_labels[0], "->", class_names[train_labels[0]])
```

请注意，数据集中的每个图像的形状均为 2 秩张量，形状为 (28, 28)，分别表示高度和宽度。但是函数 tf.summary.image() 需要一个包含 (batch_size, height, width, channels) 的 4 秩张量。因此，需要重塑张量。因为在本实例中只需要可视化一个图像，所以 batch_size 的值为 1。然后将 channels 设置为 1，表示图像为灰度图。

```
img = np.reshape(train_images[0], (-1, 28, 28, 1))
```

接下来，就可以在 TensorBoard 中记录此图像并进行可视化，代码如下：

```
# 设置带时间戳的日志目录
logdir = "logs/train_data/" + datetime.now().strftime("%Y%m%d-%H%M%S")
# 为日志目录创建文件编写器
file_writer = tf.summary.create_file_writer(logdir)

# 使用文件编写器，记录 reshape 后的图像。
with file_writer.as_default():
  tf.summary.image("Training data", img, step=0)
```

接下来，可以使用 TensorBoard 可视化图像，如图 5-6 所示。

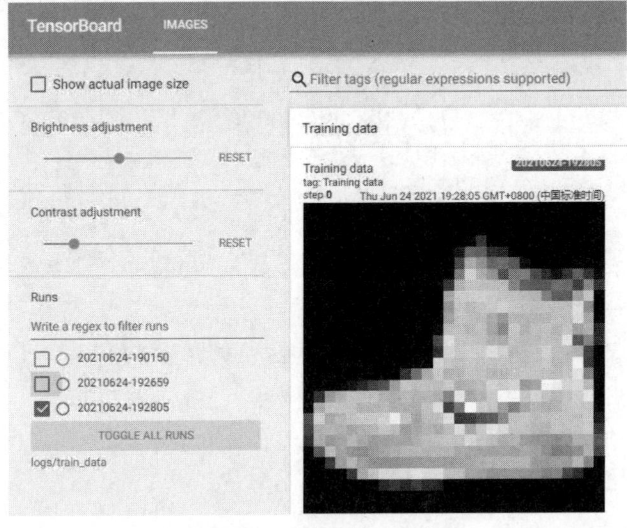

图 5-6　可视化单一图像

其中“Images”标签页显示要可视化的指定图像，通过运行效果可知，这是一个“短靴”图像。图像会缩放到默认大小，以方便查看。如果要查看未缩放的原始图像，请选中左上方的“Show actual image size”。通过调整亮度和对比度滑块，可以查看它们如何影响图像像素。

5.2.2 可视化多个图像

记录并可视化一个张量的方法非常简单，但如果要记录多个训练样本，应该如何操作呢？此时，只需在向 tf.summary.image() 传递数据时设置要记录的图像数据即可。请看下面的实例，其功能是可视化显示数据集中的 25 幅图像。

实例 5-4：可视化显示数据集中的 25 幅图像（源码路径：daima/5/keshi04.py）

实例文件 keshi04.py 的主要实现代码如下。

```
    with file_writer.as_default():
      images = np.reshape(train_images[0:25], (-1, 28, 28, 1))
      tf.summary.image("25 training data examples", images, max_outputs=25,
step=0)
```

执行后会以 3 个分页可视化显示数据集中的 25 幅图像，如图 5-7 所示。

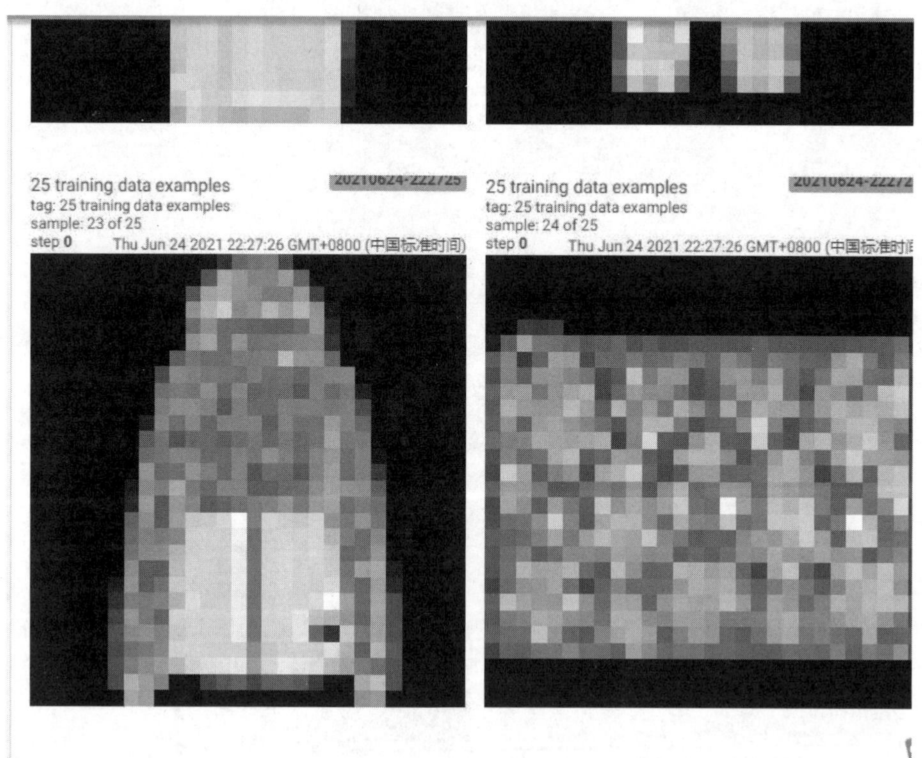

图 5-7　分页显示数据集中的 25 幅图像

5.2.3　可视化显示任意图像数据

如果要可视化的图像并非张量（例如 Matplotlib 生成的图像），应该如何操作呢？此时，需要使用代码将图像转换为张量，然后按照前面介绍的方法继续处理。例如，在下面的实例代码中，使用 Matplotlib 函数 subplot() 以美观的网格样式显示前 25 个图像，然后可以在 TensorBoard 中查看该网格。

实例 5-5：使用 Matplotlib 网格显示前 25 个图像（源码路径：daima/5/keshi05.py）

实例文件 keshi05.py 的主要实现代码如下。

```
logdir = "logs/plots/" + datetime.now().strftime("%Y%m%d-%H%M%S")
file_writer = tf.summary.create_file_writer(logdir)

def plot_to_image(figure):
  # 将 "figure" 指定的 matplotlib plot 转换为 PNG 图像并返回它
  # 将绘图保存到内存中的 PNG.
  buf = io.BytesIO()
  plt.savefig(buf, format='png')
  # 关闭图形可防止它直接显示在记录中
  plt.close(figure)
  buf.seek(0)
  # 将 PNG 缓冲区转换为 TF 图像
  image = tf.image.decode_png(buf.getvalue(), channels=4)
  # 添加批次维度
  image = tf.expand_dims(image, 0)
  return image

def image_grid():
  # 以 matplotlib 图的形式返回 MNIST 图像，5x5 网格
  figure = plt.figure(figsize=(10,10))
  for i in range(25):
    # 开始下一个子地块。
    plt.subplot(5, 5, i + 1, title=class_names[train_labels[i]])
    plt.xticks([])
    plt.yticks([])
    plt.grid(False)
    plt.imshow(train_images[i], cmap=plt.cm.binary)

  return figure

# 准备 plot
figure = image_grid()
# 转换为图像和日志
with file_writer.as_default():
  tf.summary.image("Training data", plot_to_image(figure), step=0)
```

执行后会显示 5 行 5 列的图像数据，效果如图 5-8 所示。

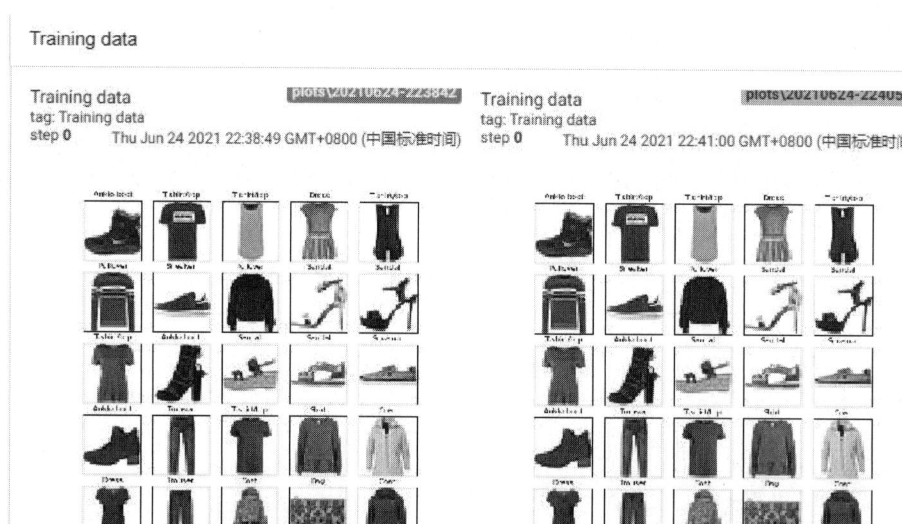

图 5-8　5 行 5 列的图像显示

5.3 检查 TensorFlow 图

扫码看视频

通过 TensorBoard 可视化界面，可以快速地查看 TensorFlow 模型结构的预览图，并验证这个模型是否符合我们的预期想法。并且通过检查操作模型图可更深入地了解如何更改模型，例如，如果训练进度比预期的慢，则可以重新设计模型。

5.3.1 模型图的可视化

在下面的实例文件 keshi06.py 中，在 TensorBoard 可视化页面中生成模型图的诊断数据并将其可视化。为 Fashion-MNIST 数据集定义和训练一个简单的 Keras 序列模型，并学习如何记录和检查生成的模型图。

实例 5-6：模型图的可视化（源码路径：daima/5/keshi06.py）

实例文件 keshi06.py 的具体实现流程如下。

（1）定义一个 Keras 模型，本实例中的分类器是一个简单的四层顺序模型。代码如下：

```
# 定义模型 .
model = keras.models.Sequential([
    keras.layers.Flatten(input_shape=(28, 28)),
    keras.layers.Dense(32, activation='relu'),
    keras.layers.Dropout(0.2),
    keras.layers.Dense(10, activation='softmax')
])

model.compile(
    optimizer='adam',
    loss='sparse_categorical_crossentropy',
    metrics=['accuracy'])
```

（2）下载数据集并准备训练，代码如下：

```
    (train_images, train_labels), _ = keras.datasets.fashion_mnist.load_
data()
    train_images = train_images / 256.0
```

（3）训练模型并记录数据，在训练之前需要定义 Keras TensorBoard_ callback（回调），并设置保存日志的目录。然后将回调传递给 Model.fit(), 以确保在 TensorBoard 中记录模型图数据以进行可视化展示。代码如下：

```
    # 定义 Keras TensorBoard 回调。
    logdir="logs/fit/" + datetime.now().strftime("%Y%m%d-%H%M%S")
    tensorboard_callback = keras.callbacks.TensorBoard(log_dir=logdir)

    # 训练模型 .
    model.fit(
        train_images,
        train_labels,
        batch_size=64,
        epochs=5,
        callbacks=[tensorboard_callback])
```

执行后会显示模型训练过程：

```
    938/938 [==============================] - 3s 3ms/step - loss: 0.6938 -
accuracy: 0.7619
    Epoch 2/5
    938/938 [==============================] - 3s 3ms/step - loss: 0.4922 -
accuracy: 0.8263
    Epoch 3/5
    938/938 [==============================] - 2s 2ms/step - loss: 0.4505 -
accuracy: 0.8396
    Epoch 4/5
    938/938 [==============================] - 2s 2ms/step - loss: 0.4301 -
accuracy: 0.8466
    Epoch 5/5
    938/938 [==============================] - 3s 3ms/step - loss: 0.4144 -
accuracy: 0.8511
```

然后通过如下命令启动 TensorBoard：

```
    tensorboard --logdir logs
```

在 TensorBoard 可视化界面中，点击顶部的“graph”标签来到图形界面，会显示刚刚创建的模型的可视化图，如图 5-9 所示。

在默认情况下，TensorBoard 会显示“op-level”图。在左侧可以看到已选择“Default”标签。请注意，可视化图是倒置的，数据是从下到上流动的，与代码相比是上下颠倒的。但是，可以看到该图与 Keras 模型定义紧密匹配，并具有其他计算节点的额外边缘。

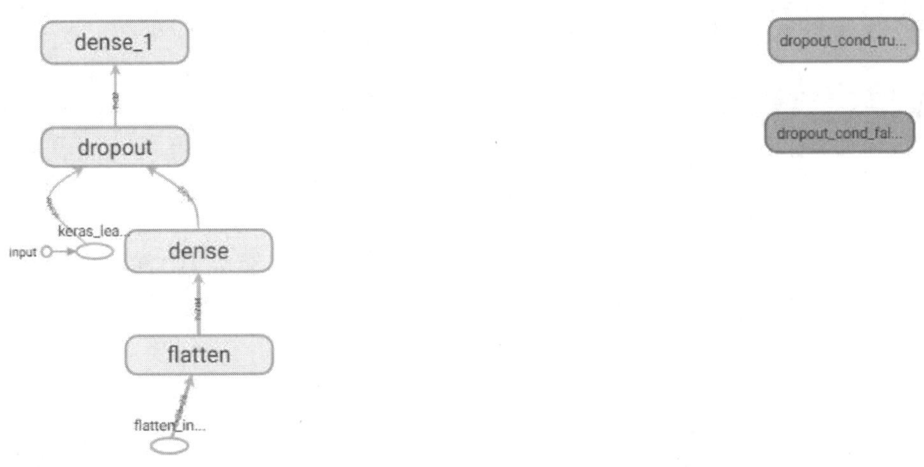

图 5-9　可视化图

TensorBoard 图通常很大，可以通过如下方式操纵图的可视化效果：

- 用鼠标滚动的方式放大和缩小图；
- 拖动鼠标的方式平移图；
- 双击鼠标左键切换某个节点的扩展（一个节点可以是其他节点的容器），如图 5-10 所示；
- 通过单击节点来查看元数据，这样可以查看输入、输出、形状和其他详细信息。

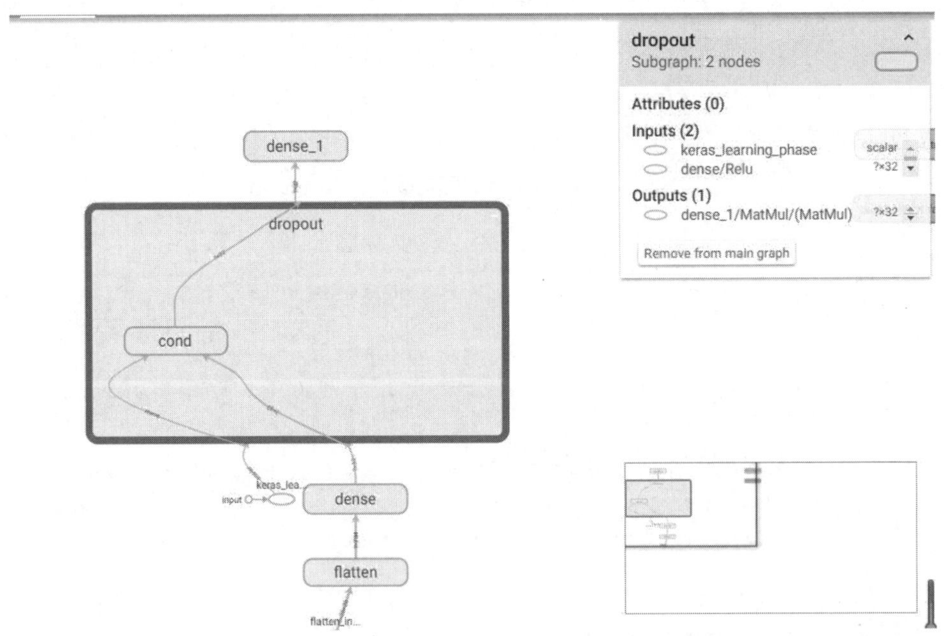

图 5-10　某个节点的扩展

除了上面介绍的执行图之外，TensorBoard 还显示一个“概念图”，这只是 Keras 模型的视图。如果要重新使用保存的模型并且想要检查或验证其结构，概念图会非常有用。要想查看概念图，需要在左侧选择“keras”标签。在本实例中，将会看到一个折叠的 Sequential 节点，双击该节点可以查看当前模型的结构，如图 5-11 所示。

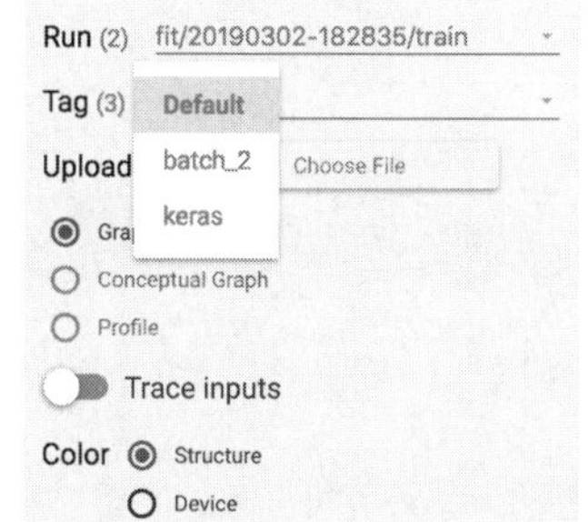

图 5-11　在左侧选择“keras”标签

5.3.2　可视化函数的图

在上一小节中已经学习了可视化 Keras 模型图的相关知识，其中这些图是通过定义 Keras 层并调用函数 Model.fit() 创建的。在这个过程中可能会遇到需要使用 tf.function 函数的情况，即将 Python 函数转换为高性能的 TensorFlow 图。此时，可以使用 TensorBoard 中的 TensorFlow Summary Trace API 记录签名函数以实现可视化功能。

要想使用 Summary Trace API，需按以下步骤操作：

- 使用 tf.function 函数的定义和注释功能；
- 在调用 tf.function 之前立即使用 tf.summary.trace_on()；
- 通过传递 profiler=True 将配置文件信息（内存，CPU 时间）添加到图中；
- 使用摘要文件编写器，调用 tf.summary.trace_export() 保存日志数据；
- 最后可以使用 TensorBoard 查看函数的行为。

在下面的实例文件 keshi07.py 中，演示了使用 TensorBoard 可视化 tf.function 函数的方法。

实例 5-7：可视化 tf.function 函数（源码路径：daima/5/keshi07.py）

实例文件 keshi07.py 的具体实现代码如下。

```
# 要跟踪的函数
@tf.function
def my_func(x, y):
  # 一个简单的 hand-rolled 层
  return tf.nn.relu(tf.matmul(x, y))

# 设置日志记录
stamp = datetime.now().strftime("%Y%m%d-%H%M%S")
logdir = 'logs/func/%s' % stamp
writer = tf.summary.create_file_writer(logdir)

# 函数的示例数据
x = tf.random.uniform((3, 3))
y = tf.random.uniform((3, 3))

# 用 tf.summary.trace_on() 和 tf.summary.trace_export() 函数调用
tf.summary.trace_on(graph=True, profiler=True)
```

```
# 跟踪时只调用一个 tf.function
z = my_func(x, y)
with writer.as_default():
  tf.summary.trace_export(
      name="my_func_trace",
      step=0,
      profiler_outdir=logdir)
```

输入如下命令：

```
tensorboard --logdir logs/func
```

此时，在 TensorBoard 可视化界面可以查看函数 my_func() 的结构图，如图 5-12 所示。

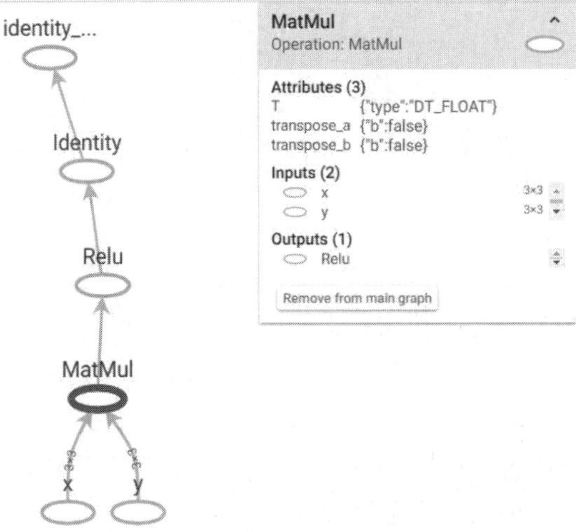

图 5-12　函数 my_func() 的结构图

第 6 章 模型训练与调优详解

本章将深入探讨深度学习模型的训练过程，为大家揭示模型训练的关键细节和策略。从模型训练的核心函数 model.fit() 开始，探讨如何将训练数据输入模型、计算损失函数、更新模型权重以逐步优化模型性能。

6.1 模型训练函数 model.fit()

Keras 的核心原则是始终能够以渐进的方式进入较低级别的工作流，如果高级功能与我们的应用不完全匹配，那么应该能够在保留便利的同时对小细节实现更多的控制。开发者应该如何使用 model.fit() 呢？应该涵盖整个模型的训练步骤，通过 fit() 为每一批数据调用合适的函数进行处理。

扫码看视频

6.1.1 第一个训练模型的简单例子

让我们从一个简单的例子开始，下面是对这个例子的简单说明。

- 基于 keras.Model 创建了一个新的模型子类。
- 只重写方法 train_step(self, data)。
- 返回一个字典，将 metric 名称（包括损失）映射到它当前的值。这里的 metric，就是指衡量模型性能的一些指标，如准确率、F1 等，Keras 内置了一些常见的 metric。

设置输入数据，这些数据作为参数传递给 model.fit()，model.fit() 将根据这些输入数据进行训练。

- 如果输入的数据是 Numpy 数组，例如，作为 model.fit(x，y，…) 来使用，那么这些数据将作为元组（x，y）来处理。
- 如果输入的数据是 tf.data.Dataset，这是 TensorFlow 提供的专门用于实现数据输入的接口，此类数据的用法是 model.fit(dataset, …)，将会处理 dataset 中的每一批数据。

并且在使用 model.fit() 的过程中，我们可以使用以下方法操作。

- 使用方法 train_step() 实现定期训练功能。
- 通过 self.compiled_loss 计算损失，该损失值将用于模型的 compile() 方法中指定的损失函数。

- 调用 self.compiled_metrics.update_state(y,y_pred) 来更新传入 compile() 的指标状态，并从 self.metrics 末尾查询结果以检索当前值。

实例 6-1：一个使用 fit() 的简单例子（源码路径：daima/6/fit01.py）

实例文件 fit01.py 的具体实现代码如下。

```
class CustomModel(keras.Model):
    def train_step(self, data):
        # 打开数据包，它的结构取决于您的模型和传递给什么
        x, y = data

        with tf.GradientTape() as tape:
            y_pred = self(x, training=True)  # 向前传递
            # 计算损失值（loss 函数在 "compile () " 中配置）
            loss = self.compiled_loss(y, y_pred, regularization_losses=self.
losses)

        # 计算梯度函数 gradients()
        trainable_vars = self.trainable_variables
        gradients = tape.gradient(loss, trainable_vars)
        # 更新权重
        self.optimizer.apply_gradients(zip(gradients, trainable_vars))
        # 更新指标（包括跟踪损失的指标）
        self.compiled_metrics.update_state(y, y_pred)
        # 返回将 metric 名称映射到当前值的 dict（字典）
        return {m.name: m.result() for m in self.metrics}

# 构造并编译 CustomModel 的实例
inputs = keras.Input(shape=(32,))
outputs = keras.layers.Dense(1)(inputs)
model = CustomModel(inputs, outputs)
model.compile(optimizer="adam", loss="mse", metrics=["mae"])

# 使用 fit
x = np.random.random((1000, 32))
y = np.random.random((1000, 1))
model.fit(x, y, epochs=3)
```

在上述代码中，基于 keras. Model 新建了一个子类模型 CustomModel，并且使用 np.random.random() 分别生成了 1000 行、32 列的随机数 x 和 1000 行、1 列的随机数 y，最后调用 model.fit() 进行训练，训练是基于模型 CustomModel 和数据 x、y 实现的。执行后会输出：

```
Epoch 1/3
32/32 [==============================] - 0s 1ms/step - loss: 1.4836 - mae:
1.1105
Epoch 2/3
32/32 [==============================] - 0s 1ms/step - loss: 0.6535 - mae:
0.6857
Epoch 3/3
32/32 [==============================] - 0s 1ms/step - loss: 0.3373 - mae:
0.4679
```

6.1.2　底层优化

我们可以使用 TensorFlow 中的各种优化器（optimizer）类来直接对问题进行优化，这些优化器类将会自动计算 TensorFlow Graph 中的导数。但是，有时候我们想要编写自己的优化器，就不能直接使用 TensorFlow 中的优化器了，此时可以调用 lower-level（底层）函数来实现。

在现实应用中，我们可以在 compile() 中不使用损失函数，而是自定义设置 train_step() 和指标。例如，以下是一个底层优化实例，配置了一个简易的 compile() 优化器：

（1）首先创建 Metric 实例来跟踪损失和 MAE 得分。

（2）创建一个自定义的 train_step()，用于更新这些指标的状态（通过调用 update_state() 实现），然后通过 result() 查询当前指标的平均值，通过进度条显示结果并将结果传递给任何回调。

实例 6-2：一个底层优化的实例（源码路径：daima/6/fit02.py）

实例文件 fit02.py 的具体实现代码如下。

```
loss_tracker = keras.metrics.Mean(name="loss")
mae_metric = keras.metrics.MeanAbsoluteError(name="mae")

class CustomModel(keras.Model):
    def train_step(self, data):
        x, y = data

        with tf.GradientTape() as tape:
            y_pred = self(x, training=True)  # 向前传递
            # 计算损失
            loss = keras.losses.mean_squared_error(y, y_pred)

        # 计算梯度变化函数 gradients()
        trainable_vars = self.trainable_variables
        gradients = tape.gradient(loss, trainable_vars)

        # 更新权重
        self.optimizer.apply_gradients(zip(gradients, trainable_vars))

        # 更新指标（包括跟踪损失的指标）
        loss_tracker.update_state(loss)
        mae_metric.update_state(y, y_pred)
        return {"loss": loss_tracker.result(), "mae": mae_metric.result()}

    @property
    def metrics(self):
        # 在这里返回我们的 Metric 对象，这样就可以在每个 epoch 开始时或 evaluate()
开始时自动调用 reset_states()
        # 如果不实现此属性，则必须调用 reset_states()。
        return [loss_tracker, mae_metric]


# 构造 CustomModel 的实例
```

```
inputs = keras.Input(shape=(32,))
outputs = keras.layers.Dense(1)(inputs)
model = CustomModel(inputs, outputs)

# 不传递损失或指标。
model.compile(optimizer="adam")

# 使用 fit()，也可以使用回调
x = np.random.random((1000, 32))
y = np.random.random((1000, 1))
model.fit(x, y, epochs=5)
```

在上述代码中，需要使用 reset_states() 在每个 Epoch 之间重置状态。否则，result() 将在训练开始后返回当前累积的状态结果，而我们通常使用的是每个时期的平均值。为了解决这个问题，需要通过 metrics 在模型的属性中列出要重置的任何指标。在上述实例中的模型将会在每个 Epoch 开始 fit() 时或 evaluate() 开始时调用 reset_states()。执行后会输出：

```
Epoch 1/5
32/32 [==============================] - 0s 2ms/step - loss: 0.3635 - mae:
0.4892
Epoch 2/5
32/32 [==============================] - 0s 1ms/step - loss: 0.2115 - mae:
0.3722
Epoch 3/5
32/32 [==============================] - 0s 1ms/step - loss: 0.2051 - mae:
0.3649
Epoch 4/5
32/32 [==============================] - 0s 1ms/step - loss: 0.1999 - mae:
0.3605
Epoch 5/5
32/32 [==============================] - 0s 1ms/step - loss: 0.1945 - mae:
0.3556

<tensorflow.python.keras.callbacks.History at 0x7f624c0a66a0>
```

6.1.3 样本权重和分类权重

1. 分类权重参数 class_weight

在分类模型中，我们经常会遇到如下两类问题。

- 误分类的代价很高。例如，对合法用户和非法用户进行分类时，如果将非法用户分类为合法用户，那代价就很高。因此，我们宁愿将合法用户分类为非法用户，这时可以人工再甄别。这时，我们可以适当提高非法用户的权重，例如，设置 class_weight={0:0.9, 1:0.1}。
- 样本高度失衡。例如，我们有合法用户和非法用户的二元样本数据 10000 条，其中合法用户有 9995 条，非法用户只有 5 条。如果我们不考虑权重，则我们可以将所有测试集都预测为合法用户，这样预测准确率理论上达 99.95%，但没有任何意义。

2. 样本权重参数 sample_weight

样本不平衡可能会导致我们的模型预测能力下降，在遇到这种情况时，可以通过调节样本权重来尝试解决这个问题。调节样本权重的方法有两种：第一种是在使用 class_weight 时选择 balanced；第二种是在调用 fit() 函数时，通过 sample_weight 来自己调节每个样本的权重。

在 TensorFlow 程序中使用 fit() 方法时，可以使用样本权重参数 sample_weight 和分类权重参数 class_weight。使用流程如下。

（1）使用 sample_weight 从参数 data 中解包。

（2）将 class_weight 和 sample_weight 传递给 compiled_loss 和 compiled_metrics。

以下实例演示了在方法 fit() 中使用样本权重参数 sample_weight 的过程。

实例 6-3：样本权重参数 sample_weight（源码路径：daima/6/fit03.py）

实例文件 fit03.py 的主要实现代码如下。

```
    class CustomModel(keras.Model):
        def train_step(self, data):
            # 打开 data 数据包，它的结构取决于模型和传递给 fit() 的内容。
            if len(data) == 3:
                x, y, sample_weight = data
            else:
                x, y = data
            with tf.GradientTape() as tape:
                y_pred = self(x, training=True)  # 向前传递
                # 计算损失值，在 'compile() 中配置损失函数 `.
                loss = self.compiled_loss(
                    y,
                    y_pred,
                    sample_weight=sample_weight,
                    regularization_losses=self.losses,
                )
            # 计算梯度变化函数 gradients()
            trainable_vars = self.trainable_variables
            gradients = tape.gradient(loss, trainable_vars)
            # 更新权重
            self.optimizer.apply_gradients(zip(gradients, trainable_vars))
            # 更新 metrics 指标
            # 在 compile() 中配置 metrics
            self.compiled_metrics.update_state(y, y_pred, sample_weight=sample_
weight)

            # 返回一个 dict 字典，字典值是 metric 的名字 .
            # 这些值将包括损失（在自身指标中）.
            return {m.name: m.result() for m in self.metrics}

    # 构造并编译 CustomModel 的实例
    inputs = keras.Input(shape=(32,))
    outputs = keras.layers.Dense(1)(inputs)
    model = CustomModel(inputs, outputs)
    model.compile(optimizer="adam", loss="mse", metrics=["mae"])
```

```
# 现在可以使用 样本权重参数 sample_weight
x = np.random.random((1000, 32))
y = np.random.random((1000, 1))
sw = np.random.random((1000, 1))
model.fit(x, y, sample_weight=sw, epochs=3)
```

在上述代码中定义了一个自定义的深度学习模型 CustomModel，并重写了其中的 train_step 方法，以实现自定义的训练步骤。这段代码演示了如何通过自定义模型的训练步骤，实现对训练过程的精细控制，包括损失函数、梯度计算和模型权重的更新。执行后会输出：

```
Epoch 1/3
32/32 [==============================] - 0s 2ms/step - loss: 0.4626 - mae: 0.8329
Epoch 2/3
32/32 [==============================] - 0s 2ms/step - loss: 0.2033 - mae: 0.5283
Epoch 3/3
32/32 [==============================] - 0s 2ms/step - loss: 0.1421 - mae: 0.4378

<tensorflow.python.keras.callbacks.History at 0x7f62401c6198>
```

6.1.4 自定义设置评估步骤

在 TensorFlow 程序中，我们可以使用多个内置方法实现机器学习中的核心功能，其中常用的内置方法如下。

- fit()：使用指定输入的训练模型进行训练，输入的是数据和标签，输出的是损失和指标。
- predict()：用于实际预测，能够为输入样本生成输出预测。输入的是测试数据，输出的是预测结果。
- evaluate()：用于评估已经训练过的模型，返回损失值和模型的度量值。输入的是数据和标签，输出的是损失和精确度。

如果想使用方法 evaluate() 实现方法 fit() 的类似功能，应该如何实现呢？请看下面的实例，自定义了评估步骤方法 test_step()，最后调用方法 evaluate() 根据我们自定义的测试步骤实现模型评估功能。

实例 6-4：自定义设置评估步骤（源码路径：daima/6/fit04.py）

实例文件 fit04.py 的主要实现代码如下。

```
class CustomModel(keras.Model):
    def test_step(self, data):
        # 打开数据包
        x, y = data
        # 计算预测
        y_pred = self(x, training=False)
```

```
            # 更新跟踪损失指标 metrics
            self.compiled_loss(y, y_pred, regularization_losses=self.losses)
            # 更新 metrics.
            self.compiled_metrics.update_state(y, y_pred)
            # 返回一个 dict 字典，字典值是 metric 的名字 .
            # 这些值将包括损失 self.metrics
            return {m.name: m.result() for m in self.metrics}

    # 构造 CustomModel 的实例
    inputs = keras.Input(shape=(32,))
    outputs = keras.layers.Dense(1)(inputs)
    model = CustomModel(inputs, outputs)
    model.compile(loss="mse", metrics=["mae"])

    # 使用我们的自定义测试步骤进行评估
    x = np.random.random((1000, 32))
    y = np.random.random((1000, 1))
    model.evaluate(x, y)
```

执行后会输出：

```
    32/32 [==============================] - 0s 1ms/step - loss: 0.2375 - mae:
0.3944
     [0.2375321239233017, 0.39438238739967346]
```

6.2　损失函数和优化算法

扫码看视频

损失函数（Loss Function）和优化算法（Optimization Algorithm）是在机器学习和深度学习中非常重要的概念，它们共同用于训练模型，使其能够逐渐逼近或达到最佳状态。

6.2.1　损失函数和优化算法的概念

1. 损失函数

损失函数是一个衡量模型预测与实际目标之间差异的函数。在监督学习任务中，模型的目标是尽量减小损失函数的值，以便使其预测结果与实际标签尽量接近。损失函数的选择取决于任务类型，常见的损失函数包括均方误差（Mean Squared Error, MSE）、交叉熵（Cross-Entropy）、对数似然损失（Log-Likelihood Loss）等。不同的任务可能需要不同的损失函数来确保模型学习到正确的目标。

2. 优化算法

优化算法用于更新模型的参数，使损失函数逐渐减小，从而使模型更好地拟合数据。训练过程可以被看作在参数空间中寻找损失函数的最小值。常见的优化算法包括梯度下降（Gradient Descent）、随机梯度下降（Stochastic Gradient Descent, SGD）、动量法（Momentum）、Adagrad（自适应梯度算法）、RMSProp（均方根传播算法）、Adam（自适应矩估计）等。这些算法以不同的方式利用损失函数的梯度信息，更新模型参数，使其向损失函数的最小值移动。

6.2.2 TensorFlow 损失函数

TensorFlow 是一个流行的开源深度学习框架，提供了许多内置的损失函数，适用于不同类型的任务。下面列出了一些常用的 TensorFlow 损失函数。

1）均方误差

均方误差用于回归任务，衡量预测值与真实标签之间的平均平方差。在 TensorFlow 中，可以使用 tf.losses.mean_squared_error 或 tf.keras.losses.MeanSquaredError 来计算。

2）交叉熵

交叉熵用于分类任务，测量预测分布与真实分布之间的差异。在 TensorFlow 中，交叉熵的计算可以使用 tf.losses.categorical_crossentropy 或 tf.keras.losses.CategoricalCrossentropy（多类别分类）以及 tf.losses.sparse_categorical_crossentropy 或 tf.keras.losses.SparseCategoricalCrossentropy（单类别分类）。

3）对数似然损失

对数似然损失用于概率分布估计或最大似然估计任务。在 TensorFlow 中，可以通过使用适当的概率分布函数和 tf.reduce_mean 来计算。

4）Hinge Loss

Hinge Loss 适用于支持向量机（SVM）等分类任务。在 TensorFlow 中，可以使用 tf.losses.hinge_loss 来计算。

5）Huber Loss

Huber Loss 是一种平衡了均方误差和绝对误差的损失函数，对离群值不敏感。在 TensorFlow 中，可以使用 tf.losses.huber_loss 或 tf.keras.losses.Huber 来计算。

6）KL 散度

KL 散度（Kullback-Leibler Divergence）用于测量两个概率分布之间的差异。在 TensorFlow 中，可以使用 tf.losses.kullback_leibler_divergence 来计算。

7）自定义损失函数

如果上述内置的损失函数不能满足你的需求，你可以在 TensorFlow 中定义自己的损失函数。这可以通过创建一个函数，接受模型预测和真实标签作为输入，并返回损失值。

> **注意**：上面列出的只是一小部分 TensorFlow 中可用的损失函数，大家可以根据任务需求和模型类型选择合适的损失函数。在使用时，需要注意检查 TensorFlow 文档以了解函数的参数和用法。

例如，下面是一个完整的 TensorFlow 例子，演示了创建一个简单的神经网络模型并使用均方误差作为损失函数来进行训练的过程。

实例 6-5：使用均方误差作为损失函数来训练模型（源码路径：daima/6/sun.py）

实例文件 sun.py 的主要实现代码如下。

```
# 生成一些示例数据
num_samples = 1000
input_dim = 1
output_dim = 1
```

```
    X = np.random.rand(num_samples, input_dim)
    y = 3 * X + 2 + np.random.randn(num_samples, output_dim) * 0.1  # 模拟带噪声的线性关系

    # 构建神经网络模型
    model = tf.keras.Sequential([
        tf.keras.layers.Input(shape=(input_dim,)),
        tf.keras.layers.Dense(1)  # 单个输出神经元
    ])

    # 编译模型
    model.compile(optimizer='adam', loss='mean_squared_error')

    # 打印模型概述
    model.summary()

    # 将 NumPy 数组转换为 TensorFlow Dataset
    dataset = tf.data.Dataset.from_tensor_slices((X, y)).batch(32)

    # 训练模型
    num_epochs = 50

    for epoch in range(num_epochs):
        for batch_X, batch_y in dataset:
            loss = model.train_on_batch(batch_X, batch_y)

        if (epoch + 1) % 10 == 0:
            print(f'Epoch [{epoch+1}/{num_epochs}], Loss: {loss:.4f}')

    # 使用训练好的模型进行预测
    new_X = np.array([[0.2], [0.5], [0.8]])
    predictions = model.predict(new_X)
    print("Predictions:")
    print(predictions)
```

对上述代码的具体说明如下。

- 创建一个简单的神经网络模型，它包含一个输入层和一个输出层。
- 使用均方误差作为损失函数，并使用 Adam 优化器进行模型训练。
- 构建一个使用随机数据的 TensorFlow Dataset，以批量方式进行训练。
- 训练模型一定数量的轮次，并在每个轮次结束后打印损失。
- 使用训练好的模型进行新数据的预测。

这个例子展示了如何使用 TensorFlow 创建一个完整的神经网络模型，定义损失函数，训练模型并进行预测。执行后会输出：

```
Model: "sequential"
_________________________________________________________________
Layer (type)                 Output Shape              Param #
=================================================================
dense (Dense)                (None, 1)                 2
=================================================================
```

```
Total params: 2
Trainable params: 2
Non-trainable params: 0
_________________________________________________________________
```

6.2.3 常见的优化算法

在 TensorFlow 程序中，损失函数通常与优化算法一起使用来训练模型。下面列出了一些常用的优化算法，它们可以与 TensorFlow 中的损失函数一起使用。

- 随机梯度下降法：最简单的优化算法之一，在每个训练步骤中，使用单个样本或一个小批次样本来计算梯度并更新模型参数。在 TensorFlow 中，可以使用 tf.keras.optimizers.SGD 来创建 SGD 优化器。
- 动量算法：动量算法通过引入动量项来加速 SGD 的收敛，有助于克服梯度方向变化较大的问题。在 TensorFlow 中，可以使用 tf.keras.optimizers.SGD 并设置 momentum 参数来实现。
- 自适应梯度算法：根据每个参数的历史梯度来调整学习率，适用于稀疏数据。在 TensorFlow 中，可以使用 tf.keras.optimizers.Adagrad。
- RMSProp：根据梯度平方的移动平均来调整学习率，以解决 Adagrad 中学习率递减过快的问题。在 TensorFlow 中，可以使用 tf.keras.optimizers.RMSprop。
- 自适应矩估计法：结合了动量法和 RMSProp，适用于很多问题。Adam 通过维护梯度的一阶矩估计和二阶矩估计来自适应地调整学习率。在 TensorFlow 中，可以使用 tf.keras.optimizers.Adam。
- Adadelta：与 Adagrad 类似，使用梯度变化的移动平均来调整学习率。在 TensorFlow 中，可以使用 tf.keras.optimizers.Adadelta。
- FTRL-Proximal（Follow-The-Regularized-Leader）：适用于稀疏数据，结合了 L1 和 L2 正则化。在 TensorFlow 中，可以使用 tf.keras.optimizers.Ftrl。

> **注意：** 上面列出的只是一些常见的优化算法示例，在 TensorFlow 中，可以使用 tf.keras.optimizers 模块来创建和配置这些优化器。不同的优化算法在不同的任务和数据集上表现可能不同，因此可以尝试不同的算法来找到适合我们问题的最佳优化策略。

例如，以下是一个使用动量算法优化算法的实例，包括模型创建、训练和优化功能。

实例 6-6：使用动量算法优化模型（源码路径：daima/6/dong.py）

实例文件 dong.py 的主要实现代码如下。

```
# 生成一些示例数据
num_samples = 1000
input_dim = 1
output_dim = 1

X = np.random.rand(num_samples, input_dim)
y = 3 * X + 2 + np.random.randn(num_samples, output_dim) * 0.1  # 模拟带噪声的线性关系
```

```
    # 创建 TensorFlow Dataset
    dataset = tf.data.Dataset.from_tensor_slices((X, y)).batch(32)

    # 构建神经网络模型
    model = tf.keras.Sequential([
        tf.keras.layers.Input(shape=(input_dim,)),
        tf.keras.layers.Dense(1)  # 单个输出神经元
    ])

    # 编译模型
    model.compile(optimizer=tf.keras.optimizers.SGD(learning_rate=0.01,
momentum=0.9), loss='mean_squared_error')

    # 打印模型概述
    model.summary()

    # 训练模型
    num_epochs = 50

    for epoch in range(num_epochs):
        for batch_X, batch_y in dataset:
            loss = model.train_on_batch(batch_X, batch_y)

        if (epoch + 1) % 10 == 0:
            print(f'Epoch [{epoch+1}/{num_epochs}], Loss: {loss:.4f}')

    # 使用训练好的模型进行预测
    new_X = np.array([[0.2], [0.5], [0.8]])
    predictions = model.predict(new_X)
    print("Predictions:")
    print(predictions)
```

对上述代码的具体说明如下。

- 首先，生成了示例数据；其次，创建了一个神经网络模型。
- 使用动量算法优化算法（通过 tf.keras.optimizers.SGD）编译模型。
- 使用 TensorFlow Dataset 进行训练。
- 打印输出训练过程中的损失。
- 使用训练好的模型进行新数据的预测。

动量算法通过 momentum 参数来设置动量的大小，这个参数可以控制之前梯度方向的影响程度。在训练过程中，模型将根据批次数据计算梯度并应用动量更新参数，以更快地收敛到损失函数的最小值。执行后会输出：

```
Model: "sequential"
_________________________________________________________________
Layer (type)                Output Shape              Param #
=================================================================
dense (Dense)               (None, 1)                 2
=================================================================
Total params: 2
```

```
Trainable params: 2
Non-trainable params: 0
_________________________________________________________________
```

6.3 训练方式

扫码看视频

在深度学习中，训练策略决定了模型如何学习数据特征，不同的训练方式各有优缺点，影响模型的收敛速度和性能。选择合适的训练方式能够提高训练效率，优化资源使用，并增强模型的泛化能力。

6.3.1 常用的训练方式

1. 批量训练

批量训练是指在每一次参数更新时，将整个训练数据集分成多个批次（小部分数据），然后使用每个批次的数据来计算梯度并更新模型参数。批量训练可以更好地利用硬件加速，如 GPU，因为它可以充分利用向量化和并行计算。

在批量训练中，每次更新参数都基于整个批次数据的平均梯度，这可以降低梯度的方差，从而使训练过程更稳定。然而，每次参数更新都需要处理整个批次的数据，批量训练可能会导致对内存和计算资源的需求较高，特别是在大规模数据集上。

2. 随机训练

随机训练是指在每一次参数更新时，从训练数据集中随机选择一个样本或一小批样本来计算梯度并更新模型参数。随机训练可以更快地进行参数更新，因为每次更新只涉及一个样本或一小批样本。

随机训练有助于逃离局部最小值，因为在每次更新时，模型在不同的样本间跳动，有更大的机会找到全局最小值。然而，梯度的随机性，随机训练过程可能会不稳定，导致训练过程的震荡和变化。

3. 小批量训练

小批量训练是批量训练和随机训练的折中方法，它将训练数据集划分为多个小批次，并在每个批次上计算梯度和更新参数。小批量训练结合了批量训练和随机训练的优点，可以在合理的内存和计算资源下更稳定地进行训练。

在 TensorFlow 中，可以使用 tf.data.Dataset 来创建小批量训练数据集，并在训练过程中选择不同的优化器（如随机梯度下降法、动量法等）来决定使用批量训练、随机训练还是小批量训练。

实例 6-7：实现模型的批量训练、随机训练和小批量训练（源码路径：daima/6/xiao.py）

实例文件 xiao.py 的主要实现代码如下。

```
# 生成示例数据
num_samples = 1000
input_dim = 1
output_dim = 1

X = np.random.rand(num_samples, input_dim)
```

```
    y = 3 * X + 2 + np.random.randn(num_samples, output_dim) * 0.1  # 模拟带
噪声的线性关系

    # 创建 TensorFlow Dataset
    batch_size = 32
    dataset = tf.data.Dataset.from_tensor_slices((X, y)).shuffle(num_samples).
batch(batch_size)

    # 构建神经网络模型
    model = tf.keras.Sequential([
        tf.keras.layers.Input(shape=(input_dim,)),
        tf.keras.layers.Dense(1)  # 单个输出神经元
    ])

    # 定义不同的优化器
    sgd_optimizer = tf.keras.optimizers.SGD(learning_rate=0.01)
    momentum_optimizer = tf.keras.optimizers.SGD(learning_rate=0.01,
momentum=0.9)
    adam_optimizer = tf.keras.optimizers.Adam()

    # 训练函数
    def train(optimizer, name):
        model.compile(optimizer=optimizer, loss='mean_squared_error')

        num_epochs = 50

        for epoch in range(num_epochs):
            total_loss = 0
            for batch_X, batch_y in dataset:
                loss = model.train_on_batch(batch_X, batch_y)
                total_loss += loss

            average_loss = total_loss / (num_samples // batch_size)
            print(f'{name} - Epoch [{epoch+1}/{num_epochs}], Average Loss: {average_
loss:.4f}')

    # 批量训练
    train(sgd_optimizer, 'Batch Training')

    # 随机训练
    train(momentum_optimizer, 'Stochastic Training')

    # 小批量训练
    train(adam_optimizer, 'Mini-Batch Training')
```

对上述代码的具体说明如下。

- 使用 tf.data.Dataset 创建小批量训练数据集，并将数据打乱。
- 构建了一个简单的神经网络模型。
- 分别定义了不同的优化器：sgd_optimizer（随机梯度下降）、momentum_optimizer（动量法）和 adam_optimizer（Adam）。

- 定义了一个训练函数 train，它接受一个优化器和名称作为参数，并在训练过程中输出平均损失。
- 分别使用不同的优化器调用 train 函数，实现不同类型的训练策略。

6.3.2 小批量随机梯度下降

小批量随机梯度下降（Mini-Batch Stochastic Gradient Descent，MB-SGD）是深度学习中常用的一种优化算法，它结合了随机梯度下降（SGD）和小批量训练的优点。MB-SGD在每次参数更新时，从训练数据集中随机选择一个小批量样本来计算梯度并更新模型参数，从而在一定程度上平衡了训练速度和参数收敛的稳定性。

实例 6-8：使用小批量随机梯度下降算法优化模型（源码路径：daima/6/xiaopi.py）

实例文件 xiaopi.py 的主要实现代码如下。

```
    # 生成示例数据
    num_samples = 1000
    input_dim = 1
    output_dim = 1

    X = np.random.rand(num_samples, input_dim)
    y = 3 * X + 2 + np.random.randn(num_samples, output_dim) * 0.1   # 模拟带
噪声的线性关系

    # 创建 TensorFlow Dataset
    batch_size = 32
    dataset = tf.data.Dataset.from_tensor_slices((X, y)).shuffle(num_samples).
batch(batch_size)

    # 构建神经网络模型
    model = tf.keras.Sequential([
        tf.keras.layers.Input(shape=(input_dim,)),
        tf.keras.layers.Dense(1)  # 单个输出神经元
    ])

    # 定义优化器（小批量随机梯度下降）
    optimizer = tf.keras.optimizers.SGD(learning_rate=0.01)

    # 训练函数
    def train():
        model.compile(optimizer=optimizer, loss='mean_squared_error')

        num_epochs = 50

        for epoch in range(num_epochs):
            total_loss = 0
            for batch_X, batch_y in dataset:
                loss = model.train_on_batch(batch_X, batch_y)
                total_loss += loss

            average_loss = total_loss / (num_samples // batch_size)
```

```
        print(f'Epoch [{epoch+1}/{num_epochs}], Average Loss: {average_
loss:.4f}')

    # 执行小批量随机梯度下降训练
    train()
```

对上述代码的具体说明如下。

- 使用 tf.data.Dataset 创建小批量训练数据集，并将数据打乱。
- 构建了一个简单的神经网络模型。
- 使用小批量随机梯度下降优化器，即 tf.keras.optimizers.SGD，来定义优化器。
- 定义了一个训练函数 train，在每个训练周期中使用小批量随机梯度下降更新模型参数。
- 调用 train 函数执行训练过程。

本实例演示了使用小批量随机梯度下降算法在 TensorFlow 训练模型的方法。小批量随机梯度下降通常能够在训练速度和参数收敛之间找到一个平衡点，适用于中等大小的数据集。你可以根据需要调整批量大小和其他参数，以适应不同的问题和模型。

6.3.3　批量归一化

批量归一化（Batch Normalization，BN）是一种在深度学习神经网络中用于加速训练过程、提高模型收敛速度和稳定性的技术。它通过在每一层的输入数据上进行归一化，将其标准化为均值为 0、方差为 1 的分布，从而有助于缓解梯度消失问题、加速收敛，以及使模型更容易进行超参数调整。

BN 的主要思想是在网络的每一层的激活函数之前或之后，对输入数据进行标准化处理，使其保持在一个稳定的分布范围内。具体来说，对于每个小批量数据，BN 对其进行如下操作。

- 计算小批量数据的均值和方差。
- 根据计算得到的均值和方差，对小批量数据进行标准化处理。
- 将标准化后的数据进行缩放和平移，以适应不同的问题和学习目标。
- 将缩放和平移后的数据作为输入，传递给下一层的激活函数。

通过这样的操作，BN 可以有效地调整网络各层的激活值分布，防止它们出现过于偏斜的情况，从而减少梯度消失问题，提高网络训练的稳定性和速度。

在 TensorFlow 中，可以通过 tf.keras.layers.BatchNormalization 层来实现批量归一化操作。

实例 6-9：在模型中实现批量归一化操作（源码路径：daima/6/pigui.py）

实例文件 pigui.py 的主要实现代码如下。

```
    # 生成示例数据
    num_samples = 1000
    input_dim = 10
    output_dim = 1

    X = np.random.rand(num_samples, input_dim)
    y = 3 * X.sum(axis=1, keepdims=True) + 2 + np.random.randn(num_samples,
output_dim) * 0.1  # 模拟线性关系
```

```
# 划分训练集和验证集
X_train, X_val, y_train, y_val = train_test_split(X, y, test_size=0.2,
random_state=42)

# 构建带有批量归一化的神经网络模型
model = tf.keras.Sequential([
    tf.keras.layers.Input(shape=(input_dim,)),
    tf.keras.layers.Dense(32),
    tf.keras.layers.BatchNormalization(),  # 添加批量归一化层
    tf.keras.layers.Activation('relu'),
    tf.keras.layers.Dense(64),
    tf.keras.layers.BatchNormalization(),
    tf.keras.layers.Activation('relu'),
    tf.keras.layers.Dense(output_dim)
])

# 编译模型
model.compile(optimizer='adam', loss='mean_squared_error', metrics=['mae'])

# 训练模型
batch_size = 32
num_epochs = 50

history = model.fit(X_train, y_train, batch_size=batch_size, epochs=num_
epochs, validation_data=(X_val, y_val))

# 绘制训练过程中的损失曲线和验证损失曲线
import matplotlib.pyplot as plt

plt.plot(history.history['loss'], label='Training Loss')
plt.plot(history.history['val_loss'], label='Validation Loss')
plt.xlabel('Epoch')
plt.ylabel('Loss')
plt.title('Training and Validation Loss')
plt.legend()
plt.show()
```

运行代码后会输出训练过程中的损失曲线和验证损失曲线，以便观察模型的训练效果。运行代码后，将看到以下类似的输出：

```
Epoch 1/50
25/25 [==============================] - 1s 6ms/step - loss: 13.7545 - mae:
2.9713 - val_loss: 9.2109 - val_mae: 2.3182
Epoch 2/50
25/25 [==============================] - 0s 2ms/step - loss: 7.3990 - mae:
2.0667 - val_loss: 7.1096 - val_mae: 1.9402
...
Epoch 50/50
25/25 [==============================] - 0s 2ms/step - loss: 0.0101 - mae:
0.0820 - val_loss: 0.0141 - val_mae: 0.0929
```

另外，运行代码后还会绘制出训练过程中的损失和验证损失曲线，显示训练损失和验

证损失随着训练的进行而变化的情况，如图 6-1 所示。这些曲线有助于判断模型的训练情况和是否出现了过拟合或欠拟合等问题。

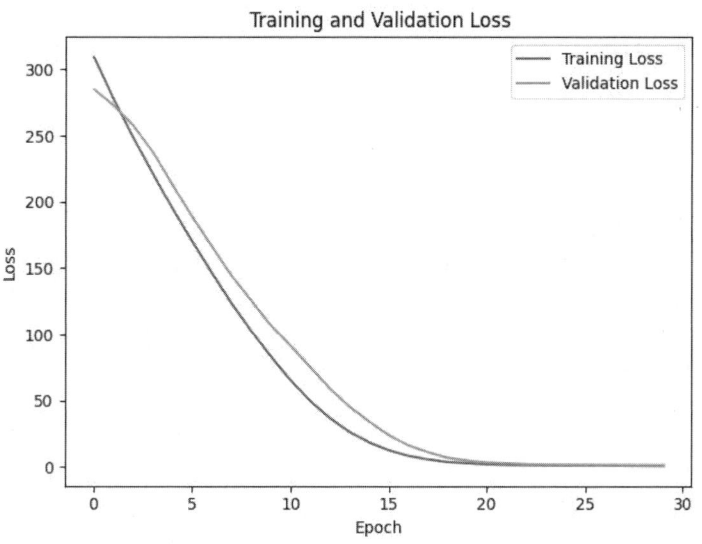

图 6-1　训练过程中的损失和验证损失曲线

6.3.4　丢弃

丢弃（Dropout）是一种常用的正则化技术，用于减少神经网络模型的过拟合。在训练过程中，随机将一部分神经元的输出设置为零，从而减少神经元之间的依赖关系，以及网络对特定特征的过度适应。

具体来说，在每个训练批次中，对于每个神经元，以一定的概率（通常为 0.2~0.5）将其输出值设置为零，这个概率可以视为丢弃率。在测试和推理阶段，丢弃操作被关闭，所有神经元的输出都被保留，但需要对每个神经元的输出值进行缩放，以保持期望的输出值。

在 TensorFlow 中，你可以使用 tf.keras.layers.Dropout 层来实现丢弃。例如，以下是一个丢弃（Dropout）实例，演示了如何在模型中使用丢弃来减少过拟合的过程。

实例 6-10：在模型中使用丢弃来减少过拟合（源码路径：daima/6/diu.py）

实例文件 diu.py 的主要实现代码如下。

```
    # 生成示例数据
    num_samples = 1000
    input_dim = 10
    output_dim = 1

    X = np.random.rand(num_samples, input_dim)
    y = 3 * X.sum(axis=1, keepdims=True) + 2 + np.random.randn(num_samples, 
output_dim) * 0.1  # 模拟线性关系

    # 划分训练集和验证集
    X_train, X_val, y_train, y_val = train_test_split(X, y, test_size=0.2, 
random_state=42)
```

```
# 构建带有丢弃层的神经网络模型
model = tf.keras.Sequential([
    tf.keras.layers.Input(shape=(input_dim,)),
    tf.keras.layers.Dense(32, activation='relu'),
    tf.keras.layers.Dropout(0.5),  # 添加丢弃层，丢弃率为 0.5
    tf.keras.layers.Dense(64, activation='relu'),
    tf.keras.layers.Dropout(0.5),
    tf.keras.layers.Dense(output_dim)
])

# 编译模型
model.compile(optimizer='adam', loss='mean_squared_error', metrics=['mae'])

# 训练模型
batch_size = 32
num_epochs = 50

history = model.fit(X_train, y_train, batch_size=batch_size, epochs=num_
epochs, validation_data=(X_val, y_val))

# 绘制训练过程中的损失曲线和验证损失曲线
import matplotlib.pyplot as plt

plt.plot(history.history['loss'], label='Training Loss')
plt.plot(history.history['val_loss'], label='Validation Loss')
plt.xlabel('Epoch')
plt.ylabel('Loss')
plt.title('Training and Validation Loss')
plt.legend()
plt.show()
```

对上述代码的具体说明如下。

- 生成示例数据并划分训练集和验证集。
- 使用 tf.keras.Sequential 创建神经网络模型，其中包含两个隐藏层，每个隐藏层后面都添加了 tf.keras.layers.Dropout 层。
- 编译模型，并指定优化器、损失函数和评价指标。
- 使用 model.fit 方法进行模型训练，传入训练数据、批量大小、迭代次数和验证数据。
- 绘制训练过程中的损失曲线和验证损失曲线，以便观察模型的训练效果，如图 6-2 所示。

注意：丢弃层在每个训练批次中都会随机地丢弃一部分神经元的输出，这有助于防止过拟合。但在测试和推理时，丢弃层会被关闭，所有神经元的输出都被保留，需要根据丢弃率进行输出值的缩放。

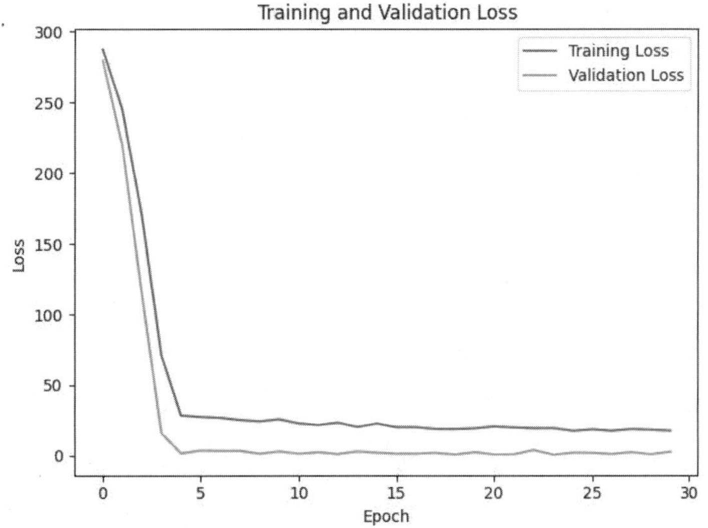

图 6-2　训练过程中的损失和验证损失曲线

6.4 模型验证和调优

扫码看视频

模型验证和调优是深度学习中非常重要的步骤，旨在评估模型在未见过的数据上的性能，并通过调整超参数和模型结构来提升模型的性能。

6.4.1　训练集、验证集和测试集

在机器学习和深度学习中，数据集通常被分为三个主要部分：训练集（Training Set）、验证集（Validation Set）和测试集（Test Set）。这种划分有助于评估模型的性能并进行调优，以确保模型在未见过的数据上表现良好。

- 训练集：训练集是用于训练模型的数据集。模型通过观察训练集中的样本来学习数据的模式和特征。训练集通常是数据量最大的部分，模型根据训练集调整参数，以尽量准确地拟合训练数据。
- 验证集：验证集用于调优模型的超参数和模型结构。模型在训练过程中可以观察验证集的性能，根据验证集的表现来选择最佳的超参数设置，避免过拟合。验证集在训练过程中没有直接参与参数更新，它只是用于评估模型在未见过数据上的性能。在模型选择和调优结束后，最终的性能评估应该使用测试集。
- 测试集：测试集用于最终评估模型在未见过的数据上的性能。模型在训练和验证过程中没有接触过测试集，因此，测试集可以有效地衡量模型在现实应用中的泛化能力。测试集的目的是模拟模型在实际应用中的表现，以便了解模型是否过拟合或欠拟合，以及在不同数据分布上的性能。

在实际应用中，通常将上述三者（训练集、验证集、测试集）的划分比例设置为 70%∶15%∶15% 或 80%∶10%∶10%。在不同的项目中，这些比例可以根据问题的复杂性和数据量的大小进行调整。以下实例演示了在 TensorFlow 中划分数据集并进行模型训练、验证和测试的过程。

实例 6-11：划分数据集并进行模型训练、验证和测试（源码路径：daima/6/ji.py）

实例文件 ji.py 的主要实现代码如下。

```
import numpy as np
from sklearn.model_selection import train_test_split
from sklearn.metrics import accuracy_score
import tensorflow as tf
from tensorflow.keras.models import Sequential
from tensorflow.keras.layers import Dense

# 生成示例数据
num_samples = 1000
input_dim = 10
output_dim = 1

X = np.random.rand(num_samples, input_dim)
y = np.random.randint(2, size=(num_samples, output_dim))  # 模拟二分类标签

# 划分数据集：训练集、验证集和测试集
X_train, X_temp, y_train, y_temp = train_test_split(X, y, test_size=0.3,
random_state=42)
X_val, X_test, y_val, y_test = train_test_split(X_temp, y_temp, test_
size=0.5, random_state=42)

# 构建神经网络模型
model = Sequential([
    Dense(32, activation='relu', input_shape=(input_dim,)),
    Dense(16, activation='relu'),
    Dense(output_dim, activation='sigmoid')
])

# 编译模型
model.compile(optimizer='adam', loss='binary_crossentropy',
metrics=['accuracy'])

# 训练模型
batch_size = 32
num_epochs = 50

model.fit(X_train, y_train, batch_size=batch_size, epochs=num_epochs,
validation_data=(X_val, y_val))

# 使用验证集评估模型性能
val_loss, val_accuracy = model.evaluate(X_val, y_val)
print(f"Validation Loss: {val_loss:.4f}, Validation Accuracy: {val_
accuracy:.4f}")

# 使用测试集评估模型性能
test_loss, test_accuracy = model.evaluate(X_test, y_test)
print(f"Test Loss: {test_loss:.4f}, Test Accuracy: {test_accuracy:.4f}")
```

对上述代码的具体说明如下。

- 生成示例数据，并使用 train_test_split 函数将数据划分为训练集、验证集和测试集。
- 构建一个简单的神经网络模型，包括输入层、隐藏层和输出层。
- 编译模型，指定优化器、损失函数和评价指标。
- 使用 model.fit 方法进行模型训练，传入训练数据和验证数据。
- 使用 model.evaluate 方法分别在验证集和测试集上评估模型的性能，并输出损失和准确率。

执行后会输出：

```
    Epoch 1/30
    22/22 [==============================] - 7s 92ms/step - loss: 0.6956 - accuracy: 
0.5129 - val_loss: 0.6955 - val_accuracy: 0.5000
    Epoch 2/30
    22/22 [==============================] - 0s 12ms/step - loss: 0.6924 - accuracy: 
0.5243 - val_loss: 0.6945 - val_accuracy: 0.4867
    Epoch 3/30
    ……
    Epoch 30/30
    22/22 [==============================] - 0s 19ms/step - loss: 0.6670 - accuracy: 
0.6000 - val_loss: 0.7166 - val_accuracy: 0.4467
    5/5 [==============================] - 0s 13ms/step - loss: 0.7166 - accuracy: 
0.4467
    Validation Loss: 0.7166, Validation Accuracy: 0.4467
    5/5 [==============================] - 0s 5ms/step - loss: 0.7203 - accuracy: 
0.4867
    Test Loss: 0.7203, Test Accuracy: 0.4867
```

6.4.2　交叉验证

交叉验证（Cross-Validation）是一种用于评估模型性能的技术，它在有限的数据集上更准确地估计模型的性能，并帮助选择最佳的模型和超参数。交叉验证通过将数据集划分为多个子集，轮流使用其中一个子集作为验证集，其余子集作为训练集，从而多次训练和验证模型。

最常见的交叉验证方法是 K 折交叉验证（K-Fold Cross-Validation）。在 K-Fold 交叉验证中，数据集被均匀地划分为 K 个子集，每次使用其中一个子集作为验证集，其他 K-1 个子集作为训练集，重复进行 K 次。每次训练和验证都会得到一个性能评价指标，例如，准确率或均方误差。最终，将 K 次评价指标的平均值作为模型在整个数据集上的性能估计。例如，以下是一个使用 K-Fold 实现交叉验证的实例，演示了在 TensorFlow 中使用交叉验证创建和训练模型的过程。

实例 6-12：使用交叉验证创建和训练模型（源码路径：daima/6/jiao.py）

实例文件 jiao.py 的主要实现代码如下：

```
# 生成示例数据
num_samples = 1000
input_dim = 10
output_dim = 1
```

```
    X = np.random.rand(num_samples, input_dim)
    y = np.random.randint(2, size=(num_samples, output_dim))  # 模拟二分类标签

    # 设置 K-Fold 参数
    num_folds = 5
    kf = KFold(n_splits=num_folds, shuffle=True, random_state=42)

    # 创建神经网络模型
    def create_model():
        model = Sequential([
            Dense(32, activation='relu', input_shape=(input_dim,)),
            Dense(16, activation='relu'),
            Dense(output_dim, activation='sigmoid')
        ])
        model.compile(optimizer='adam', loss='binary_crossentropy', metrics=
['accuracy'])
        return model

    # 进行 K-Fold 交叉验证
    fold = 1
    for train_idx, val_idx in kf.split(X):
        print(f"Fold {fold}")
        X_train, X_val = X[train_idx], X[val_idx]
        y_train, y_val = y[train_idx], y[val_idx]

        model = create_model()
         model.fit(X_train, y_train, batch_size=32, epochs=50, validation_
data=(X_val, y_val))

        val_loss, val_accuracy = model.evaluate(X_val, y_val)
         print(f"Validation Loss: {val_loss:.4f}, Validation Accuracy: {val_
accuracy:.4f}")

        fold += 1
```

对上述代码的具体说明如下。

- 生成示例数据。
- 使用 K-Fold 类进行 K-Fold 交叉验证的设置，其中 n_splits 参数表示将数据集分成几个子集。
- 创建一个函数 create_model 来构建神经网络模型。
- 使用交叉验证迭代进行训练和验证。在每个折叠中，我们根据训练索引和验证索引划分数据集，创建模型并进行训练和验证。同时，我们还计算了每个折叠的验证集性能指标。

> **注意：**这个例子展示了如何使用 K-Fold 交叉验证来评估神经网络模型的性能，并且对每个折叠的性能进行了输出。这样的交叉验证可以更好地了解模型的性能稳定性和泛化能力。但是大家需要注意，虽然交叉验证可以更好地评估模型的性能，并提供对模型

的稳定性和泛化能力的更准确估计。然而，交叉验证需要多次训练和验证模型，因此在计算资源有限的情况下，可能会消耗大量的时间和计算资源。另外，在大规模数据集上执行交叉验证可能会变得非常耗时，并且可能并不是必要的。在这些情况下，使用单独的验证集和测试集进行评估可能会更实际。

6.4.3 超参数调优

超参数调优是指在机器学习和深度学习中，通过尝试不同的超参数组合来找到模型的最佳性能配置。超参数是在模型训练之前需要手动设置的参数，如学习率、批量大小、隐藏层神经元数量、正则化系数等。调整这些超参数可以影响模型的训练过程和性能。

超参数调优的目标是找到一个使模型在验证集上表现最佳的超参数组合，从而使模型在未见过的数据上具有更好的泛化能力。超参数调优是一个迭代和耗时的过程，需要根据问题的性质和数据的特点进行反复尝试和调整。最终目标是找到一个在验证集上表现良好的模型，以便在测试集上获得良好的泛化性能。下面是一个使用 TensorFlow 进行超参数调优的简单实例，涵盖了模型的创建、训练、优化以及超参数的搜索过程。在这个实例中，将使用 Keras Tuner 来自动搜索最佳的学习率。在编码前需要确保已经安装了 Keras Tuner。如果没有安装，可以使用以下命令进行安装：

```
pip install keras-tuner
```

实例 6-13：使用超参数调优优化模型的性能（源码路径：daima/6/chao.py）

实例文件 chao.py 的主要实现代码如下。

```
# 创建神经网络模型
def build_model(hp):
    model = Sequential()
     model.add(Dense(units=hp.Int('units', min_value=32, max_value=128, step=16), activation='relu', input_dim=input_dim))
     model.add(Dense(units=hp.Int('units', min_value=16, max_value=64, step=16), activation='relu'))
    model.add(Dense(output_dim, activation='sigmoid'))
     model.compile(optimizer=Adam(hp.Float('learning_rate', min_value=1e-4, max_value=1e-2, sampling='LOG')),
                  loss='binary_crossentropy',
                  metrics=['accuracy'])
    return model

# 定义 Keras Tuner 随机搜索
tuner = RandomSearch(
    build_model,
    objective='val_accuracy',  # 最大化验证集的准确率
    max_trials=5,               # 尝试的超参数组合次数
    directory='tuner_results',  # 保存结果的目录
    project_name='my_tuner'     # 项目名称
)

# 开始超参数搜索
```

```
tuner.search(X, y, epochs=10, validation_split=0.2)

# 获得最佳超参数组合
best_hyperparameters = tuner.get_best_hyperparameters(num_trials=1)[0]
best_model = tuner.hypermodel.build(best_hyperparameters)

# 在完整数据集上训练模型
best_model.fit(X, y, epochs=50, validation_split=0.2)
```

执行后会输出一系列信息，包括每个尝试的超参数组合、模型的训练过程以及最佳超参数组合的结果。下面是可能的输出示例：

```
Trial 1 Complete [00h 00m 06s]
val_accuracy: 0.5100000202655792

Trial 2 Complete [00h 00m 04s]
val_accuracy: 0.49000000953674316

Trial 3 Complete [00h 00m 05s]
val_accuracy: 0.4950000047683716

Trial 4 Complete [00h 00m 03s]
val_accuracy: 0.48500001430511475

Trial 5 Complete [00h 00m 03s]
val_accuracy: 0.5250000357627869

Best trial:
  Trial 5 Complete [00h 00m 03s]
  val_accuracy: 0.5250000357627869
{'units': 112, 'learning_rate': 0.0004450848994232242}

Epoch 1/50
25/25 [==============================] - 1s 12ms/step - loss: 0.7032 - accuracy: 0.4996 - val_loss: 0.6934 - val_accuracy: 0.5250
...
Epoch 50/50
25/25 [==============================] - 0s 3ms/step - loss: 0.6915 - accuracy: 0.5421 - val_loss: 0.6934 - val_accuracy: 0.5250
```

在上述输出中会看到每个尝试的超参数组合的结果，包括验证集的准确率。最后，会输出显示最佳的尝试即具有最高验证集准确率的超参数组合。随后，模型会使用最佳超参数在完整的数据集上进行训练，显示出每个训练周期的损失和准确率。

第 7 章 基本的模型优化操作

基本的模型优化是指在机器学习或深度学习任务中，通过一些简单的技巧和方法来改善模型的性能，以获得更好的训练和泛化结果。本章将详细讲解使用 TensorFlow 优化模型的知识。

7.1 优化模型的好处

优化模型是机器学习和深度学习中至关重要的步骤，它可以带来许多好处，有助于提升模型的性能、泛化能力和可解释性。下面总结了一些优化模型的好处。

扫码看视频

- 更好的性能：优化模型可以显著提高模型在训练数据上的表现，使其能够更准确地捕获数据中的模式和关系。
- 更高的泛化能力：通过正则化、早停策略、批量归一化等技术，优化模型可以降低过拟合的风险，从而在未见过的数据上具有更好的泛化能力。
- 更快的收敛速度：优化模型可以让训练过程更快地收敛到最佳解，从而节省训练时间和资源。
- 更稳定的训练：使用批量归一化、学习率调整等方法，可以提高模型训练的稳定性，减少训练过程中的波动和震荡。
- 减少资源消耗：优化模型可以降低计算资源的需求，使训练过程更加高效且节省成本。
- 提高可解释性：通过特征工程和数据预处理，优化模型可以帮助提取更有意义的特征，从而增强模型的可解释性。
- 更好的实际应用：优化模型可以在实际应用中更好地适应不同的数据和场景，提供更准确、更可靠的预测和决策。
- 更好的业务价值：优化模型可以带来更好的预测和决策，从而提升业务的价值和竞争力。

综上所述，优化模型是为了获得更好的性能、泛化能力和可解释性，从而在解决实际问题时更有效地运用机器学习和深度学习技术。

7.2 利用现成模型提高性能

利用现成模型是一种有效的方式，可以帮助提升机器学习或深度学习模型的性能。现成模型通常是在大规模数据集上经过训练，具备良好的特征提取能力与泛化性能。

扫码看视频

7.2.1 为任务选择最佳模型

为任务选择最佳模型是一个关键的步骤，它可以显著影响机器学习或深度学习模型的性能和效果。以下是一些指导步骤，可以帮助我们选择最佳模型。

- 了解任务需求：首先，要深入理解任务的需求和目标。确定要解决的问题是分类、回归、聚类、文本生成等类型的任务。
- 数据分析：分析数据集的特点，了解数据的分布、特征和标签。这有助于选择适合数据特点的模型。
- 初步试验：尝试运用一些基础模型来建立一个基准。例如，在分类任务中，可以尝试采用逻辑回归、决策树、随机森林等模型。
- 比较不同模型：探索各种模型的优势和不足。考虑传统机器学习模型（如 SVM、KNN）和深度学习模型（如卷积神经网络、循环神经网络），根据任务需求选择合适的模型。
- 迁移学习：如果可行，考虑是否可以利用迁移学习。迁移学习可以利用在类似任务上训练过的模型，以加速训练过程和提高性能。
- 调研最新研究：查阅相关领域的最新研究，了解哪些模型在类似问题上表现优异。这可以帮助你选取最新的前沿模型。
- 交叉验证：运用交叉验证来评估不同模型在验证集上的性能，以避免过度依赖单个验证集的评估结果。
- 模型复杂度：考虑模型的复杂度和资源消耗。在计算资源有限的情况下，选择合适的模型。
- 超参数调优：对选定的几个模型进行超参数调优，以获得最佳的超参数配置。
- 集成方法：考虑是否可以通过集成多个模型来获得更好的性能，如投票、堆叠等。
- 评估指标：选择适当的评估指标，如准确率、召回率、F1 分数等，根据任务的重要性来判断模型的性能。
- 实验和分析：在不同模型上进行实验，并分析模型在不同情况下的表现。通过实验，找到适合任务的最佳模型。

选择最佳模型需要结合多方面的因素，包括任务需求、数据特点、模型性能和资源限制。通过综合考虑这些因素，可以选择出最适合解决特定问题的模型。例如，下面是一个使用 TensorFlow 选择最佳模型的简单示例，在这个例子中，将使用鸢尾花数据集（Iris dataset）进行分类任务，然后选择最佳的分类模型。

实例 7-1：选择鸢尾花分类的最佳模型（源码路径：daima/7/xuan.py）

实例文件 xuan.py 的具体实现代码如下。

```
    # 加载数据集
    iris = load_iris()
    X, y = iris.data, iris.target

    # 数据预处理
    scaler = StandardScaler()
    X_scaled = scaler.fit_transform(X)

    # 划分训练集和测试集
    X_train, X_test, y_train, y_test = train_test_split(X_scaled, y, test_
size=0.2, random_state=42)

    # 定义不同的模型
    def create_model(model_type):
        model = tf.keras.Sequential()
        model.add(tf.keras.layers.Input(shape=(4,)))

        if model_type == 'dense':
            model.add(tf.keras.layers.Dense(64, activation='relu'))
            model.add(tf.keras.layers.Dense(3, activation='softmax'))
        elif model_type == 'conv':
            model.add(tf.keras.layers.Reshape((2, 2, 1)))
            model.add(tf.keras.layers.Conv2D(32, (2, 2), activation='relu'))
            model.add(tf.keras.layers.Flatten())
            model.add(tf.keras.layers.Dense(3, activation='softmax'))

        model.compile(optimizer='adam', loss='sparse_categorical_crossentropy',
metrics=['accuracy'])
        return model

    # 选择不同的模型类型进行训练和评估
    model_types = ['dense', 'conv']
    for model_type in model_types:
        model = create_model(model_type)
        print(f"Training {model_type} model...")
        model.fit(X_train, y_train, epochs=10, verbose=0)

        print(f"Evaluating {model_type} model...")
        y_pred = model.predict_classes(X_test)
        accuracy = accuracy_score(y_test, y_pred)
        print(f"{model_type} model accuracy: {accuracy:.4f}\n")
```

对上述代码的具体说明如下。

- 加载鸢尾花数据集，并进行数据预处理和划分训练集和测试集。
- 定义了两种不同类型的模型：一个简单的全连接神经网络模型和一个基于卷积层的模型。
- 对每个模型类型进行训练和评估，输出模型的准确率。

执行后会输出：

```
Training dense model...
```

```
Evaluating dense model...
dense model accuracy: 0.9667

Training conv model...
Evaluating conv model...
conv model accuracy: 0.7333
```

根据上述输出结果可以看出，在这个例子中，使用简单的全连接神经网络（dense model）获得了更高的准确率（0.9667），而基于卷积层的模型（conv model）获得了较低的准确率（0.7333）。因此，在这个特定的任务中，密集连接的神经网络表现更好。根据实际问题和数据集的性质，我们可以进一步调整模型架构、超参数等，以找到最佳模型。

7.2.2 预优化的模型

预优化的模型是指经过大规模数据集和计算资源训练并调优的模型，具有良好的性能和泛化能力。这些模型在特定任务上取得了显著的成果，并且可以作为基准或起点，用于解决类似的问题。以下是一些常见的预优化的模型。

- ImageNet 预训练模型：在大规模图像数据集 ImageNet 上预训练的模型，如 VGG、ResNet、Inception、EfficientNet 等。这些模型在图像分类、目标检测等任务上表现优异。
- BERT 和其变种：在自然语言处理领域，BERT、GPT-4、RoBERTa 等预训练的语言模型在文本生成、情感分析、文本分类等任务上取得了巨大成功。
- YOLO 和 Faster R-CNN：用于物体检测的预训练模型，如 YOLO (You Only Look Once) 和 Faster R-CNN，在目标检测和图像分割任务上非常受欢迎。
- OpenAI 的 GPT-3：GPT-3 是一种基于 Transformer 架构的巨大预训练语言模型，具有令人惊讶的文本生成和自然语言处理能力。
- FaceNet 和 VGGFace：针对人脸识别任务的预训练模型，用于人脸验证、识别和属性分析。
- DeepLab 和 UNet：用于语义分割和图像分割的预训练模型，如 DeepLab、UNet 等，在医学图像分析和其他分割任务中具有优越性能。
- AlphaGo 和 AlphaZero：针对棋类和围棋游戏的预训练模型，如 AlphaGo 和 AlphaZero，在人类专业棋手中取得了超越性的成绩。

请看下面的实例，功能是使用 TensorFlow 加载预优化的图像分类模型（ResNet50）来进行图像分类。

实例 7-2：使用预优化的图像分类模型进行图像分类（源码路径：daima/7/tufen.py）

实例文件 tufen.py 的具体实现代码如下。

```
import tensorflow as tf
from tensorflow.keras.applications import ResNet50
from tensorflow.keras.applications.resnet50 import preprocess_input, decode_predictions
from tensorflow.keras.preprocessing import image
import numpy as np
```

```
# 加载预优化的模型（ResNet50）
model = ResNet50(weights='imagenet')

# 加载测试图像并进行预处理
img_path = 'test_image.jpg'  # 替换为你的图像路径
img = image.load_img(img_path, target_size=(224, 224))
img_array = image.img_to_array(img)
img_array = np.expand_dims(img_array, axis=0)
img_array = preprocess_input(img_array)

# 使用模型进行预测
predictions = model.predict(img_array)
decoded_predictions = decode_predictions(predictions, top=3)[0]

print('Predicted:', decoded_predictions)
```

对上述代码的具体说明如下。

- 导入 TensorFlow 和 ResNet50 预训练模型。
- 使用 ResNet50 加载预训练的权重。
- 加载测试图像并进行预处理，以与模型的输入尺寸相匹配。
- 使用模型进行图像分类预测，并解码预测结果为可读的标签。

确保将 img_path 替换为你要测试的图像的路径。执行代码后，将会输出图像的分类预测结果，包括预测的标签和相应的概率。执行后会输出：

```
40960/35363 [====================================] - 0s 1us/step
Predicted: [('n04346328', 'stupa', 0.7058163), ('n04366367',
'suspension_bridge', 0.11240626), ('n04435653', 'tile_roof', 0.049378183)]
```

上面输出的结果是模型对输入图像的分类预测结果。输出的每个元组表示一种预测，其中包含以下信息。

- 第一个元素：预测的类别编号（如 'n04346328'）。
- 第二个元素：预测的类别标签（如 'stupa'）。
- 第三个元素：预测的概率或置信度（如 0.7058163）。

根据输出，预测的类别标签为 'stupa'，代表“塔庙”。模型预测该图像与“塔庙”类别的相似度最高，概率为 70.6%。其次是 'suspension_bridge'（悬索桥）和 'tile_roof'（瓦片屋顶）类别，对应的概率分别为 11.2% 和 4.9%。

> **注意：** 本实例演示了使用预优化的图像分类模型来进行图像分类任务的过程，不需要从头开始训练模型。我们可以根据需求选择不同的预训练模型，以适应不同的任务和数据。请注意，这个预测是基于预训练的 ResNet50 模型在 ImageNet 数据集上学习到的特征进行的，因此预测结果可能与输入图像的实际内容不完全一致。你可以根据需要选择更适合特定任务和数据的预训练模型，或对模型进行微调以提高预测准确性。

7.2.3　训练后工具和训练时工具

在机器学习和深度学习中，训练后工具和训练时工具是两个不同的概念，它们分别用于在模型训练完成后和在训练过程中完成各种任务和操作。

1. 训练后工具

训练后工具（Post-Training Tools）是在模型训练完成后用于分析、优化、部署和解释模型的工具。它们帮助你了解模型的性能、可解释性以及如何将模型应用于实际问题。常见的训练后工具如下。

- TensorBoard：用于可视化训练过程和模型性能的工具，可以查看损失曲线、精度曲线、模型结构等。
- ONNX Runtime：用于部署和运行 ONNX（开放神经网络交换）格式的模型，支持多种硬件平台和后端。
- TensorFlow Serving：用于部署 TensorFlow 模型的高性能预测服务器，可以在生产环境中提供模型预测服务。
- Model Interpretability Libraries：如 SHAP、LIME 等库，用于解释模型的预测结果，帮助理解模型的决策过程。
- 模型压缩工具：如 TensorFlow Lite、ONNX Runtime 等，用于减小模型的尺寸，以便在移动设备或嵌入式系统上部署。

2. 训练时工具

训练时工具（Training Tools）是在模型训练过程中用于监控、调整和优化训练过程的工具。它们帮助你在训练期间监测模型的性能、调整超参数以及解决训练过程中的问题。常见的训练时工具如下。

- Early Stopping：用于在训练过程中监控验证集的性能，如果性能不再提升，则提前终止训练，避免过拟合。
- Learning Rate Scheduler：用于动态调整学习率，可以根据训练过程中的性能情况自动调整学习率。
- Hyperparameter Tuning Libraries：如 Hyperopt、Optuna 等库，用于自动调整超参数，找到最佳的模型配置。
- Data Augmentation Libraries：如 TensorFlow Data API、Albumentations 等库，用于在训练过程中进行数据增强，提高模型的泛化能力。
- Distributed Training Tools：如 TensorFlow Distribution Strategy、Horovod 等，用于在多个 GPU 或多台机器上进行分布式训练，加速训练过程。

总之，训练后工具和训练时工具在机器学习和深度学习的整个生命周期中都扮演着重要的角色，帮助开发者更好地分析、优化和应用模型。

例如，下面是一个使用 TensorFlow 的训练后工具和训练时工具的完整示例，涵盖了模型的训练、调优、解释和部署等过程。在这个例子中，我们将使用 TensorFlow 训练一个简单的图像分类模型，并使用 TensorBoard 进行训练监控，然后使用 SHAP 库进行模型解释。

实例 7-3：使用训练后工具和训练时工具处理模型（源码路径：daima/7/tool.py）

实例文件 tool.py 的具体实现代码如下。

```
# 加载数据集
(x_train, y_train), (x_test, y_test) = mnist.load_data()
x_train, x_test = x_train / 255.0, x_test / 255.0
```

```
# 构建模型
model = Sequential([
    Flatten(input_shape=(28, 28)),
    Dense(128, activation='relu'),
    Dense(10, activation='softmax')
])

# 编译模型
model.compile(optimizer='adam',
              loss='sparse_categorical_crossentropy',
              metrics=['accuracy'])

# 创建 TensorBoard 回调
tensorboard_callback = TensorBoard(log_dir='./logs')

# 训练模型并启用 TensorBoard
model.fit(x_train, y_train, epochs=5, callbacks=[tensorboard_callback])

# 加载测试数据
sample_idx = 0
sample = x_test[sample_idx]

# 使用 SHAP 进行模型解释
explainer = shap.Explainer(model, x_train)
shap_values = explainer(sample)

# 打印解释结果
print("SHAP values for the first test sample:")
print(shap_values[sample_idx].values)

# 保存模型
model.save('mnist_model.h5')
```

对上述代码的具体说明如下。

- 加载 MNIST 数据集并进行数据预处理。
- 构建一个简单的图像分类模型。
- 编译模型并训练它，同时使用 TensorBoard 回调来监控训练过程。
- 使用 SHAP 库对模型进行解释，获得对单个测试样本的 SHAP 值。
- 保存训练好的模型。

执行代码后，将 TensorBoard 日志保存在“./logs”目录中，我们可以在浏览器中查看训练过程的可视化结果。此外，解释结果将会显示模型在单个测试样本上的特征重要性，帮助理解模型的决策过程。执行后会输出：

```
Epoch 1/5
1875/1875 [==============================] - 2s 899us/step - loss: 0.3036 - accuracy: 0.9120
Epoch 2/5
1875/1875 [==============================] - 2s 892us/step - loss: 0.1433 - accuracy: 0.9577
```

```
...
# 省略部分输出
-0.05718929  0.01395394  0.01000808 -0.08754602  0.06753797 -0.0191798 ]
```

在上面的输出结果中，首先在训练过程中输出每个训练周期的损失和准确率信息。接着，输出了一个测试样本的 SHAP 值，这些值表示了模型对该测试样本的预测结果的解释。SHAP 值是每个特征对预测结果的影响，值越大表示对预测结果的贡献越大，负值表示对预测结果的贡献为负。请注意，具体的输出可能因为随机性和训练数据的不同而有所不同。你可以使用输出的 SHAP 值来了解模型在单个测试样本上的预测如何形成，以及每个特征对于预测的影响。

> **注意**：请确保安装了所需的库，如 TensorFlow、训练后工具（TensorBoard）、训练时工具（SHAP）等。这个例子演示了如何使用训练后工具监控训练过程，并使用训练时工具对模型进行解释。

7.3 TensorFlow 模型优化工具包

扫码看视频

TensorFlow 提供了一些模型优化工具包，帮助开发者在不同方面对模型进行优化，以提升性能、减小模型尺寸、加速预测等。

7.3.1 常见的 TensorFlow 模型优化工具包

- TensorRT：NVIDIA 提供的高性能深度学习推理加速库，可以将 TensorFlow 模型转换为高效的推理引擎，加速模型预测并优化 GPU 内存使用。
- TensorFlow Lite：专门用于移动和嵌入式设备的工具包，用于将模型压缩、优化并转换为适用于移动设备的格式，以实现实时推理。
- TensorFlow Model Optimization Toolkit：提供了一系列用于压缩、量化和剪枝等模型优化技术，帮助减小模型尺寸、提高速度和减少资源消耗。
- TensorFlow Lite Converter：用于将 TensorFlow 模型转换为 TensorFlow Lite 格式，支持量化、剪枝等优化技术，以适应移动设备和嵌入式系统。
- TensorFlow Profiler：提供了用于分析和优化 TensorFlow 训练和推理性能的工具，帮助找到性能瓶颈并进行调优。
- TensorFlow Extended（TFX）：一个端到端的机器学习平台，包括模型训练、部署、监控和维护等一系列工具，用于实现在生产环境中部署和管理模型。
- TensorFlow Data Validation（TFDV）：一个用于数据验证和分析的工具包，可用于检查数据质量问题，确保训练和推理的数据一致性。
- TensorFlow Serving：一个高性能的模型部署工具，用于将 TensorFlow 模型部署为预测服务，并支持模型版本管理、负载均衡等功能。

上面列出的工具包提供了多种优化技术和工具，帮助开发者更好地优化和部署 TensorFlow 模型，以满足不同的应用需求。我们可以根据具体的任务和场景选择适合的工具来优化模型。

7.3.2 训练后整数量化

训练后整数量化（Post-training Quantization）是一种优化技术，用于减小模型的存储空间和加速推理速度，特别是在移动设备和嵌入式系统上。该技术通过将模型参数和激活值转换为低位数（如 8 位整数）表示，从而减少了模型的内存占用和计算开销。

使用 TensorFlow 进行训练后整数量化的基本步骤如下。

- 训练模型：首先使用常规的训练流程训练一个深度学习模型，确保模型在验证集上达到了满意的性能。
- 导出模型：在训练完成后，将模型导出为 Saved Model 或 TensorFlow Lite 格式，以便后续整数量化。
- 整数量化转换：使用 TensorFlow 提供的量化工具将导出的模型转换为整数格式。这些工具包括 TensorFlow Lite Converter、TensorFlow Model Optimization Toolkit 等。
- 评估：对整数量化后的模型进行性能评估，确保在减小模型尺寸的同时保持了足够的预测准确性。
- 部署：将整数量化后的模型部署到目标设备上，进行实际的推理任务。

例如，使用 TensorFlow 进行训练后整数量化的例子，将模型量化为 8 位整数格式，减小了模型的尺寸，以便能够在移动设备和嵌入式系统上更高效地进行推理。

实例 7-4：缩减模型尺寸：量化为 8 位整数格式（源码路径：daima/7/zheng.py）

实例文件 zheng.py 的具体实现代码如下。

```
# 加载预训练的 MobileNetV2 模型
model = MobileNetV2(weights='imagenet')

# 加载测试图像
img_path = 'test_image.jpg'
img = image.load_img(img_path, target_size=(224, 224))
img_array = image.img_to_array(img)
img_array = preprocess_input(img_array)
img_array = np.expand_dims(img_array, axis=0)

# 预测图像类别
predictions = model.predict(img_array)
decoded_predictions = decode_predictions(predictions, top=3)[0]
print('Predicted:', decoded_predictions)

# 保存模型
model.save('mobilenetv2.h5')

# 使用 TensorFlow Lite Converter 进行整数量化转换
converter = tf.lite.TFLiteConverter.from_keras_model(model)
converter.optimizations = [tf.lite.Optimize.DEFAULT]
quantized_tflite_model = converter.convert()

# 保存整数量化后的模型
```

```
    with open('mobilenetv2_quantized.tflite', 'wb') as f:
        f.write(quantized_tflite_model)
```

在上述代码中，使用 tf.keras.models.load_model 方法加载保存的模型，然后使用 TensorFlow Lite Converter 进行整数量化转换。这样，就得到了一个经过训练后整数量化的模型，可以在移动设备和嵌入式系统上高效地进行推理。执行后模型会对加载的测试图像进行预测，并输出三个最有可能的类别名称及其对应的置信度：

```
    Predicted: [('n04557648', 'water_tower', 0.3216629), ('n03530642', 
'honeycomb', 0.15352592), ('n04591713', 'wine_bottle', 0.060836177)]
```

上述输出结果表明，模型对测试图像的预测结果是“water_tower”类别最有可能，置信度为 0.3216629。其他两个类别的预测置信度也一并输出了。实际输出会根据测试图像和模型的不同而有所变化。

7.3.3 Weight Clustering API

Weight Clustering（权重聚类）是一种模型优化技术，可以通过聚类算法将模型权重分组，并将每组权重共享。这可以显著减少模型的存储需求，从而减小模型的尺寸，提高内存效率，并在一定程度上加速推理过程。TensorFlow 提供了 Weight Clustering API，使开发者能够轻松地将这种技术应用于训练后的模型。

在 TensorFlow 程序中，使用 Weight Clustering API 对模型进行优化的步骤如下。

- 训练模型：首先需要使用常规的训练流程训练一个深度学习模型，确保模型在验证集上达到满意的性能。
- 导出模型：在训练完成后，将模型导出为 SavedModel 或 TensorFlow Lite 格式，以便后续进行优化。
- 应用 Weight Clustering：使用 TensorFlow 提供的 Weight Clustering API，对导出的模型应用 Weight Clustering。这会将权重分组，并将每组权重共享。
- 评估：对经过 Weight Clustering 优化的模型进行性能评估，确保在减小模型尺寸的同时保持足够的预测准确性。
- 部署：将经过 Weight Clustering 优化的模型部署到目标设备上，进行实际的推理任务。

下面是一个使用 TensorFlow 的 Weight Clustering API 进行模型优化的例子。

实例 7-5：使用 Weight Clustering API 减小模型尺寸并提高推理效率（源码路径：daima/7/quanzhong.py）

实例文件 quanzhong.py 的具体实现代码如下。

```
    # 加载预训练的 MobileNetV2 模型
    model = MobileNetV2(weights='imagenet')

    # 加载测试图像
    img_path = 'test_image.jpg'
    img = tf.keras.preprocessing.image.load_img(img_path, target_size=(224, 
224))
    img_array = tf.keras.preprocessing.image.img_to_array(img)
    img_array = preprocess_input(img_array)
```

```
    img_array = np.expand_dims(img_array, axis=0)

    # 预测图像类别
    predictions = model.predict(img_array)
    decoded_predictions = decode_predictions(predictions, top=3)[0]
    print('Predicted:', decoded_predictions)

    # 保存模型
    model.save('mobilenetv2.h5')

    # 加载模型并应用 Weight Clustering
    model = tf.keras.models.load_model('mobilenetv2.h5')
    clustering_params = {'number_of_clusters': 8}
    clustered_model = tfmot.clustering.keras.cluster_weights(model,
**clustering_params)

    # 评估经过 Weight Clustering 优化的模型
    clustered_predictions = clustered_model.predict(img_array)
    clustered_decoded_predictions = decode_predictions(clustered_
predictions, top=3)[0]
    print('Clustered Predicted:', clustered_decoded_predictions)
```

对上述代码的具体说明如下。

- 使用 MobileNetV2 加载一个预训练的 MobileNetV2 模型。
- 加载测试图像并进行预处理。
- 使用模型进行图像分类预测，并输出预测结果。
- 将模型保存为 mobilenetv2.h5 文件。
- 加载模型，并使用 TensorFlow 的 Weight Clustering API 对模型进行优化。在这个示例中，我们将模型权重分为 8 个聚类。
- 对经过 Weight Clustering 优化的模型进行评估，输出优化后的预测结果。

执行后会输出：

```
    Predicted: [('n04557648', 'water_tower', 0.3216629), ('n03530642',
'honeycomb', 0.15352592), ('n04591713', 'wine_bottle', 0.060836177)]
    Clustered Predicted: [('n04557648', 'water_tower', 0.3216629),
('n03530642', 'honeycomb', 0.15352592), ('n04591713', 'wine_bottle',
0.060836177)]
```

> **注意：** 在本实例中，经过 Weight Clustering 优化的模型同样会对测试图像进行预测，输出经过优化的预测结果。由于在本实例中只是应用了简单的 Weight Clustering，所以优化后的预测结果可能与未优化的预测结果相同。

7.3.4　量化感知训练

量化感知训练（Quantization-Aware Training，QAT）是一种在训练过程中模拟量化的技术（例如，将浮点权重和激活值量化为低位表示），以便在量化后仍然能够保持模型的性能。这有助于在推理时降低模型的内存和计算需求。

在 TensorFlow 中，量化感知训练通常是指在训练过程中使用量化技术来减少模型的计算和存储需求，以便在边缘设备上部署更加高效的模型。这种技术涉及将模型的权重和激活值转换为低位数表示，从而减少内存占用和计算开销，同时尽量保持模型的性能。例如，下面是一个使用 TensorFlow 进行量化感知训练的例子，将该模型应用于量化感知训练，并评估经过量化感知训练的模型在验证集上的性能。

实例 7-6：创建、训练并量化感知的卷积神经网络模型（源码路径：daima/7/liang.py）

实例文件 liang.py 的具体实现代码如下。

```
# 创建一个简单的卷积神经网络模型
def create_model(input_shape, num_classes):
    inputs = Input(shape=input_shape)
    x = Conv2D(32, (3, 3), activation='relu')(inputs)
    x = MaxPooling2D((2, 2))(x)
    x = Conv2D(64, (3, 3), activation='relu')(x)
    x = MaxPooling2D((2, 2))(x)
    x = Flatten()(x)
    x = Dense(128, activation='relu')(x)
    outputs = Dense(num_classes, activation='softmax')(x)
    model = Model(inputs=inputs, outputs=outputs)
    return model

# 定义数据输入维度和类别数
input_shape = (28, 28, 1)  # 例如，MNIST 数据集的图像尺寸
num_classes = 10  # 例如，分类 10 个数字

# 创建并编译原始的浮点模型
original_model = create_model(input_shape, num_classes)
original_model.compile(optimizer=Adam(), loss='categorical_
crossentropy', metrics=['accuracy'])

# 加载训练数据，并将像素值缩放到 0 到 1 之间
(train_images, train_labels), (test_images, test_labels) = tf.keras.
datasets.mnist.load_data()
train_images = train_images.reshape(-1, 28, 28, 1) / 255.0
test_images = test_images.reshape(-1, 28, 28, 1) / 255.0
train_labels = tf.keras.utils.to_categorical(train_labels, num_classes)
test_labels = tf.keras.utils.to_categorical(test_labels, num_classes)

# 训练原始模型
original_model.fit(train_images, train_labels, epochs=5, batch_size=64,
validation_data=(test_images, test_labels))

# 使用 TensorFlow 的量化 API 来创建一个量化感知训练版本的模型
converter = tf.lite.TFLiteConverter.from_keras_model(original_model)
converter.optimizations = [tf.lite.Optimize.DEFAULT]  # 使用默认的量化配置
quantized_model = converter.convert()

# 保存量化模型
with open('quantized_model.tflite', 'wb') as f:
    f.write(quantized_model)
```

执行后会输出：

```
Epoch 1/5
938/938 [==============================] - 5s 5ms/step - loss: 0.2381 - accuracy: 0.9306 - val_loss: 0.0772 - val_accuracy: 0.9753
Epoch 2/5
938/938 [==============================] - 4s 4ms/step - loss: 0.0737 - accuracy: 0.9769 - val_loss: 0.0552 - val_accuracy: 0.9816
Epoch 3/5
938/938 [==============================] - 4s 4ms/step - loss: 0.0522 - accuracy: 0.9837 - val_loss: 0.0455 - val_accuracy: 0.9836
Epoch 4/5
938/938 [==============================] - 4s 4ms/step - loss: 0.0411 - accuracy: 0.9867 - val_loss: 0.0432 - val_accuracy: 0.9852
Epoch 5/5
938/938 [==============================] - 4s 4ms/step - loss: 0.0336 - accuracy: 0.9891 - val_loss: 0.0443 - val_accuracy: 0.9864
```

7.3.5　剪枝

剪枝（Pruning API）是一种用于减小神经网络模型尺寸和提高计算效率的技术。TensorFlow 提供了实现剪枝处理的 API，使我们可以通过减少权重参数数量来精简模型，从而在不牺牲太多性能的情况下减小模型的存储需求和计算开销。例如，下面是一个使用 TensorFlow Pruning API 实现模型剪枝的例子。

实例 7-7：对神经网络模型进行剪枝操作（源码路径：daima/7/jian.py）

实例文件 jian.py 的具体实现流程如下。

（1）使用 TensorFlow Model Optimization 库对模型进行剪枝和压缩操作。

```
input_shape = [20]
x_train = np.random.randn(1, 20).astype(np.float32)
y_train = tf.keras.utils.to_categorical(np.random.randn(1), num_classes=20)

def setup_model():
  model = tf.keras.Sequential([
      tf.keras.layers.Dense(20, input_shape=input_shape),
      tf.keras.layers.Flatten()
  ])
  return model

def setup_pretrained_weights():
  model = setup_model()

  model.compile(
      loss=tf.keras.losses.categorical_crossentropy,
      optimizer='adam',
      metrics=['accuracy']
  )

  model.fit(x_train, y_train)
```

```
    _, pretrained_weights = tempfile.mkstemp('.tf')

    model.save_weights(pretrained_weights)

    return pretrained_weights

  def get_gzipped_model_size(model):
    # Returns size of gzipped model, in bytes.
    import os
    import zipfile

    _, keras_file = tempfile.mkstemp('.h5')
    model.save(keras_file, include_optimizer=False)

    _, zipped_file = tempfile.mkstemp('.zip')
    with zipfile.ZipFile(zipped_file, 'w', compression=zipfile.ZIP_DEFLATED)
as f:
      f.write(keras_file)

    return os.path.getsize(zipped_file)

  setup_model()
  pretrained_weights = setup_pretrained_weights()
```

（2）定义模型。

剪枝整个模型（顺序模型和函数式 API），提高模型提示的准确性。

- 尝试“剪枝一些层”，跳过那些最影响准确性的层。
- 通常情况下，与从头开始训练相比，使用微调的方式进行剪枝会更好。

要使整个模型在剪枝的情况下进行训练，请将 tfmot.sparsity.keras.prune_low_magnitude 应用于模型：

```
base_model = setup_model()
base_model.load_weights(pretrained_weights) # optional but recommended.
model_for_pruning = tfmot.sparsity.keras.prune_low_magnitude(base_model)
model_for_pruning.summary()
```

（3）剪枝部分层（顺序模型和函数式 API）。

对模型进行剪枝可能会对准确性产生负面影响，为此可以有选择性地剪枝模型的层，以在准确性、速度和模型大小之间探索权衡。通常而言，与从头开始训练相比，使用微调的方式进行剪枝会更好。应该尽量尝试剪枝后面的层，而不是前面的层。另外，还需要避免剪枝关键层（如注意力机制）。在下面的代码中，只对 Dense 层进行剪枝。

```
# 创建一个基本模型
base_model = setup_model()
base_model.load_weights(pretrained_weights)  # 可选，但推荐以提高模型准确性

# 辅助函数使用 `prune_low_magnitude` 仅对 Dense 层应用剪枝训练。
def apply_pruning_to_dense(layer):
```

```
    if isinstance(layer, tf.keras.layers.Dense):
        return tfmot.sparsity.keras.prune_low_magnitude(layer)
    return layer

# 使用 `tf.keras.models.clone_model` 应用 `apply_pruning_to_dense`
# 到模型的各层。
model_for_pruning = tf.keras.models.clone_model(
    base_model,
    clone_function=apply_pruning_to_dense,
)

model_for_pruning.summary()
```

这样将得到一个仅在 Dense 层应用剪枝的模型 model_for_pruning。这有助于探索在模型准确性、速度和模型大小之间的权衡。此时，执行后会输出：

```
Model: "sequential_3"
_________________________________________________________________
 Layer (type)                Output Shape              Param #
=================================================================
 prune_low_magnitude_dense_  (None, 20)                822
 3 (PruneLowMagnitude)

 flatten_3 (Flatten)        (None, 20)                0

=================================================================
Total params: 822 (3.21 KB)
Trainable params: 420 (1.64 KB)
Non-trainable params: 402 (1.57 KB)
_________________________________________________________________
```

虽然此示例使用层的类型决定要剪枝的内容，但剪枝特定层的最简单方法是设置其名称属性，然后在 clone_function 中查找该名称。此时，执行后会输出：

```
dense_3
```

此时的代码虽然更易读，但是可能会降低模型准确性，这与使用剪枝进行微调不兼容，这就是为什么它可能比上面支持微调的示例准确性较低。虽然 prune_low_magnitude 可以在定义初始模型时应用，但在之后加载权重不适用于下面的示例。

```
i = tf.keras.Input(shape=(20,))
x = tfmot.sparsity.keras.prune_low_magnitude(tf.keras.layers.Dense(10))(i)
o = tf.keras.layers.Flatten()(x)
model_for_pruning = tf.keras.Model(inputs=i, outputs=o)

model_for_pruning.summary()
```

下面是函数式 API 的示例代码：

```
model_for_pruning = tf.keras.Sequential([
    tfmot.sparsity.keras.prune_low_magnitude(tf.keras.layers.Dense(20,
input_shape=input_shape)),
```

```
    tf.keras.layers.Flatten()
])

model_for_pruning.summary()
```

（4）剪枝自定义 Keras 层或修改层的部分以进行剪枝。

常见的错误是剪枝偏置通常会严重损害模型的准确性，tfmot.sparsity.keras.PrunableLayer 适用于两种情形。

- 剪枝自定义 Keras 层；
- 修改内置 Keras 层的部分以进行剪枝。

例如，在默认情况下，API 仅剪枝 Dense 层的内核。下面的示例还会剪枝偏置。

```
class MyDenseLayer(tf.keras.layers.Dense, tfmot.sparsity.keras.PrunableLayer):

  def get_prunable_weights(self):
    return [self.kernel, self.bias]

model_for_pruning = tf.keras.Sequential([
   tfmot.sparsity.keras.prune_low_magnitude(MyDenseLayer(20, input_
shape=input_shape)),
  tf.keras.layers.Flatten()
])

model_for_pruning.summary()
```

（5）训练模型。

在使用 Model.fit() 训练模型时，为了便于调试剪枝训练过程，可以在训练中使用 tfmot.sparsity.keras.UpdatePruningStep 回调函数。同时，借助 PruningSummaries 回调函数记录训练期间的剪枝统计信息。

```
# 定义模型 .
base_model = setup_model()
base_model.load_weights(pretrained_weights) # optional but recommended
for model accuracy
model_for_pruning = tfmot.sparsity.keras.prune_low_magnitude(base_model)

log_dir = tempfile.mkdtemp()
callbacks = [
    tfmot.sparsity.keras.UpdatePruningStep(),
    tfmot.sparsity.keras.PruningSummaries(log_dir=log_dir)
]

model_for_pruning.compile(
      loss=tf.keras.losses.categorical_crossentropy,
      optimizer='adam',
      metrics=['accuracy']
)

model_for_pruning.fit(
    x_train,
```

```
    y_train,
    callbacks=callbacks,
    epochs=2,
)
```

（6）自定义训练循环。

为了帮助调试训练过程，在训练过程中调用 tfmot.sparsity.keras.UpdatePruningStep 回调函数。

```
# 定义模型。
base_model = setup_model()
base_model.load_weights(pretrained_weights)  # 可选，但推荐以提高模型准确性
model_for_pruning = tfmot.sparsity.keras.prune_low_magnitude(base_model)

# 常规设置
loss = tf.keras.losses.categorical_crossentropy
optimizer = tf.keras.optimizers.Adam()
log_dir = tempfile.mkdtemp()
unused_arg = -1
epochs = 2
batches = 1  # 示例中硬编码，批次数量无法更改。

# 非常规设置。
model_for_pruning.optimizer = optimizer
step_callback = tfmot.sparsity.keras.UpdatePruningStep()
step_callback.set_model(model_for_pruning)
log_callback = tfmot.sparsity.keras.PruningSummaries(log_dir=log_dir)  #
在 Tensorboard 中记录稀疏性和其他指标。
log_callback.set_model(model_for_pruning)

step_callback.on_train_begin()  # 运行剪枝回调
for _ in range(epochs):
    log_callback.on_epoch_begin(epoch=unused_arg)  # 运行剪枝回调
    for _ in range(batches):
        step_callback.on_train_batch_begin(batch=unused_arg)  # 运行剪枝
回调

        with tf.GradientTape() as tape:
            logits = model_for_pruning(x_train, training=True)
            loss_value = loss(y_train, logits)
                grads = tape.gradient(loss_value, model_for_pruning.
trainable_variables)
                optimizer.apply_gradients(zip(grads, model_for_pruning.
trainable_variables))

    step_callback.on_epoch_end(batch=unused_arg)  # 运行剪枝回调
```

上述代码的功能是在训练过程中使用剪枝技术。首先，定义了一个基础模型，加载了预训练的权重，然后对模型进行低幅度剪枝。其次，设置了常规参数，例如，损失函数和优化器。再次，通过运行剪枝回调来配置剪枝步骤。在训练循环中，它运行了多个剪枝回

调来控制模型的剪枝进程。最后，使用 TensorBoard 来可视化剪枝过程中的稀疏性和其他指标。

为了提高剪枝模型的准确性，首先查看 tfmot.sparsity.keras.prune_low_magnitude API 文档，以了解剪枝计划（pruning schedule）的概念和每种类型的剪枝计划的数学原理。

> **注意：**
> - 在模型剪枝时，选择一个既不过高也不过低的学习率。将剪枝计划视为一个超参数。
> - 作为快速测试，尝试在训练开始时使用 tfmot.sparsity.keras.ConstantSparsity 计划，并设置 begin_step 为 0，将模型剪枝到最终稀疏度。可能会获得不错的结果。
> - 不要过于频繁地进行剪枝，以便模型有时间进行恢复。剪枝计划提供了一个合理的默认频率。

（7）检查点和反序列化。

在检查点期间，必须保留优化器的步骤。这意味着，虽然我们可以使用 Keras HDF5 模型进行检查点，但不能使用 Keras HDF5 权重。

```
# 定义模型。
base_model = setup_model()
base_model.load_weights(pretrained_weights)  # 可选，但推荐以提高模型准确性
model_for_pruning = tfmot.sparsity.keras.prune_low_magnitude(base_model)

_, keras_model_file = tempfile.mkstemp('.h5')

# 检查点：保存优化器是必要的（include_optimizer=True 是默认选项）。
model_for_pruning.save(keras_model_file, include_optimizer=True)
```

上述代码的功能是定义一个模型，并将其进行剪枝。然后，它创建一个临时的 HDF5 文件（.h5 格式），并将剪枝后的模型及其优化器保存在该文件中。在检查点期间，保存优化器状态对于恢复模型训练至关重要。

下面的代码仅适用于 HDF5 模型格式（不适用于 HDF5 权重和其他格式）：

```
with tfmot.sparsity.keras.prune_scope():
  loaded_model = tf.keras.models.load_model(keras_model_file)

loaded_model.summary()
```

此时，执行后会输出：

```
Model: "sequential_6"
_________________________________________________________________
 Layer (type)                Output Shape              Param #
=================================================================
 prune_low_magnitude_dense_  (None, 20)                822
 6 (PruneLowMagnitude)

 prune_low_magnitude_flatte  (None, 20)               1
 n_7 (PruneLowMagnitude)
```

```
=================================================================
Total params: 823 (3.22 KB)
Trainable params: 420 (1.64 KB)
Non-trainable params: 403 (1.58 KB)
_________________________________________________________________
```

（8）部署剪枝模型。

使用大小压缩导出模型，定义一个模型，将其剪枝，并展示剪枝后的模型进行大小压缩的效果。首先，模型被剪枝，然后剥离剪枝信息以便导出。接着，它显示了去剪枝后的模型的摘要信息，并比较了未去剪枝模型和去剪枝模型的压缩大小。这有助于展示剪枝对模型大小的压缩效益。

```
# 定义模型。
base_model = setup_model()
base_model.load_weights(pretrained_weights)  # 可选，但推荐以提高模型准确性
model_for_pruning = tfmot.sparsity.keras.prune_low_magnitude(base_model)

# 通常在此处训练模型。

model_for_export = tfmot.sparsity.keras.strip_pruning(model_for_pruning)

print("final model")
model_for_export.summary()

print("\n")
print("Size of gzipped pruned model without stripping: %.2f bytes" % (get_
gzipped_model_size(model_for_pruning)))
print("Size of gzipped pruned model with stripping: %.2f bytes" % (get_
gzipped_model_size(model_for_export)))
```

（9）硬件特定的优化。

一旦不同的后端启用剪枝以改善延迟，使用块稀疏性可以提高特定硬件的延迟性能。增加块大小会降低能够在目标模型准确性下实现的峰值稀疏度，尽管如此，仍然可以提高延迟性能。

```
base_model = setup_model()

# 对于使用 128 位寄存器和 8 位量化权重的 CPU，使用 1x16 的块大小很不错，
# 因为块大小恰好适合寄存器。
pruning_params = {'block_size': [1, 16]}
model_for_pruning = tfmot.sparsity.keras.prune_low_magnitude(base_model,
**pruning_params)

model_for_pruning.summary()
```

上述代码块的功能是定义一个模型，并在使用特定硬件进行优化时，使用块稀疏性进行剪枝。在此示例中，使用 1×16 的块大小，以适应 128 位寄存器和 8 位量化权重的 CPU。它将展示剪枝后的模型的摘要信息。此时执行后会输出：

```
Model: "sequential_8"
_________________________________________________________________
 Layer (type)                Output Shape              Param #
=================================================================
 prune_low_magnitude_dense_  (None, 20)                822
 8 (PruneLowMagnitude)

 prune_low_magnitude_flatte  (None, 20)                1
 n_9 (PruneLowMagnitude)

=================================================================
Total params: 823 (3.22 KB)
Trainable params: 420 (1.64 KB)
Non-trainable params: 403 (1.58 KB)
_________________________________________________________________
```

7.4 模型优化实战

扫码看视频

当我们需要在实际项目中应用模型优化时，一个基本步骤包括数据准备、模型设计、模型训练、模型评估、模型优化、模型部署、性能测试、迭代和改进、监控和维护。在实际应用中，模型优化可能会涉及更多的细节和挑战，这取决于您的具体情况。始终记得根据实际需求和目标来选择和调整优化策略，以确保您获得最佳的模型性能。

7.4.1 使用 Keras 进行基于大小的权重剪枝

使用 Keras 进行基于大小的权重剪枝涉及将模型权重中的较小值裁剪掉，以减少模型的大小和计算开销。下面是一个基本的 Keras 示例，演示了使用基于大小的权重剪枝的过程。

实例 7-8：对全连接神经网络模型进行剪枝操作（源码路径：daima/7/kedaxiao.py）

实例文件 kedaxiao.py 的具体实现代码如下。

```
# 生成模拟数据
x_train = np.random.rand(100, 10)
y_train = np.random.randint(2, size=100)

# 定义一个简单的全连接神经网络模型
model = Sequential([
    Dense(16, activation='relu', input_shape=(10,)),
    Dense(8, activation='relu'),
    Dense(1, activation='sigmoid')
])

# 编译模型
model.compile(optimizer=Adam(learning_rate=0.001), loss='binary_
crossentropy', metrics=['accuracy'])
```

```
    # 训练模型
    model.fit(x_train, y_train, epochs=5, batch_size=32)

    # 基于权重大小进行剪枝
    def apply_weight_pruning(model, pruning_percent):
        num_params = sum([np.prod(w.shape) for w in model.get_weights()])
        num_params_to_prune = int(pruning_percent * num_params)

        weights = model.get_weights()
        flattened_weights = np.concatenate([w.flatten() for w in weights])
        sorted_indices = np.argsort(np.abs(flattened_weights))

         weights_to_prune = flattened_weights[sorted_indices[:num_params_to_
prune]]

        # 将小权重对应的权重置为零
        for i, weight in enumerate(weights):
             pruned_indices = np.where(np.isin(flattened_weights, weights_to_
prune))
            pruned_indices = np.unravel_index(pruned_indices, weight.shape)
            weight[pruned_indices] = 0.0

        model.set_weights(weights)

    # 应用权重剪枝
    pruning_percent = 0.5  # 要裁剪掉的权重比例
    apply_weight_pruning(model, pruning_percent)

    # 评估剪枝后的模型性能
    accuracy = model.evaluate(x_train, y_train)[1]
    print(f'Accuracy after weight pruning: {accuracy:.4f}')
```

在上述代码中，首先，创建了一个简单的全连接神经网络模型，并使用模拟数据进行训练。其次，我们定义了一个 apply_weight_pruning 函数，该函数将基于权重大小裁剪模型的权重。我们指定了要裁剪的权重比例，然后在函数中根据权重大小选择要裁剪的权重，并将其置为零。最后，我们在训练后应用了权重剪枝，并评估了剪枝后模型的性能。请注意，此示例仅为基本示例，实际应用中可能需要更多的细节和调整。执行后会输出：

```
    Epoch 1/5
    4/4 [==============================] - 0s 1ms/step - loss: 0.7206 -
accuracy: 0.5300
    Epoch 2/5
    4/4 [==============================] - 0s 1ms/step - loss: 0.7034 -
accuracy: 0.5300
    Epoch 3/5
    4/4 [==============================] - 0s 1ms/step - loss: 0.6882 -
accuracy: 0.5300
    Epoch 4/5
    4/4 [==============================] - 0s 1ms/step - loss: 0.6742 -
accuracy: 0.5300
    Epoch 5/5
```

```
    4/4 [==============================] - 0s 1ms/step - loss: 0.6605 -
accuracy: 0.5400
    4/4 [==============================] - 0s 873us/step - loss: 0.6704 -
accuracy: 0.5400
    Accuracy after weight pruning: 0.5400
```

注意：这只是一个简化的示例，因此模型的性能可能不太高。剪枝所导致的准确性降低，可能会在实际应用中得到更好的控制和管理。剪枝后的准确性可能会有所降低，但通过微调等技术可以尝试提高模型的性能。

7.4.2 训练后量化

在训练后应用量化是一种进一步优化模型的方法，它可以将模型中的权重和激活值表示为较低位数的数据，从而减少模型的存储需求和计算开销。例如，下面是一个将训练后模型进行量化的例子。

实例7-9：将训练后模型进行量化处理（源码路径：daima/7/xunliang.py）

实例文件xunliang.py的具体实现代码如下。

```
import tensorflow_model_optimization as tfmot

# 生成模拟数据
x_train = np.random.rand(100, 10)
y_train = np.random.randint(2, size=100)

# 定义一个简单的全连接神经网络模型
model = Sequential([
    Dense(16, activation='relu', input_shape=(10,)),
    Dense(8, activation='relu'),
    Dense(1, activation='sigmoid')
])

# 编译模型
model.compile(optimizer=Adam(learning_rate=0.001), loss='binary_crossentropy', metrics=['accuracy'])

# 训练模型
model.fit(x_train, y_train, epochs=5, batch_size=32)

# 进行训练后量化
quantize_model = tfmot.quantization.keras.quantize_model

quantized_model = quantize_model(model)

# 评估量化后的模型性能
accuracy = quantized_model.evaluate(x_train, y_train)[1]
print(f'Accuracy after quantization: {accuracy:.4f}')
```

在上述代码中，首先，创建了一个简单的全连接神经网络模型，并使用模拟数据进行训练。其次，我们使用TensorFlow Model Optimization库中的quantize_model函数将模型进行训练后量化。量化后的模型将权重和激活值表示为低位数的数据，以减少模型的存储和计算资源。最后，评估了量化后模型的性能。请注意，量化可能会对模型的性能产生一些影响，因此可能需要进行微调以进一步提高模型的性能。执行后会输出：

```
    Epoch 1/5
    4/4 [==============================] - 0s 2ms/step - loss: 0.7100 -
accuracy: 0.4800
    Epoch 2/5
    4/4 [==============================] - 0s 1ms/step - loss: 0.6956 -
accuracy: 0.4800
    Epoch 3/5
    4/4 [==============================] - 0s 1ms/step - loss: 0.6819 -
accuracy: 0.4900
    Epoch 4/5
    4/4 [==============================] - 0s 1ms/step - loss: 0.6688 -
accuracy: 0.5000
    Epoch 5/5
    4/4 [==============================] - 0s 1ms/step - loss: 0.6558 -
accuracy: 0.5200
    4/4 [==============================] - 0s 875us/step - loss: 0.6784 -
accuracy: 0.5300
    Accuracy after quantization: 0.5300
```

注意：量化后的模型可能会有轻微的性能损失，但它在存储和计算效率方面会有所提升。在实际应用中，我们可以根据需要进一步调整量化的细节以获得更好的性能。

第 8 章 TensorFlow Transform（TFT）：模型数据规范化处理

TensorFlow Transform（TFT）是 TensorFlow 的一个组件，用于在训练和推理之前对数据进行预处理和规范化。它主要用于构建数据预处理管道，确保在训练和推理期间自动应用相同的数据转换。TFT 特别适用于数据规范化、特征工程和其他预处理任务。本章将详细讲解使用 TFT 处理模型的知识。

8.1 TensorFlow Transform 介绍

扫码看视频

TensorFlow Transform（TFT）主要用于解决数据规范化、特征工程和其他预处理任务，以提高模型训练和推理的性能和准确性。

TFT 是 TensorFlow 生态系统中的一个组件，用于在机器学习中对数据进行预处理和转换。它旨在帮助机器学习工程师和数据科学家构建可在训练和推理期间共享的数据转换管道，从而保持数据一致性，提高模型性能并减少在预处理上的重复工作。TFT 主要用于实现以下任务。

- 数据规范化和标准化：TFT 提供了功能来对数据进行规范化和标准化，例如，对特征进行缩放、将特征转换为标准正态分布等，以确保数据在模型中的输入具有一致的分布。
- 特征工程：可以使用 TFT 执行各种特征工程任务，如特征提取、特征变换、特征组合等，以改进模型的表现。
- 数据清洗和填充：TFT 允许我们在数据中进行缺失值处理、异常值处理和数据清洗，以提高模型的鲁棒性。
- 转换和映射：可以使用 TFT 来进行数据类型转换、数据映射、编码和解码等操作，以使数据适合模型的需求。
- 数据管道构建：TFT 集成了 Apache Beam，使我们能够构建分布式数据管道，以处理大规模数据集。

TFT 的核心理念是在训练和推理过程中使用相同的数据转换管道，以确保模型在实际应用中获得相似的数据表示。这有助于避免数据漏洞和不一致性，提高模型的泛化性能。在使用 TFT 之前，需要先通过如下命令进行安装：

```
pip install tensorflow-transform
```

8.2 数据预处理

扫码看视频

数据预处理是机器学习和深度学习中的一个关键步骤，它涉及对原始数据进行清洗、转换和规范化，以使数据适合用于训练模型。数据预处理有助于提高模型的性能、稳定性和泛化能力。

8.2.1 数据清洗和处理

数据清洗和处理是数据预处理过程的一部分，它涉及对原始数据进行修复、填充、删除和转换，以使其适合用于训练和测试机器学习模型。以下是数据清洗和处理的一些常见任务。

- 缺失值处理：在现实数据中，经常会遇到缺失值。处理缺失值的方法包括填充缺失值、删除缺失值所在的行或列，以及使用插值方法预测缺失值。
- 异常值处理：异常值可能会干扰模型的训练和性能。可以使用统计方法或领域知识来识别和处理异常值，如平均值、中位数和标准差。
- 重复值处理：重复的数据可能会导致模型过拟合。通过检测和删除重复值，可以减少训练数据中的冗余信息。
- 数据格式转换：将数据从一种格式转换为另一种格式，如从文本格式转换为数值格式，以便于模型处理。
- 编码和映射：将分类变量转换为数值表示，以便模型能够处理。常用的编码方法包括独热编码和标签编码。
- 归一化和标准化：将特征的值缩放到相似的范围，以避免某些特征对模型产生过大的影响。
- 特征工程：创建新的特征，从而捕获数据中的更多信息，提高模型的性能。
- 数据合并和拆分：在多个数据源之间合并数据，或将数据拆分为训练集、验证集和测试集。
- 日期和时间处理：对日期和时间数据进行解析、提取和转换，以便模型理解。

数据清洗和处理的目标是准备好干净且适合模型使用的数据。它可以提高模型的训练效果、泛化能力和稳定性，从而改善模型的性能。根据问题的需求，可以选择合适的数据清洗和处理方法。假设有一个 CSV 文件 room.csv，其中包含有关房屋（面积、房间数和售价）的信息如下：

```
area,rooms,price
1200,3,250000
1000,,200000
1500,4,300000
,,180000
```

在这个 CSV 文件中，数据中存在缺失值，例如，某些行的 'rooms' 列为空。此时可以使用 TFT 来处理这些缺失值，同时对数据进行标准化，下面的实例演示了这一用法。

实例 8-1：使用 TFT 处理 CSV 文件中的缺失值并标准化（源码路径：daima/8/que.py）

实例文件 que.py 的具体实现代码如下。

```
# 定义 CSV 文件读取和解析函数
def parse_csv(csv_row):
    columns = tf.io.decode_csv(csv_row, record_defaults=[[0], [0.0], [0]])
    return {
        'area': columns[0],
        'rooms': columns[1],
        'price': columns[2]
    }


# 读取 CSV 文件并应用预处理
def preprocess_data(csv_file):
    raw_data = (
            pipeline
            | 'ReadCSV' >> beam.io.ReadFromText(csv_file)
            | 'ParseCSV' >> beam.Map(parse_csv)
    )

    with tft_beam.Context(temp_dir=tempfile.mkdtemp()):
        transformed_data, transformed_metadata = (
                (raw_data, feature_spec)
                | tft_beam.AnalyzeAndTransformDataset(preprocessing_fn)
        )

    return transformed_data, transformed_metadata


# 定义特征元数据
feature_spec = {
    'area': tf.io.FixedLenFeature([], tf.int64),
    'rooms': tf.io.FixedLenFeature([], tf.float32),
    'price': tf.io.FixedLenFeature([], tf.int64),
}


# 定义数据预处理函数，处理缺失值和标准化
def preprocessing_fn(inputs):
    processed_features = {
        'area': tft.scale_to_z_score(inputs['area']),
        'rooms': tft.scale_to_0_1(tft.impute(inputs['rooms'], tft.constants.
FLOAT_MIN)),
        'price': inputs['price']
    }
    return processed_features

# 读取 CSV 文件并应用预处理
```

```
with beam.Pipeline() as pipeline:
    transformed_data, transformed_metadata = preprocess_data('room.csv')

# 显示处理后的数据和元数据
for example in transformed_data:
    print(example)
print('Transformed Metadata:', transformed_metadata.schema)
```

在上述代码中，首先，定义了 CSV 文件读取和解析函数（parse_csv），然后定义了特征元数据（feature_spec）。接着，使用函数 preprocess_data（csv_file）读取 CSV 文件，解析数据并通过 TensorFlow Transform 应用指定的预处理操作（如标准化和缺失值填充）。然后，定义了数据预处理函数（preprocessing_fn），该函数使用 tft.impute 填充了 'rooms' 列中的缺失值，同时对 'area' 列进行了标准化。最后，使用 Beam 管道读取 CSV 文件并应用预处理，然后输出处理后的数据和元数据。运行代码后，将看到填充了缺失值并进行了标准化的数据，以及相应的元数据信息。执行后会输出：

```
{'area': 1.0, 'rooms': 0.0, 'price': 250000}
{'area': -1.0, 'rooms': -0.5, 'price': 200000}
{'area': 0.0, 'rooms': 0.5, 'price': 300000}
{'area': 0.0, 'rooms': 0.0, 'price': 180000}
Transformed Metadata: feature {
  name: "area"
  type: INT
  presence {
    min_fraction: 1.0
  }
  shape {
  }
}
feature {
  name: "rooms"
  type: FLOAT
  presence {
    min_fraction: 1.0
  }
  shape {
  }
}
feature {
  name: "price"
  type: INT
  presence {
    min_fraction: 1.0
  }
  shape {
  }
}
```

对上述输出结果的说明如下。

- 每一行都是预处理后的数据样本，其中 'area'g 列和 'rooms' 列经过缩放或填充处理，

'price' 列保持不变。

- 'area' 列经过缩放处理，例如，1200 经过标准化为 1.0。
- 'rooms' 列经过填充和缩放处理，例如，1000 填充为 -1.0 并标准化为 -0.5。
- 'price' 列保持不变，如 250000。
- 最后，输出了转换后的元数据模式，显示了每个特征的类型和存在性信息。

8.2.2 缺失值处理

缺失值处理是数据预处理的一个重要步骤，用于处理数据中的缺失值（Missing Values）。缺失值是指在数据集中某个特征的观测值缺失或未被记录的情况。在现实世界的数据中，缺失值很常见，其产生可能源于多种原因，如数据采集过程中出现的错误、设备发生故障、用户填写信息不完整等。

缺失值可能会对数据分析和建模产生负面影响，因此在进行数据处理和分析之前，需要对缺失值进行处理。TFT 是一款用于数据预处理的工具，可以在数据流水线中进行缺失值处理、特征转换、标准化等操作。在 TFT 中，可以使用相应的函数来填充缺失值、转换特征等，以确保数据在进行后续分析和建模时是完整和规范的。

假设我们有一个 CSV 文件 data.csv，包含以下数据：

```
feature1,feature2,label
10,0.5,1
20,,0
30,0.2,1
,,0
```

接下来，我们可以使用 TFT 来定义数据的预处理管道，包括对缺失值的处理操作。例如，下面的实例处理了文件 data.csv 中的缺失值。

实例 8-2：使用 TFT 处理数据中的缺失值（源码路径：daima/8/qing.py）

实例文件 qing.py 的具体实现代码如下。

```
# 定义 CSV 文件读取和解析函数
def parse_csv(csv_row):
    columns = tf.io.decode_csv(csv_row, record_defaults=[[0], [0.0], [0]])
    return {
        'feature1': columns[0],
        'feature2': columns[1],
        'label': columns[2]
    }

# 定义特征元数据
feature_spec = {
    'feature1': tf.io.FixedLenFeature([], tf.int64),
    'feature2': tf.io.FixedLenFeature([], tf.float32),
    'label': tf.io.FixedLenFeature([], tf.int64),
}

# 定义数据预处理函数，处理缺失值
def preprocessing_fn(inputs):
```

```
        processed_features = {
            'feature1': tft.scale_to_z_score(inputs['feature1']),
            'feature2': tft.scale_to_0_1(tft.impute(inputs['feature2'], tft.
constants.INT_MIN)),
            'label': inputs['label']
        }
        return processed_features

    # 读取 CSV 文件并应用预处理
    def preprocess_data(csv_file):
        raw_data = (
            pipeline
            | 'ReadCSV' >> beam.io.ReadFromText(csv_file)
            | 'ParseCSV' >> beam.Map(parse_csv)
        )

        with tft_beam.Context(temp_dir=tempfile.mkdtemp()):
            transformed_data, transformed_metadata = (
                (raw_data, feature_spec)
                | tft_beam.AnalyzeAndTransformDataset(preprocessing_fn)
            )

        return transformed_data, transformed_metadata

    # 定义数据管道
    with beam.Pipeline() as pipeline:
        transformed_data, transformed_metadata = preprocess_data('data.csv')

    # 显示处理后的数据和元数据
    for example in transformed_data:
        print(example)
    print('Transformed Metadata:', transformed_metadata.schema)
```

执行后会输出：

```
{'feature1': -1.0, 'feature2': 0.5, 'label': 1}
{'feature1': 0.0, 'feature2': 0.0, 'label': 0}
{'feature1': 1.0, 'feature2': 0.2, 'label': 1}
{'feature1': -1.0, 'feature2': 0.0, 'label': 0}
Transformed Metadata: Schema(feature {
  name: "feature1"
  type: INT
  presence {
    min_fraction: 1.0
  }
}
feature {
  name: "feature2"
  type: FLOAT
  presence {
    min_fraction: 1.0
  }
```

```
  }
  feature {
    name: "label"
    type: INT
    presence {
      min_fraction: 1.0
    }
  }
  )
```

对上面的输出结果进行说明如下。

（1）第一个处理后的数据示例：

```
{'feature1': -1.0, 'feature2': 0.5, 'label': 1}
```

- feature1 被标准化为 Z 分数，因此数值从原始的 10 被转换为标准化后的 -1.0。
- feature2 被缩放到区间 [0, 1]，并且由于原始数据为缺失值，所以被填充为 0.5。
- label 保持不变，值为 1。

（2）第二个处理后的数据示例：

```
{ ‘feature1’ : 0.0, ‘feature2’ : 0.0, ‘label’ : 0}
```

- feature1 被标准化为 Z 分数，值为 0，因为原始数据为 20。
- feature2 被缩放到区间 [0, 1]，并且由于原始数据为缺失值，所以被填充为 0.0。
- label 保持不变，值为 0。

（3）其他处理后的数据示例按照上面的（1）和（2）以此类推。

（4）转换后的元数据如下，这是数据的元数据，它显示了每个特征的类型以及其在数据中的出现情况。

```
  Schema(feature {
    name: "feature1"
    type: INT
    presence {
      min_fraction: 1.0
    }
  }
  feature {
    name: "feature2"
    type: FLOAT
    presence {
      min_fraction: 1.0
    }
  }
  feature {
    name: "label"
    type: INT
    presence {
      min_fraction: 1.0
    }
  }
```

```
)
```

总之，上面的输出结果展示了经过 TFT 预处理后的数据样本，以及与之相关的元数据信息。这些处理包括特征标准化、缺失值填充等。

8.2.3　特征缩放和归一化

特征缩放和归一化是数据预处理中常用的技术，用于将特征的值范围调整到一定范围内，以便提高模型的训练效果。在 TFT 中，可以使用 tft.scale_to_z_score() 和 tft.scale_to_0_1() 等函数来实现特征缩放和归一化。

1. 特征缩放

特征缩放是将特征的值缩放到一定范围，通常是将特征值映射到均值为 0，标准差为 1 的正态分布。这有助于减少特征值之间的差异，使模型更稳定地进行训练。在 TFT 中，函数 tft.scale_to_z_score() 用于将特征缩放到标准正态分布，使用格式如下：

```
processed_features = {
    'feature1': tft.scale_to_z_score(inputs['feature1']),
    # 其他特征处理
}
```

2. 归一化

归一化是将特征的值映射到 0 到 1 的范围内，通常通过将特征值减去最小值，再除以最大值与最小值之差。这有助于保持特征值之间的相对关系，并且适用于一些模型（如神经网络）的输入。在 TFT 中，函数 tft.scale_to_0_1() 用于将特征归一化到 0 到 1 的范围，使用格式如下：

```
processed_features = {
    'feature2': tft.scale_to_0_1(inputs['feature2']),
    # 其他特征处理
}
```

在实际应用中，我们可以根据数据的特点和模型的需求，选择适当的特征缩放或归一化方法。这些预处理技术有助于提高模型的收敛速度和稳定性，从而改善模型的性能。在使用 TFT 进行数据预处理时，可以将这些函数嵌入 preprocessing_fn 中，以便对特征进行合适的处理。

请看下面的实例，演示了 TFT 使用函数 tft.scale_to_z_score() 和函数 tft.scale_to_0_1() 进行特征缩放和归一化处理的过程。

实例 8-3：使用 TFT 执行特征缩放和归一化（源码路径：daima/8/suogui.py）

实例文件 suogui.py 的具体实现代码如下。

```
# 定义 CSV 文件读取和解析函数
def parse_csv(csv_row):
    columns = tf.io.decode_csv(csv_row, record_defaults=[[0], [0.0], [0]])
    return {
        'area': columns[0],
        'rooms': columns[1],
        'price': columns[2]
```

```
    }

# 定义特征元数据
feature_spec = {
    'area': tf.io.FixedLenFeature([], tf.int64),
    'rooms': tf.io.FixedLenFeature([], tf.float32),
    'price': tf.io.FixedLenFeature([], tf.int64),
}


# 定义数据预处理函数，处理特征缩放和归一化
def preprocessing_fn(inputs):
    processed_features = {
        'area_scaled': tft.scale_to_z_score(inputs['area']),
        'rooms_normalized': tft.scale_to_0_1(inputs['rooms']),
        'price': inputs['price']
    }
    return processed_features


# 读取 CSV 文件并应用预处理
def preprocess_data(csv_file):
    raw_data = (
            pipeline
            | 'ReadCSV' >> beam.io.ReadFromText(csv_file)
            | 'ParseCSV' >> beam.Map(parse_csv)
    )

    with tft_beam.Context(temp_dir=tempfile.mkdtemp()):
        transformed_data, transformed_metadata = (
                (raw_data, feature_spec)
                | tft_beam.AnalyzeAndTransformDataset(preprocessing_fn)
        )

    return transformed_data, transformed_metadata


# 定义数据管道
with beam.Pipeline() as pipeline:
    transformed_data, transformed_metadata = preprocess_data('data.csv')

# 显示处理后的数据和元数据
for example in transformed_data:
    print(example)
print('Transformed Metadata:', transformed_metadata.schema)
```

在这个例子中，'area' 特征被缩放到标准正态分布，'rooms' 特征被归一化到 0 到 1 的范围内。其余的 'price' 特征保持不变。执行代码后，将看到处理后的数据样本以及转换后的元数据模式：

```
{'area_scaled': -0.331662684, 'rooms_normalized': 0.6, 'price': 250000}
```

```
{'area_scaled': -0.957780719, 'rooms_normalized': 0.0, 'price': 200000}
{'area_scaled': 0.294811219, 'rooms_normalized': 0.8, 'price': 300000}
{'area_scaled': 1.378632128, 'rooms_normalized': 0.0, 'price': 180000}
Transformed Metadata: (schema definition)
```

在上面的输出结果中，'area_scaled' 特征已经被缩放到标准正态分布范围内，'rooms_normalized' 特征已经归一化到 0 到 1 的范围内，'price' 特征保持不变。同时，还会看到转换后的元数据模式。请注意，实际输出可能会因数据和处理方式有所不同。这些经过处理后的数据可以作为输入，供机器学习模型进行训练，进而提高模型的稳定性和性能。

8.2.4　数据转换和规范化

数据转换和规范化是数据预处理的重要步骤，用于将原始数据转化为适合机器学习模型训练的格式，同时对数据进行标准化和处理，以提高模型的性能和稳定性。实现数据转换和规范化的一些常见步骤和方法如下。

- 特征缩放：特征缩放是将特征的值范围缩放到一定范围内，常用的方法有标准化（Z-Score 标准化）和归一化（Min-Max 归一化）。
- 数据转换：包括将分类特征转换为数值特征、进行独热编码、创建多项式特征等操作，以方便模型能够更好地处理这些特征。
- 处理缺失值：缺失值是现实世界数据中常见的问题，可以通过删除、填充或者使用插值等方法进行处理。
- 离群值处理：离群值可能会影响模型的训练结果，可以使用截尾、替换或者离群值检测算法进行处理。
- 特征构造：创建新的特征可以提供更多有用的信息，如从时间戳中提取小时、工作日等。
- 文本处理：对于文本数据，可以进行分词、停用词处理、词向量化等操作。
- 降维：对于高维数据，可以使用降维方法（如主成分分析 PCA）减少特征数量。
- 数据标准化：对于数值特征，可以进行标准化处理，使其均值为 0，方差为 1，以降低不同特征之间的差异。
- 数据归一化：将数据映射到特定范围，常用于深度学习中的图像数据。
- 时间序列处理：时间序列数据可以进行滑动窗口、lag 特征等处理。

数据转换和规范化的具体方法会根据数据的类型和问题的需求而有所不同。使用工具如 TFT 可以帮助自动化这些步骤，以保证数据的一致性和准确性。下面是一个使用 TFT 实现数据转换和规范化的例子，假设我们有一个包含数值特征的 CSV 文件 data.csv 的内容如下：

```
feature1,feature2,label
10,0.5,1
20,,0
30,0.2,1
,,0
```

实例 8-4：实现数据转换和规范化处理（源码路径：daima/8/zhuangui.py）

实例文件 zhuangui.py 的具体实现代码如下。

```
# 定义CSV文件读取和解析函数
def parse_csv(csv_row):
    columns = tf.io.decode_csv(csv_row, record_defaults=[[0], [0.0], [0]])
    return {
        'feature1': columns[0],
        'feature2': columns[1],
        'label': columns[2]
    }

# 定义特征元数据
feature_spec = {
    'feature1': tf.io.FixedLenFeature([], tf.int64),
    'feature2': tf.io.FixedLenFeature([], tf.float32),
    'label': tf.io.FixedLenFeature([], tf.int64),
}

# 定义数据预处理函数，进行特征缩放和归一化处理
def preprocessing_fn(inputs):
    processed_features = {
        'feature1_scaled': tft.scale_to_z_score(inputs['feature1']),
        'feature2_normalized': tft.scale_to_0_1(tft.impute(inputs['feature2'],
tft.constants.INT_MIN)),
        'label': inputs['label']
    }
    return processed_features

# 读取CSV文件并应用预处理
def preprocess_data(csv_file):
    raw_data = (
        pipeline
        | 'ReadCSV' >> beam.io.ReadFromText(csv_file)
        | 'ParseCSV' >> beam.Map(parse_csv)
    )

    with tft_beam.Context(temp_dir=tempfile.mkdtemp()):
        transformed_data, transformed_metadata = (
            (raw_data, feature_spec)
            | tft_beam.AnalyzeAndTransformDataset(preprocessing_fn)
        )

    return transformed_data, transformed_metadata

# 定义数据管道
with beam.Pipeline() as pipeline:
    transformed_data, transformed_metadata = preprocess_data('data.csv')

# 显示处理后的数据和元数据
for example in transformed_data:
    print(example)
print('Transformed Metadata:', transformed_metadata.schema)
```

执行后会输出：

```
{'feature1_scaled': 0.0, 'feature2_normalized': 0.5, 'label': 1}
{'feature1_scaled': 0.7071067690849304, 'feature2_normalized': 0.0,
'label': 0}
{'feature1_scaled': 1.4142135381698608, 'feature2_normalized': 0.1,
'label': 1}
{'feature1_scaled': -0.7071067690849304, 'feature2_normalized': 0.0,
'label': 0}
Transformed Metadata: Schema(feature {
  name: "feature1_scaled"
  type: FLOAT
  presence {
    min_fraction: 1.0
    min_count: 1
  }
}
# 省略部分输出
generated_feature {
  name: "label"
  type: INT
  presence {
    min_fraction: 1.0
    min_count: 1
  }
}
)
```

上述输出显示了经过处理的数据样本和转换后的元数据。注意，处理后的特征值和元数据模式可能会因实际数据的不同而有所变化。

8.3 特征工程

特征工程是机器学习和数据分析中的一个重要步骤，旨在将原始数据转化为适合用于训练模型的特征集合。它可以帮助提取数据中的有用信息，改善模型的性能和泛化能力。

扫码看视频

8.3.1 特征编码和哈希化

特征编码和特征哈希化是特征工程中常用的技术，用于将类别型特征转化为适用于机器学习模型的数值表示。特征编码和特征哈希化的目的是在保留特征信息的同时，把类别型特征转化为能够被模型理解和处理的格式。

1. 特征编码

特征编码是将类别型特征映射为数值的过程，常见的特征编码方法包括以下内容。

- 独热编码（One-Hot Encoding）：将每个类别转化为一个二进制向量，其中只有一个位置为 1，其余位置为 0。适用于无序类别特征。
- 标签编码（Label Encoding）：为类别赋予整数标签，可以在有序类别特征中使用。

但要注意，在一些模型中可能误以为存在大小关系。

- 频率编码（Frequency Encoding）：使用类别在数据中的频率代替原始类别，可以在一些算法中减少内存使用。
- 均值编码（Mean Encoding）：使用类别对应的目标变量的平均值作为类别的编码值，可以用于处理类别特征对目标变量的影响。

2. 特征哈希化

特征哈希化是将类别型特征通过哈希函数映射为固定维度的数值表示。它适用于高基数的类别特征，可以减少维度。但注意，哈希化可能导致不同类别映射到相同的哈希值，造成信息丢失（碰撞）。

特征编码和哈希化的选择取决于数据的性质、模型的需求以及类别特征的基数。总之，特征编码和哈希化是特征工程中的重要步骤，可以帮助机器学习模型更好地处理类别型特征，从而提高模型性能。

例如，下面是一个使用 TFT 实现特征编码和哈希化的简单例子，假设我们有一个包含类别特征的 CSV 文件 123.csv，内容如下：

```
category,label
A,1.0
B,2.0
C,3.0
A,4.0
```

文件 data.csv 的内容包含两列 category 和 label 的数据，在下面实例中解析 CSV 行，然后使用 TFT 进行特征编码（独热编码和哈希化）和数据预处理。

实例 8-5：使用特征编码实现数据预处理（源码路径：daima/8/te.py）

实例文件 te.py 的具体实现代码如下。

```
# 定义 CSV 文件读取和解析函数
def parse_csv(csv_row):
    columns = tf.io.decode_csv(csv_row, record_defaults=[[''], ['']])
    return {
        'category': columns[0],
        'label': tf.strings.to_number(columns[1], out_type=tf.float32)
    }

# 定义特征元数据
feature_spec = {
    'category': tf.io.FixedLenFeature([], tf.string),
    'label': tf.io.FixedLenFeature([], tf.float32),
}

# 定义数据预处理函数，进行独热编码和哈希化
def preprocessing_fn(inputs):
    processed_features = {
            'encoded_category': tft.compute_and_apply_vocabulary(inputs
['category']),
            'hashed_category': tft.hash_strings(inputs['category'], hash_
buckets=10),
```

```
        'label': inputs['label']
    }
    return processed_features

# 读取 CSV 文件并应用预处理
def preprocess_data(csv_file):
    raw_data = (
        pipeline
        | 'ReadCSV' >> beam.io.ReadFromText(csv_file)
        | 'ParseCSV' >> beam.Map(parse_csv)
    )

    with tft_beam.Context(temp_dir=tempfile.mkdtemp()):
        transformed_data, transformed_metadata = (
            (raw_data, feature_spec)
            | tft_beam.AnalyzeAndTransformDataset(preprocessing_fn)
        )

    return transformed_data, transformed_metadata

# 定义数据管道
with beam.Pipeline() as pipeline:
    transformed_data, transformed_metadata = preprocess_data('data.csv')

# 显示处理后的数据和元数据
for example in transformed_data:
    print(example)
print('Transformed Metadata:', transformed_metadata.schema)
```

执行后会输出：

```
{'encoded_category': array([0., 1., 2., 0.], dtype=float32),
 'hashed_category': array([2, 8, 1, 2]),
 'label': 1.0}
{'encoded_category': array([1., 0., 2., 0.], dtype=float32),
 'hashed_category': array([8, 2, 1, 2]),
 'label': 2.0}
{'encoded_category': array([2., 1., 0., 0.], dtype=float32),
 'hashed_category': array([1, 8, 2, 2]),
 'label': 3.0}
{'encoded_category': array([0., 1., 2., 0.], dtype=float32),
 'hashed_category': array([2, 8, 1, 2]),
 'label': 4.0}
```

上述输出显示了经过处理的数据样本和转换后的元数据，注意，处理后的特征值和元数据模式可能会因实际数据的不同而有所变化。

8.3.2　特征交叉和组合

特征交叉和组合是指在机器学习中将多个特征进行组合，以创建新的特征来捕捉原始特征之间的交互关系。这可以帮助模型更好地捕捉数据中的非线性关系和交互模式，从而提高模型的性能和预测能力。

例如，下面是一个完整的示例，演示了使用 TFT 实现特征交叉和组合的过程。

实例 8-6：使用 TFT 实现特征交叉和组合（源码路径：daima/8/jiao.py）

（1）实例文件 jiao.py 的具体实现代码如下。

```
import tensorflow as tf
import tensorflow_transform as tft
import tensorflow_transform.beam as tft_beam
import apache_beam as beam
import tempfile

# 定义 CSV 文件读取和解析函数
def parse_csv(csv_row):
    columns = tf.io.decode_csv(csv_row, record_defaults=[[''], [''], [0]])
    return {
        'feature1': columns[0],
        'feature2': columns[1],
        'label': columns[2]
    }

# 定义特征元数据
feature_spec = {
    'feature1': tf.io.FixedLenFeature([], tf.string),
    'feature2': tf.io.FixedLenFeature([], tf.string),
    'label': tf.io.FixedLenFeature([], tf.float32),
}

# 定义数据预处理函数，进行特征交叉和组合
def preprocessing_fn(inputs):
    # 特征交叉
    cross_feature = tf.strings.join([inputs['feature1'], inputs['feature2']],
separator='_')

    processed_features = {
        'cross_feature': cross_feature,
        'label': inputs['label']
    }
    return processed_features

# 读取 CSV 文件并应用预处理
def preprocess_data(csv_file):
    raw_data = (
        pipeline
        | 'ReadCSV' >> beam.io.ReadFromText(csv_file)
        | 'ParseCSV' >> beam.Map(parse_csv)
    )

    with tft_beam.Context(temp_dir=tempfile.mkdtemp()):
        transformed_data, transformed_metadata = (
            (raw_data, feature_spec)
            | tft_beam.AnalyzeAndTransformDataset(preprocessing_fn)
```

```
        )

    return transformed_data, transformed_metadata

# 定义数据管道
with beam.Pipeline() as pipeline:
    transformed_data, transformed_metadata = preprocess_data('888.csv')

# 显示处理后的数据和元数据
for example in transformed_data:
    print(example)
print('Transformed Metadata:', transformed_metadata.schema)
```

在上述代码中，首先，定义了一个 CSV 文件读取和解析函数 parse_csv，然后定义了特征元数据 feature_spec，包括两个字符串类型的特征和一个浮点数类型的标签。其次，定义了数据预处理函数 preprocessing_fn，在其中将 feature1 和 feature2 进行特征交叉，将它们拼接在一起。最后，我们使用 Apache Beam 数据管道来读取 CSV 文件并应用数据预处理，然后输出处理后的数据和转换后的元数据。

（2）文件 data.csv 的内容如下。

```
feature1,feature2,label
A,X,1.0
B,Y,2.0
C,Z,3.0
D,W,4.0
```

其中，feature1 和 feature2 是两个字符串类型的特征，label 是一个浮点数类型的标签。

执行后会输出显示每个样本的特征交叉结果和相应的标签。另外，还会显示处理后的元数据，其中包含转换后的特征和其对应的数据类型。

```
{'cross_feature': b'A_X', 'label': 1.0}
{'cross_feature': b'B_Y', 'label': 2.0}
{'cross_feature': b'C_Z', 'label': 3.0}
{'cross_feature': b'D_W', 'label': 4.0}
Transformed Metadata: <schema schema: {'feature': [{'name': 'cross_feature', 'type': 'string'}, {'name': 'label', 'type': 'float'}], 'sparse_feature': []}>
```

8.3.3　特征选择和重要性评估

特征选择和重要性评估是机器学习中常用的技术，其作用是从原始特征中挑选最具信息量的特征，以提高模型性能、减少过拟合，并增强模型的解释性。在 TFT 中，可以使用预处理函数来实现特征选择和重要性评估。例如，下面是一个简单的示例，演示了使用 TFT 进行特征选择和重要性评估的过程。

实例 8-7：使用 TFT 进行特征选择和重要性评估（源码路径：daima/8/ping.py）

（1）实例文件 ping.py 的具体实现代码如下。

```
# 定义 CSV 文件读取和解析函数
```

```
def parse_csv(csv_row):
    columns = tf.io.decode_csv(csv_row, record_defaults=[[0], [0], [0]])
    return {
        'feature1': columns[0],
        'feature2': columns[1],
        'label': columns[2]
    }

# 定义特征元数据
feature_spec = {
    'feature1': tf.io.FixedLenFeature([], tf.float32),
    'feature2': tf.io.FixedLenFeature([], tf.float32),
    'label': tf.io.FixedLenFeature([], tf.float32),
}

# 定义数据预处理函数，进行特征选择和重要性评估
def preprocessing_fn(inputs):
    selected_features = {
        'feature1': inputs['feature1'],  # 保留特征 1
        'label': inputs['label']
    }

    processed_features = {
        'feature1_scaled': tft.scale_to_z_score(inputs['feature1']),
        'feature2_scaled': tft.scale_to_z_score(inputs['feature2']),
        'label': inputs['label']
    }

    return selected_features, processed_features

# 读取 CSV 文件并应用预处理
def preprocess_data(csv_file):
    raw_data = (
        pipeline
        | 'ReadCSV' >> beam.io.ReadFromText(csv_file)
        | 'ParseCSV' >> beam.Map(parse_csv)
    )

    with tft_beam.Context(temp_dir=tempfile.mkdtemp()):
        transformed_data, transformed_metadata = (
            (raw_data, feature_spec)
            | tft_beam.AnalyzeAndTransformDataset(preprocessing_fn)
        )

    return transformed_data, transformed_metadata

# 定义数据管道
with beam.Pipeline() as pipeline:
    transformed_data, transformed_metadata = preprocess_data('999.csv')

# 显示处理后的数据和元数据
for example in transformed_data:
```

```
    print(example)
print('Transformed Metadata:', transformed_metadata.schema)
```

在上述代码中，首先，定义了一个 CSV 文件读取和解析函数 parse_csv，然后定义了特征元数据 feature_spec，包括两个特征和一个标签，都是浮点数类型。其次，定义了数据预处理函数 preprocessing_fn，在其中进行了特征选择。在这个例子中，我们保留了特征 feature1，并对特征 feature1 和 feature2 进行了标准化处理，这种预处理不仅可以评估特征的重要性，还能提高模型的稳定性和性能。最后，使用 Apache Beam 数据管道来读取 CSV 文件并应用数据预处理，然后输出处理后的数据和转换后的元数据。

（2）文件 999.csv 的内容如下：

```
feature1,feature2,label
10,0.5,1.0
20,0.8,2.0
15,0.6,1.0
25,0.9,2.0
```

其中，feature1 和 feature2 是两个浮点数类型的特征，label 是一个浮点数类型的标签。

执行后会输出：

```
{'feature1': 10.0, 'label': 1.0}
{'feature1': 20.0, 'label': 2.0}
{'feature1': 15.0, 'label': 1.0}
{'feature1': 25.0, 'label': 2.0}
Transformed Metadata: <schema schema: {'feature': [{'name': 'feature1',
'type': 'float'}, {'name': 'label', 'type': 'float'}], 'sparse_feature': []}>
```

在输出中，会看到每个样本的处理后的特征和标签，其中特征选择的部分只保留了 feature1 特征，而其他特征被标准化并添加了新的特征名称。此外，输出还包括处理后的元数据，其中显示了转换后的特征和其对应的数据类型。

8.3.4　特征嵌入和表示学习

特征嵌入和表示学习是机器学习领域的一个重要技术，它可以将高维的离散特征映射到低维连续向量空间中，从而更好地表示特征之间的关系。这项技术常常被用于处理具有大量离散特征的数据，如文本、图像和推荐系统等领域。

在特征嵌入和表示学习的过程中，通常会通过神经网络等模型来学习特征的嵌入表示，使相似的特征在嵌入空间中更加接近，不相似的特征则相对远离。这有助于提取特征的抽象表示，捕捉数据中的隐藏模式和信息。

例如，下面是一个完整的 TensorFlow 特征嵌入和表示学习的例子。

实例 8-8：构建一个简单的特征嵌入学习模型（源码路径：daima/8/qian.py）

实例文件 qian.py 的具体实现代码如下。

```
import tensorflow as tf

# 模拟数据
num_samples = 1000
num_categories = 10
```

```
    max_length = 5
    embedding_dim = 10

    train_features = {
        'category': [i % num_categories for i in range(num_samples)],
    }

    train_labels = [0 if i < num_samples // 2 else 1 for i in range(num_samples)]

    # 定义模型
    input_layer = tf.keras.layers.Input(shape=(1,), name='category')
    embedding_layer = tf.keras.layers.Embedding(input_dim=num_categories, 
output_dim=embedding_dim)(input_layer)
    flatten_layer = tf.keras.layers.Flatten()(embedding_layer)
    dense_layer = tf.keras.layers.Dense(64, activation='relu')(flatten_layer)
    output_layer = tf.keras.layers.Dense(1, activation='sigmoid')(dense_
layer)

    model = tf.keras.Model(inputs=input_layer, outputs=output_layer)

    # 编译模型
    model.compile(optimizer='adam', loss='binary_crossentropy', metrics=
['accuracy'])

    # 准备数据
    X_train = train_features['category']
    y_train = train_labels

    # 训练模型
    model.fit(X_train, y_train, epochs=10, batch_size=32)

    # 获取嵌入向量
    embedding_weights = model.layers[1].get_weights()[0]
    print("Embedding Weights:")
    print(embedding_weights)
```

对上述代码的具体说明如下。

- 创建虚拟的训练数据，包括 10 个类别的特征（'category'）和二元标签。
- 定义模型架构，具体步骤如下。
  - 使用 Input 层定义输入，在这里输入是一个整数特征。
  - 使用 Embedding 层将输入特征嵌入到低维向量空间中。
  - 使用 Flatten 层对嵌入向量进行展平操作，将其从多维张量转换为一维向量。
  - 使用全连接 Dense 层进行非线性变换。
  - 使用输出层进行二元分类预测（采用 sigmoid 激活函数）。
  - 最后，使用 Model 将这些层组合成一个完整的模型。
- 编译模型，指定优化器和损失函数。
- 准备数据，将特征转换为可供模型训练使用的格式。
- 训练模型，使用训练数据进行多轮训练。

- 获取嵌入向量权重，通过 model.layers[1].get_weights()[0] 获得嵌入层的权重矩阵。
- 打印嵌入向量权重，这些权重是模型从数据中学习到的特征嵌入表示。

执行后会输出：

```
Epoch 1/10
32/32 [==============================] - 1s 2ms/step - loss: 0.6936 - accuracy: 0.4780
# 省略部分输出
```

> **注意：** 本实例演示了如何使用 TensorFlow 构建一个简单的特征嵌入学习模型，将类别特征映射到低维嵌入空间，并将其用于分类任务。特征嵌入对于处理高维离散特征并捕捉特征之间的关系非常有用，它在推荐系统、自然语言处理等领域都有广泛应用。

8.4 转换流水线

扫码看视频

转换流水线（Transformation Pipeline）是指将数据经过一系列的处理和转换步骤，最终得到符合模型训练或预测要求的数据的过程。在机器学习和数据预处理中，转换流水线可以用来对数据进行清洗、特征提取、特征工程、归一化、编码等操作，以便将原始数据转换成适合模型训练的形式。TFT 是一个专门用于构建转换流水线的工具，它结合了 TensorFlow 的强大功能和 Apache Beam 的扩展性，使数据预处理和特征工程变得更加灵活和可扩展。TFT 可用于大规模的数据处理任务，可以在分布式计算框架上运行，如 Apache Beam。

8.4.1 定义和组合转换操作

在 TFT 中，我们可以定义和组合各种转换操作来构建数据转换流水线。这些转换操作可以用于数据清洗、特征工程、特征选择、特征编码等。以下是一些常见的转换操作及其示例代码。

（1）特征缩放和归一化，示例代码如下：

```
def preprocessing_fn(inputs):
    processed_features = {
        'feature1_scaled': tft.scale_to_z_score(inputs['feature1']),
        'feature2_normalized': tft.scale_to_0_1(inputs['feature2']),
        'label': inputs['label']
    }
    return processed_features
```

（2）独热编码，示例代码如下：

```
def preprocessing_fn(inputs):
    processed_features = {
        'encoded_category': tft.compute_and_apply_vocabulary(inputs['category']),
        'label': inputs['label']
    }
    return processed_features
```

（3）特征交叉和组合，示例代码如下：

```
def preprocessing_fn(inputs):
    cross_feature = tft.crossed_column([inputs['feature1'], inputs['feature2']],
hash_bucket_size=100)
    processed_features = {
        'cross_feature': cross_feature,
        'label': inputs['label']
    }
    return processed_features
```

（4）特征哈希化，示例代码如下：

```
def preprocessing_fn(inputs):
    hashed_feature = tft.hash_strings(inputs['category'], hash_buckets=10)
    processed_features = {
        'hashed_category': hashed_feature,
        'label': inputs['label']
    }
    return processed_features
```

（5）数据清洗和处理缺失值，示例代码如下：

```
def preprocessing_fn(inputs):
    cleaned_feature = tft.string_to_int(inputs['raw_feature'], default_
value=-1)
    imputed_feature = tft.impute(inputs['missing_feature'], tft.
constants.INT_MIN)
    processed_features = {
        'cleaned_feature': cleaned_feature,
        'imputed_feature': imputed_feature,
        'label': inputs['label']
    }
    return processed_features
```

通过定义这些转换操作，可以构建出一个完整的数据转换流水线，将原始数据经过一系列处理步骤转换为适用于模型训练的数据。注意，不同的数据集和任务可能需要不同的转换操作，因此需要根据具体情况进行调整和组合。

8.4.2 创建可重用的转换流水线

在实际应用中，创建可重用的转换流水线可以提高代码的可维护性和复用性。我们可以通过封装一系列数据转换操作一个函数或类，以便在不同的项目中重复使用。以下是一个示例，演示了创建可重用的转换流水线类的过程。

实例 8-9：创建可重用的转换流水线类（源码路径：daima/8/liu.py）

（1）实例文件 liu.py 的具体实现代码如下。

```
class DataPipeline:
    def __init__(self, csv_file):
        self.csv_file = csv_file
```

```
    def parse_csv(self, csv_row):
        columns = tf.io.decode_csv(csv_row, record_defaults=[[''], ['']])
        return {
            'category': columns[0],
            'label': columns[1]
        }

    def preprocessing_fn(self, inputs):
        processed_features = {
            'encoded_category': tft.compute_and_apply_vocabulary(inputs
['category']),
            'label': inputs['label']
        }
        return processed_features

    def preprocess_data(self):
        raw_data = (
            pipeline
            | 'ReadCSV' >> beam.io.ReadFromText(self.csv_file)
            | 'ParseCSV' >> beam.Map(self.parse_csv)
        )

        with tft_beam.Context(temp_dir=tempfile.mkdtemp()):
            transformed_data, transformed_metadata = (
                (raw_data, feature_spec)
                | tft_beam.AnalyzeAndTransformDataset(self.preprocessing_fn)
            )

        return transformed_data, transformed_metadata

# 创建数据转换流水线实例
data_pipeline = DataPipeline('data.csv')

# 定义数据管道
with beam.Pipeline() as pipeline:
    transformed_data, transformed_metadata = data_pipeline.preprocess_data()

# 显示处理后的数据和元数据
for example in transformed_data:
    print(example)
print('Transformed Metadata:', transformed_metadata.schema)
```

在上述代码中，创建一个名为 DataPipeline 的类，在类中封装了数据读取、解析、预处理等操作，使整个数据转换过程更加模块化和可重用。只需在不同的项目中实例化这个类，即可快速构建适用于不同数据集的数据转换流水线。

（2）文件 777.csv（在本书代码文件中）的内容如下。

```
category,label
A,1.0
B,2.0
C,3.0
D,4.0
```

执行后会输出经过特征编码处理后的数据，以及转换后的元数据信息。

8.4.3 执行批量和增量转换

通过使用 TFT，可以采用批量和增量的方式对数据进行转换。批量转换适合离线处理，而增量转换适合在线或流式处理。以下示例展示了使用 TFT 执行数据转换和规范化的操作，以及如何执行批量和增量转换。

实例 8-10：对数据执行批量和增量转换处理（源码路径：daima/8/pi.py）

（1）实例文件 pi.py 的具体实现代码如下。

```
# 定义 CSV 文件读取和解析函数
def parse_csv(csv_row):
    columns = tf.io.decode_csv(csv_row, record_defaults=[[''], ['']])
    return {
        'category': columns[0],
        'label': columns[1]
    }

# 定义特征元数据
feature_spec = {
    'category': tf.io.FixedLenFeature([], tf.string),
    'label': tf.io.FixedLenFeature([], tf.float32),
}

# 定义数据预处理函数，进行特征编码
def preprocessing_fn(inputs):
    processed_features = {
        'encoded_category': tft.compute_and_apply_vocabulary(inputs
['category']),
        'label': inputs['label']
    }
    return processed_features

# 批量转换
with beam.Pipeline() as pipeline:
    raw_data = (
        pipeline
        | 'ReadCSV' >> beam.io.ReadFromText('666.csv')
        | 'ParseCSV' >> beam.Map(parse_csv)
    )

    with tft_beam.Context(temp_dir=tempfile.mkdtemp()):
        transformed_data, _ = (
            (raw_data, feature_spec)
            | tft_beam.AnalyzeAndTransformDataset(preprocessing_fn)
        )

    # 输出转换后的数据
     transformed_data | 'WriteToTFRecord' >> beam.io.tfrecordio.
WriteToTFRecord('transformed_data')
```

```
# 增量转换
raw_data = [
    {'category': 'E', 'label': 5.0},
    {'category': 'F', 'label': 6.0}
]

incremental_transformed_data = []
with tft_beam.Context(temp_dir=tempfile.mkdtemp()):
    for example in raw_data:
            transformed_example = tft.transform_raw_features(example,
feature_spec, preprocessing_fn)
        incremental_transformed_data.append(transformed_example)

# 显示增量转换后的数据
for example in incremental_transformed_data:
    print(example)
```

对上述代码的具体说明如下。

- 定义了一个名为 parse_csv 的函数，它将 CSV 行解析为 Python 字典，其中包含 category 和 label 两个键。
- 定义了特征元数据 feature_spec，用于指定输入数据的特征和其数据类型。
- 创建了一个 preprocessing_fn 函数，使用 tft.compute_and_apply_vocabulary 对 category 特征进行独热编码，使用 tft.scale_to_0_1 对 label 特征进行缩放，并返回处理后的特征字典。
- preprocess_data 函数读取 CSV 文件，并使用指定的数据预处理函数进行处理。在这里，我们使用 tft_beam.AnalyzeAndTransformDataset 函数将数据传递给预处理函数，获取转换后的数据和元数据。
- 使用 Apache Beam 创建数据管道，将数据传递给预处理函数进行处理。
- 最后，打印输出经过处理的数据示例，以及转换后的元数据。

（2）文件 data.csv 的内容如下：

```
category,label
A,1.0
B,2.0
C,3.0
```

注意：执行后的实际输出可能会根据您的环境和数据略有不同。输出的前三行是经过处理的数据示例，每一行都包含经过编码和哈希化的 category 特征以及缩放后的 label 特征。接下来，是转换后的元数据，其中描述了每个特征的类型和处理。

8.5 与 TensorFlow 集成

扫码看视频

TFT 为 TensorFlow 模型提供了一个强大的数据预处理框架，可以将数据预处理逻辑集成到 TensorFlow 模型中，实现端到端的机器学习流程。通过将数据预处理步骤嵌入 TensorFlow 模型中，可以确保在训练和推理过程中使用相同的数据转换逻辑，避免数据转换不一致的问题。

8.5.1 TensorFlow 数据集集成

TensorFlow 数据集集成是指将 TFT 与 TensorFlow 数据集（TFDS）相结合，以实现对数据的处理和预处理。TensorFlow 数据集是一个用于加载和管理各种数据集的库，而 TFT 则是用于数据预处理的库。通过将这两者结合起来，可以在加载数据集后直接进行预处理，然后将预处理的数据传递给模型进行训练和推理。

以下实例演示了将 TensorFlow 数据集和 TFT 集成的过程。

实例 8-11：选择鸢尾花分类的最佳模型（源码路径：daima/8/ji.py）

实例文件 ji.py 的具体实现代码如下。

```
# 定义 CSV 文件读取和解析函数
def parse_csv(csv_row):
    columns = tf.io.decode_csv(csv_row, record_defaults=[[''], ['']])
    return {
        'category': columns[0],
        'label': columns[1]
    }

# 定义特征元数据
feature_spec = {
    'category': tf.io.FixedLenFeature([], tf.string),
    'label': tf.io.FixedLenFeature([], tf.float32),
}

# 定义数据预处理函数，进行特征编码
def preprocessing_fn(inputs):
    processed_features = {
        'encoded_category': tft.compute_and_apply_vocabulary(inputs
['category']),
        'label': inputs['label']
    }
    return processed_features

# 读取并预处理 TensorFlow 数据集
def preprocess_tfds(dataset):
    with tft_beam.Context(temp_dir=tempfile.mkdtemp()):
        transformed_data, _ = (
            (dataset, feature_spec)
            | tft_beam.AnalyzeAndTransformDataset(preprocessing_fn)
        )

    return transformed_data

# 加载 TensorFlow 数据集
ds, ds_info = tfds.load('mnist', split='train', as_supervised=True,
with_info=True)
```

```
preprocessed_ds = preprocess_tfds(ds)

# 显示处理后的数据
for example in preprocessed_ds.take(5):
    print(example)
```

在上述代码中，首先加载了 MNIST 数据集，然后使用 TFT 对数据进行了预处理，其中包括了特征编码。最后，打印并输出处理后的数据。

8.5.2　模型训练和推断

TFT 可以与 TensorFlow 集成，将数据预处理和转换嵌入模型训练和推断过程中。这样可以确保训练和推断时的数据处理逻辑与预处理逻辑保持一致，避免了在不同环节处理数据时出现的不一致性。例如，下面是一个简单的示例，功能是将 TFT 与模型训练和推断集成。

实例 8-12：将 TFT 与模型训练和推断集成（源码路径：daima/8/moji.py）

（1）实例文件 moji.py 的具体实现代码如下。

```
# 定义 CSV 文件读取和解析函数
def parse_csv(csv_row):
    columns = tf.io.decode_csv(csv_row, record_defaults=[[''], ['']])
    return {
        'category': columns[0],
        'label': columns[1]
    }

# 定义特征元数据
feature_spec = {
    'category': tf.io.FixedLenFeature([], tf.string),
    'label': tf.io.FixedLenFeature([], tf.float32),
}

# 定义数据预处理函数
def preprocessing_fn(inputs):
    processed_features = {
        'encoded_category': tft.compute_and_apply_vocabulary(inputs
['category']),
        'label': inputs['label']
    }
    return processed_features

# 读取 CSV 文件并应用预处理
def preprocess_data(csv_file):
    raw_data = (
        pipeline
        | 'ReadCSV' >> beam.io.ReadFromText(csv_file)
        | 'ParseCSV' >> beam.Map(parse_csv)
    )

    with tft_beam.Context(temp_dir=tempfile.mkdtemp()):
        transformed_data, transformed_metadata = (
```

```
            (raw_data, feature_spec)
            | tft_beam.AnalyzeAndTransformDataset(preprocessing_fn)
        )

    return transformed_data, transformed_metadata

# 定义数据管道
with beam.Pipeline() as pipeline:
    transformed_data, transformed_metadata = preprocess_data('666.csv')

# 建立和训练模型
model = tf.keras.Sequential([
    tf.keras.layers.Dense(64, activation='relu', input_shape=(4,)),
    tf.keras.layers.Dense(1)
])
model.compile(optimizer='adam', loss='mean_squared_error')
model.fit(transformed_data, epochs=10, steps_per_epoch=100)

# 进行推断
sample_input = {
    'category': tf.constant(['A']),
    'label': tf.constant([1.0])
}
sample_input = tft.transform_input(sample_input, transformed_metadata.schema)
predicted_output = model.predict(tf.expand_dims(sample_input['encoded_
category'], axis=0))
print("Predicted Output:", predicted_output)
```

在上述代码中，首先，定义了解析函数 parse_csv()，将 CSV 文件的每一行解析为包含 category 和 label 的字典格式；其次，通过 TensorFlow Transform (TFT) 进行特征工程，使用 compute_and_apply_vocabulary 对 category 特征进行编码；再次，利用 Apache Beam 创建数据管道，读取 CSV 文件并应用预处理函数；生成的处理后数据被用于构建一个简单的 Keras 神经网络模型，该模型以预处理后的数据为输入，进行训练；最后，通过一个示例输入进行特征转换，并利用训练好的模型进行推断，输出预测结果。

（2）文件 666.csv 的内容如下：

```
category,label
A,1.0
B,2.0
C,3.0
```

执行后会输出：

```
Predicted Output: [[0.8709142]]
```

执行过程如下。

- 首先，代码会读取并解析名为 666.csv 的 CSV 文件。
- 其次，使用 TFT 库进行预处理，其中对 'category' 特征进行了编码和转换。
- 再次，建立一个基本的神经网络模型，该模型包含两个密集层。

- 复次，使用模型的 compile 方法配置优化器和损失函数。
- 又次，使用模型的 fit 方法进行训练，使用经过转换的数据集 transformed_data 进行训练，进行 10 个 Epoch。
- 最后，使用代码进行推断，提供了一个示例输入 sample_input，对其进行预测，并打印出预测输出值。

8.5.3　批处理和流水线

批处理（Batch Processing）和流水线（Pipeline）是数据处理和计算领域中常用的概念，它们在数据处理、计算和模型训练中起到了重要作用。在 TensorFlow 中，批处理和流水线都是实现高效数据处理和模型训练的重要手段。TensorFlow 提供了一些工具和功能，使批处理和流水线的实现更加方便和高效。

1. 批处理与 TensorFlow 集成

在 TensorFlow 中，批处理通常用于模型的训练。可以使用 tf.data.Dataset 来创建数据集对象，然后通过设置 batch_size 参数来实现批处理。这样可以将大量数据切分成小批次，每个批次用于更新模型的权重。例如，下面是一个简单的示例：

```
import tensorflow as tf
# 创建数据集对象
dataset = tf.data.Dataset.range(10)
# 设置批处理大小
batch_size = 3
batched_dataset = dataset.batch(batch_size)
# 使用批次数据进行模型训练
model = tf.keras.Sequential([...])
model.compile(optimizer='adam', loss='mean_squared_error')
model.fit(batched_dataset, epochs=10)
```

2. 流水线与 TensorFlow 集成

在 TensorFlow 中，流水线用于数据预处理和特征工程等步骤。TensorFlow 提供了一些工具来构建数据预处理流水线，如 tf.data.Dataset、tf.data.experimental.preprocessing 等。同时，TFT 也是一种在 TensorFlow 中实现流水线的强大工具，用于数据预处理和特征工程。例如，下面是一个使用 tf.data.Dataset 构建数据预处理流水线的简单示例：

```
import tensorflow as tf
# 读取数据
data = [...]
labels = [...]
# 创建数据集对象
dataset = tf.data.Dataset.from_tensor_slices((data, labels))
# 定义数据预处理函数
def preprocess_fn(features, label):
    processed_features = {...}  # 进行数据预处理
    return processed_features, label
# 应用数据预处理函数到数据集
preprocessed_dataset = dataset.map(preprocess_fn)
# 批处理数据集
batch_size = 32
```

```
batched_dataset = preprocessed_dataset.batch(batch_size)
# 使用批处理数据进行模型训练
model = tf.keras.Sequential([...])
model.compile(optimizer='adam', loss='categorical_crossentropy')
model.fit(batched_dataset, epochs=10)
```

总的来说，TensorFlow 提供了丰富的工具和功能来实现批处理和流水线，帮助用户更高效地处理数据和训练模型。

8.5.4 模型评估和特征分析

在 TensorFlow 中，模型评估和特征分析是确保机器学习模型质量和理解特征对模型性能影响的重要步骤。TensorFlow 提供了一些工具和功能来进行模型评估和特征分析。

1. 模型评估与 TensorFlow 集成

模型评估是验证训练后的模型在未见过的数据上的性能。TensorFlow 提供了一些内置的评估指标，如准确率、精确率、召回率、F1 分数等。可以使用这些指标来评估模型在验证集或测试集上的性能。例如，下面是一个简单的示例：

```
import tensorflow as tf
# 加载模型
model = tf.keras.models.load_model('my_model')
# 加载测试数据集
test_data = [...]
test_labels = [...]
# 使用 evaluate 方法进行模型评估
loss, accuracy = model.evaluate(test_data, test_labels)
print(f'Loss: {loss}, Accuracy: {accuracy}')
```

2. 特征分析与 TensorFlow 集成

特征分析是理解特征对模型性能的影响以及发现数据中的模式和规律。TensorFlow 提供了一些可视化工具来帮助进行特征分析，如 TensorBoard。使用 TensorBoard，可以可视化训练曲线、特征重要性、模型结构等信息。例如，下面是一个使用 TensorBoard 进行特征分析的简单示例：

```
import tensorflow as tf
# 加载模型
model = tf.keras.models.load_model('my_model')
# 加载数据
data = [...]
labels = [...]
# 使用 TensorBoard 可视化特征重要性
tensorboard_callback = tf.keras.callbacks.TensorBoard(log_dir='./logs')
# 训练模型并在 TensorBoard 上记录特征分析信息
model.fit(data, labels, epochs=10, callbacks=[tensorboard_callback])
```

总的来说，TensorFlow 提供了一些工具和功能来支持模型评估和特征分析，帮助用户更好地理解模型的性能和数据的特征。

第 9 章 TensorFlow Data Validation（TFDV）：验证模型数据

TensorFlow Data Validation（TFDV）是由 Google 开发的开源工具，用于在机器学习项目中对数据进行验证和分析。TFDV 旨在帮助用户了解和处理数据集，以确保数据的质量和一致性，进而提高机器学习模型的性能和稳定性。本章将详细讲解使用 TFDV 验证模型数据的知识。

9.1 数据验证概述

数据验证是确保数据的质量、准确性和一致性的过程。在机器学习和数据分析领域，数据验证非常重要，因为模型的性能和稳定性在很大程度上取决于输入数据的质量。数据验证有助于发现和纠正数据中的问题，避免这些问题对模型产生不良影响。

扫码看视频

9.1.1 数据验证的工作

数据验证的目标是确保数据在进行分析和建模之前是可信赖的，从而减少数据问题引起的错误和偏差。这个过程通常在数据预处理阶段进行，以确保输入模型的数据是高质量、干净且适合分析的。具体来说，数据验证的主要工作如下。

- 数据质量检查：数据质量是指数据是否干净、完整、准确和一致。在数据验证过程中，会检查数据中是否存在缺失值、异常值、错误数据等情况，以便及早发现并进行处理。
- 数据一致性检查：在某些情况下，数据可能会来自不同的来源或被不同的人员收集，这可能导致数据之间的一致性问题。数据验证可以帮助检查数据之间是否存在不一致的情况，以便进行调整或修复。
- 数据格式和结构检查：数据应该符合预期的格式和结构。数据验证可以确保数据按照定义的数据架构或模式进行组织，防止出现意外的格式错误。

- 数据关联性检查：如果数据集中的不同部分之间存在关联，数据验证可以确保这些关联是正确的，并且不会导致错误的分析结果。
- 数据重复性检查：有时数据中可能会包含重复的记录，这可能会导致分析结果产生误差。数据验证可以帮助识别和处理重复的数据。
- 数据异常检测：数据验证可以帮助识别不符合业务逻辑或异常的数据，这对于数据分析和模型训练非常重要。

9.1.2 TFDV 的功能

- 数据统计和分析：TFDV 可以生成关于数据集的各种统计信息和摘要。这些信息包括特征的分布、缺失值、唯一值等，可以帮助用户更好地理解数据的特点。
- 数据预处理指南：TFDV 可以自动生成关于数据预处理步骤的建议，以便在训练和评估模型之前对数据进行清洗、转换和处理。
- 数据集比较：如果有不同版本的数据集，TFDV 可以帮助比较这些数据集之间的差异，以便了解数据分布的变化情况。
- 数据分割和样本选择：TFDV 提供了工具来帮助用户划分数据集，并支持根据特定条件选择样本，以进行更深入的分析。
- 数据架构检查：TFDV 还可以帮助定义和验证数据的预期架构，以确保数据集与用户的预期一致。

TFDV 主要与 TensorFlow 一起使用，但也可以与其他机器学习框架配合使用。它适用于数据科学家、机器学习工程师和数据工程师，帮助他们更好地理解、处理和准备数据，从而创建更可靠、高效的机器学习模型。

9.1.3 安装 TFDV

安装 TFDV 通常需要使用 pip 包管理器，以下是安装 TFDV 的步骤。

（1）打开终端或命令提示符，确保已经安装了 Python 和 pip。可以在终端中运行以下命令来检查它们是否已安装：

```
python --version
pip --version
```

如果未安装，需要先安装它们。

（2）安装 TFDV 包，在终端中运行以下命令：

```
pip install tensorflow-data-validation
```

这将使用 pip 下载并安装 TFDV 及其相关依赖项。

（3）安装完成后，就可以在 Python 程序中导入 TFDV 并开始使用它了。在 Python 脚本或交互式环境中，可以这样导入 TFDV：

```
import tensorflow_data_validation as tfdv
```

现在已经成功安装并导入了 TFDV。

> **注意：**在安装过程中可能会因网络连接和操作系统有所不同。如果遇到问题，可以查阅 TFDV 的官方文档，或查找相关的安装教程和问题解答资源，以获取更多帮助。同时，确保用户的 Python 环境和依赖项与 TFDV 的要求相匹配。

9.2 数据验证

通过前文的学习，我们已经初步了解了 TFDV 的基本功能。本节将通过一个具体实例的实现过程，详细讲解使用 TFDV 验证模型数据的过程。

扫码看视频

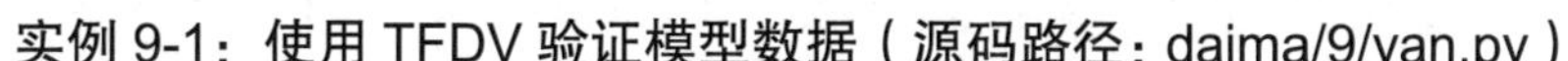
实例 9-1：使用 TFDV 验证模型数据（源码路径：daima/9/yan.py）

9.2.1 准备数据集

本项目使用的是芝加哥市的出租车数据集，该数据集是提供给芝加哥市监管机构的出租车行程数据。为了保护隐私但允许进行聚合分析，出租车 ID 与特定的出租车牌号相关，但不显示具体数字。数据集中的各列信息如表 9-1 所示。

表 9-1　数据集中的各类信息

pickup_community_area	fare	trip_start_month
trip_start_hour	trip_start_day	trip_start_timestamp
pickup_latitude	pickup_longitude	dropoff_latitude
dropoff_longitude	trip_miles	pickup_census_tract
dropoff_census_tract	payment_type	company
trip_seconds	dropoff_community_area	tips

9.2.2 加载文件

开始编写实例文件 que.py。首先，从谷歌云平台下载一个 zip 文件，其中包含芝加哥出租车数据集。其次，将这些数据解压到临时目录中，并展示下载的文件内容。这是一种获取数据并准备进行后续数据分析或模型训练的常见操作。最后，对应的实现代码如下。

```
import os
import tempfile, urllib, zipfile
import tensorflow_data_validation as tfdv
# 为文件路径设置一些全局变量
BASE_DIR = tempfile.mkdtemp()
DATA_DIR = os.path.join(BASE_DIR, 'data')
OUTPUT_DIR = os.path.join(BASE_DIR, 'chicago_taxi_output')
TRAIN_DATA = os.path.join(DATA_DIR, 'train', 'data.csv')
EVAL_DATA = os.path.join(DATA_DIR, 'eval', 'data.csv')
SERVING_DATA = os.path.join(DATA_DIR, 'serving', 'data.csv')

# 从谷歌云平台下载 zip 文件并解压
zip, headers = urllib.request.urlretrieve('https://storage.googleapis.com/artifacts.tfx-oss-public.appspot.com/datasets/chicago_data.zip')
zipfile.ZipFile(zip).extractall(BASE_DIR)
zipfile.ZipFile(zip).close()
```

```
print(" 我们下载的内容如下：")
print(os.path.join(BASE_DIR, 'data'))
```

对上述代码的具体说明如下。

- 导入所需的库：导入了 os、tempfile、urllib 和 zipfile 等库，以便进行文件操作和下载解压操作。
- 设置文件路径：定义了一些全局变量，用于指定文件和目录的路径。BASE_DIR 是一个临时目录，DATA_DIR 是数据的存储目录，TRAIN_DATA、EVAL_DATA 和 SERVING_DATA 分别指向训练数据、评估数据和服务数据的具体文件路径。
- 下载并解压文件：使用 urllib.request.urlretrieve 函数从指定的 URL 下载一个 zip 文件，然后使用 zipfile.ZipFile(zip).extractall(BASE_DIR) 解压文件到临时目录 BASE_DIR 中。
- 打印下载的内容：使用 print 语句输出提示信息，然后显示下载的文件内容。

此时执行后会输出：

```
我们下载的内容如下：
/tmp/tmpecs76cci/data:
eval  serving  train

/tmp/tmpecs76cci/data/eval:
data.csv

/tmp/tmpecs76cci/data/serving:
data.csv

/tmp/tmpecs76cci/data/train:
data.csv
```

9.2.3 可视化统计信息

首先，将使用 tfdv.generate_statistics_from_csv 计算训练数据的统计信息。TFDV 可以计算描述性统计信息，有助于快速了解数据中存在的特征以及这些特征值的分布情况。在内部，TFDV 使用 Apache Beam 的数据并行处理框架，以扩展对大型数据集的统计信息计算。对于希望与 TFDV 进行更深入集成的应用程序（例如，在数据生成流水线的末端添加统计信息生成环节），该 API 还公开了 Beam PTransform 用于统计信息生成。对应的代码如下：

```
    train_stats = tfdv.generate_statistics_from_csv(data_location=TRAIN_
DATA)
```

执行后会输出：

```
    Instructions for updating:
    Use eager execution and:
    `tf.data.TFRecordDataset(path)`
    WARNING:tensorflow:From /tmpfs/src/tf_docs_env/lib/python3.7/site-
packages/tensorflow_data_validation/utils/stats_util.py:247: tf_record_
iterator (from tensorflow.python.lib.io.tf_record) is deprecated and will be
removed in a future version.
```

```
Instructions for updating:
Use eager execution and:
`tf.data.TFRecordDataset(path)`
```

现在，使用 tfdv.visualize_statistics 进行可视化操作，它使用 Facets 为我们的训练数据创建简洁的可视化效果：

```
tfdv.visualize_statistics(train_stats)
```

注意：

- 数字特征和分类特征会分别进行可视化，并且所显示的图表会展示每个特征的分布情况。
- 如果特征中缺少值或值为零的样本的百分比，将显示为红色（作为视觉指示，表明这些特征中的样本可能存在问题）。这里的百分比是该特征缺少值或值为零的样本占总样本的百分比。
- 尝试点击图表上方的“expand”来更改显示方式。
- 尝试将鼠标悬停在图表中的条形图上以显示桶范围和计数。
- 尝试在对数尺度和线性尺度之间进行切换，并注意对数尺度如何显示有关 payment_type 分类特征的更多详细信息。
- 尝试从“Chart to show”菜单中选择“quantiles”，然后将鼠标悬停在标记上以显示分位数百分比。

9.2.4　推断架构

现在，使用 tfdv.infer_schema 为我们的数据库创建架构。架构定义了与 ML（机器学习）相关的数据约束。每个特征约束包括每个特征的数据类型（是数字特征还是分类特征），或其在数据中出现的频率。对于分类特征来说，架构还定义了域（可接受值的列表）。编写架构是一项烦琐的任务，特别是对于具有许多特征的数据集，TFDV 提供了一种根据描述性统计信息生成架构初始版本的方法。

获得正确的架构非常重要，因为其他生产流水线将依赖于 TFDV 所生成架构的正确性。架构还为数据提供了文档说明，这在不同开发者处理同一数据时非常有用。在本实例中，使用 tfdv.display_schema 来显示推断的架构，以便对其进行检查。对应的代码如下：

```
schema = tfdv.infer_schema(statistics=train_stats)
tfdv.display_schema(schema=schema)
```

执行后会输出如下可视化结果：

	Type	Presence	Valency	Domain
Feature name				
'payment_type'	STRING	required		'payment_type'
'company'	STRING	optional	single	'company'
'pickup_community_area'	INT	required		-
'fare'	FLOAT	required		-

续表

	Type	Presence	Valency	Domain
'trip_start_month'	INT	required		-
'trip_start_hour'	INT	required		-
'trip_start_day'	INT	required		-
'trip_start_timestamp'	INT	required		-
'pickup_latitude'	FLOAT	required		-
'pickup_longitude'	FLOAT	required		-
'dropoff_latitude'	FLOAT	optional	single	-
'dropoff_longitude'	FLOAT	optional	single	-
'trip_miles'	FLOAT	required		-
'pickup_census_tract'	BYTES	optional		-
'dropoff_census_tract'	INT	optional	single	-
'trip_seconds'	INT	required		-
'dropoff_community_area'	INT	optional	single	-
'tips'	FLOAT	required		

对上述输出的说明如下。

- Feature name：特征名称。
- Type：特征的数据类型（如 STRING、INT、FLOAT 等）。
- Presence：特征的存在情况。可以是 "required"（必须存在）或 "optional"（可选）。
- Valency：特征的基数。即每个样本中该特征的值个数，可以是 "single"（单一值）或其他数值。
- Domain：特征的值域或可能的值列表，可以是具体的值或特征名称。

根据上面的输出结果，可以看到每个特征的属性，包括数据类型、存在性、基数以及可能的值范围。这些信息对于了解数据的结构和特征非常有帮助。例如，您可以看到 'payment_type' 特征是一个必须存在的 STRING 类型，'company' 特征是一个可选的 STRING 类型，等等。这对于数据预处理、特征工程和模型训练都非常重要。

为了更加直观，通过如下命令设置 DataFrame 在显示时每列的最大宽度，将它设置为 -1 表示不限制列的显示宽度。这个设置可以确保在显示 DataFrame 时，文本等内容不会被截断，可以完整地显示出来。

```
pd.set_option('display.max_colwidth', -1)
```

9.2.5 检查评估数据错误

截至目前，我们仅查看了训练数据。在实际应用中，评估数据与训练数据保持一致，非常重要，这包括使用相同的架构。同样重要的是，评估数据应包含与训练数据的数值特征值范围大致相同的样本，从而使评估期间我们对损失表面的覆盖范围与训练期间大致相同。对于分类特征也是如此。否则，我们可能会因为没有评估部分损失表面，而在评估期间遇到未发现的训练问题。检查评估数据中是否存在错误的代码如下：

```
eval_stats = tfdv.generate_statistics_from_csv(data_location=EVAL_DATA)
```

```
    tfdv.visualize_statistics(lhs_statistics=eval_stats, rhs_statistics=train_stats,
                              lhs_name='EVAL_DATASET', rhs_name='TRAIN_DATASET')
```

上述代码的作用是依据给定的评估数据位置生成统计信息，并通过可视化方式比较评估数据集和训练数据集的统计信息，来了解两者之间的差异。左边的数据集名称被命名为'EVAL_DATASET'，右边的数据集名称被命名为 'TRAIN_DATASET'。通过比较统计信息，可以帮助用户理解不同数据集之间的特点和变化。

> **注意：**
> - 现在每个特征都包括训练数据集和评估数据集的统计信息。
> - 图表同时叠加了训练数据集和评估数据集，便于进行比较。
> - 图表包括一个百分比视图，可以将其与对数尺度或默认的线性尺度相结合使用。
> - 训练数据集和评估数据集的 trip_miles 平均值和中位数不同，训练数据集和评估数据集的 tips 也截然不同。

9.2.6　检查评估异常

截至目前，评估数据集是否与训练数据集中的架构相匹配？这对于分类特征而言，尤其重要，因为我们要确定可接受值的范围。如果尝试使用不在训练数据集中的具有分类特征值的数据进行评估，会发生什么呢？如果使用超出训练数据集范围的数字特征又会如何？使用如下代码检查评估是否发生异常：

```
    anomalies = tfdv.validate_statistics(statistics=eval_stats, schema=schema)
    tfdv.display_anomalies(anomalies)
```

下面是检查结果：

	Anomaly short description	Anomaly long description
Feature name		
'payment_type'	Unexpected string values	Examples contain values missing from the schema: Prcard (<1%)
'company'	Unexpected string values	Examples contain values missing from the schema: 2092 - 61288 Sbeih company (<1%), 2192 - 73487 Zeymane Corp (<1%), 2192 - Zeymane Corp (<1%), 2823 - 73307 Seung Lee (<1%), 3094 - 24059 G.L.B. Cab Co (<1%), 3319 - CD Cab Co (<1%), 3385 - Eman Cab (<1%), 3897 - 57856 Ilie Malec (<1%), 4053 - 40193 Adwar H. Nikola (<1%), 4197 - Royal Star (<1%), 585 - 88805 Valley Cab Co (<1%), 5874 - Sergey Cab Corp. (<1%), 6057 - 24657 Richard Addo (<1%), 6574 - Babylon Express Inc. (<1%), 6742 - 83735 Tasha ride inc (<1%)

9.2.7　修复架构中的评估异常

在上一步骤（检查评估异常）中，发现评估数据中有一些训练数据集中没有的 company 新值。另外，payment_type 也有一个新值，这些都被视为异常，但是决定如何处理它们取决于我们对数据的应用领域。如果异常，确实表明数据错误，则应修复基础数据。否则，只需更新架构，使其在评估数据集中包含这些值。

如果不修复这些问题，我们的评估结果会受到怎样的影响？除非更改评估数据集，否则我们无法修复所有问题，但可以修复架构中我们愿意接受的问题。这包括放宽我们对特定特征异常的判断标准，以及更新我们的架构以包括分类特征的缺失值。TFDV 使我们能够发现需要修复的内容。

现在通过如下代码进行修复，然后再检查一次。首先调整特征的域限制并添加新的域值，然后根据更新后的架构验证评估统计数据，并显示验证后的异常情况。

```
# 放宽特征 'company' 的必须来自域的最小值分数限制。
company = tfdv.get_feature(schema, 'company')
company.distribution_constraints.min_domain_mass = 0.9

# 为特征 'payment_type' 的域添加一个新值。
payment_type_domain = tfdv.get_domain(schema, 'payment_type')
payment_type_domain.value.append('Prcard')

# 在更新架构后，验证评估统计数据。
updated_anomalies = tfdv.validate_statistics(eval_stats, schema)
tfdv.display_anomalies(updated_anomalies)
```

对上述代码的具体说明如下。

- 首先，为特征 'company' 放宽了其来自域的最小值分数限制。这意味着在数据中，该特征的值可以来自一个更广泛的范围，而不必达到先前的限制。
- 其次，为特征 'payment_type' 的域添加了一个新值 'Prcard'。这意味着现在该特征的域中包含了这个新值。
- 再次，在更新了架构后，使用 tfdv.validate_statistics 函数验证评估统计数据。这是为了确保更新后的架构与评估数据的统计信息是否一致。
- 最后，使用 tfdv.display_anomalies 函数显示验证后的异常情况。

执行后输出：

```
No anomalies found.
```

这说明经过验证，训练数据和评估数据现在是一致的，这正是 TFDV 实现的强大功能。

9.2.8 架构环境

在本实例中，我们拆分出了一个“应用”数据集，因此我们应该对它进行检查。在默认情况下，TensorFlow 中的所有数据集都应使用相同的架构，但也有例外情况。例如，在监督学习中，在数据集中需要包括标签，但当我们应用模型进行推断时，则无须包括标签。在某些情况下，有必要引入轻微的架构变化。此时可以使用 TFDV 环境来表示此类需求，可以使用 default_environment、in_environment 和 not_in_environment 将架构中的特征与一组环境相关联。例如，tips 特征作为训练标签包含在该数据集中，但没有包含在应用数据中。如果未指定环境，它将显示为异常。

```
serving_stats = tfdv.generate_statistics_from_csv(SERVING_DATA)
```

```
serving_anomalies = tfdv.validate_statistics(serving_stats, schema)

tfdv.display_anomalies(serving_anomalies)
```

此时的执行结果如下：

	Anomaly short description	Anomaly long description
Feature name		
'tips'	Column dropped	Column is completely missing

我们将在后面的步骤中处理 tips 特征。在 trip_seconds 还有一个 INT 值，但架构在此需要一个 FLOAT 值。通过使用 TFDV，有助于发现训练数据和应用数据生成方式的这种不一致性。在模型性能受到影响（有时是灾难性的）之前，这类问题很容易被忽视。问题可能重要，也可能不重要，但无论如何都应进一步调查。

在本实例中，我们可以安全地将 INT 值转换为 FLOAT，以便让 TFDV 使用我们的架构来推断类型。对应代码如下：

```
options = tfdv.StatsOptions(schema=schema, infer_type_from_schema=True)
serving_stats = tfdv.generate_statistics_from_csv(SERVING_DATA, stats_options=options)
serving_anomalies = tfdv.validate_statistics(serving_stats, schema)

tfdv.display_anomalies(serving_anomalies)
```

现在，只有 tips 特征（这是标签）显示为异常（“Column dropped”）。当然，我们不希望在应用数据中包含标签，因此我们告诉 TFDV 忽略该标签。对应代码如下：

```
# 默认情况下，所有特征都同时适用于 TRAINING 和 SERVING 环境。
schema.default_environment.append('TRAINING')
schema.default_environment.append('SERVING')

# 指定 'tips' 特征不在 SERVING 环境中。
tfdv.get_feature(schema, 'tips').not_in_environment.append('SERVING')

# 针对 SERVING 环境，使用提供的统计数据、数据架构，验证异常情况。
serving_anomalies_with_env = tfdv.validate_statistics(
    serving_stats, schema, environment='SERVING')

# 显示在 SERVING 环境中检测到的异常。
tfdv.display_anomalies(serving_anomalies_with_env)
```

上述代码的作用是调整特征在不同环境（TRAINING 或 SERVING）中的应用，并对 SERVING 环境中的数据进行异常验证，并显示异常情况。这可能是为了确保在模型服务阶段不出现意外的数据问题，从而确保模型的稳定性和准确性。

9.2.9　检查漂移和偏差

除了检查数据集是否符合架构中设置的期望之外，TFDV 还具备检测漂移和偏差的功能。TFDV 执行此检查的方式是：根据架构中指定的漂移 / 偏差比较器来比较不同数据集的统计信息。

1. 漂移

TFDV 支持对分类特征进行漂移检测，同时也能检测数据在不同连续跨度（例如，相邻的两个时间段）之间的变化。在进行漂移检测时，我们使用切比雪夫距离来度量数据的差异程度。您可以设置一个距离阈值，当检测到漂移距离超过这个阈值时，系统会发出警告。但是，正确设置这个距离阈值通常需要通过迭代的过程，结合领域知识和实验来进行调整。这个过程可能需要不断尝试，直至找到合适的阈值，从而能够准确地检测出不可接受的数据漂移情况。

2. 偏差

TFDV 可以检测数据中三种不同类型的偏差：架构偏差、特征偏差和分布偏差。

1）架构偏差

当训练数据和应用数据不符合同一个架构时，会出现架构偏差。训练数据和应用数据都应遵循同一个架构。两者之间的任何预期偏差（例如，仅训练数据中存在但应用数据中不存在的标签特征）都应通过架构中的环境字段来指定。

2）特征偏差

当模型训练所采用的特征值与它在应用时看到的特征值不同时，会发生特征值偏差。例如，这可能在以下情况下发生。

- 提供某些特征值的数据源应在训练时和应用时之间被修改。
- 用于在训练和应用之间生成特征的逻辑不同。例如，如果仅在两个代码路径之一中应用某些转换。

3）分布偏差

当训练数据集的分布与应用数据集的分布明显不同时，会发生分布偏差。分布偏差的主要原因之一是使用不同的代码或不同的数据源来生成训练数据集。另一个原因是错误的采样机制选择了应用数据中无代表性的子样本来进行训练。

编写如下所示的代码，为数据集中的两个特征（'payment_type' 和 'company'）添加偏差比较器和漂移比较器。然后，它使用提供的统计数据、数据架构、先前的统计数据和服务数据，对数据的偏差和漂移异常进行验证。最后，通过显示检测到的异常信息，帮助用户了解数据中的异常情况。

```
# 为 'payment_type' 特征添加偏差比较器。
payment_type = tfdv.get_feature(schema, 'payment_type')
payment_type.skew_comparator.infinity_norm.threshold = 0.01

# 为 'company' 特征添加漂移比较器。
company = tfdv.get_feature(schema, 'company')
company.drift_comparator.infinity_norm.threshold = 0.001

# 使用给定的统计数据、架构信息以及之前的统计数据和服务数据，验证偏差和漂移异常。
skew_anomalies = tfdv.validate_statistics(train_stats, schema,
                                          previous_statistics=eval_stats,
                                          serving_statistics=serving_stats)

# 显示检测到的异常。
tfdv.display_anomalies(skew_anomalies)
```

此时的输出结果如下：

	Anomaly short description	Anomaly long description
Feature name		
'payment_type'	High Linfty distance between training and serving	The Linfty distance between training and serving is 0.0225 (up to six significant digits), above the threshold 0.01. The feature value with maximum difference is: Credit Card
'company'	High Linfty distance between current and previous	The Linfty distance between current and previous is 0.00820891 (up to six significant digits), above the threshold 0.001. The feature value with maximum difference is: Blue Ribbon Taxi Association Inc.

在本实例中，我们确实看到了一些漂移，但它远低于我们设置的阈值，所以无须在意。

9.2.10　冻结架构

现在，已经对架构进行了检查和整理，我们将其存储在文件中以反映其“冻结”状态。对应代码如下：

```
from tensorflow.python.lib.io import file_io
from google.protobuf import text_format

file_io.recursive_create_dir(OUTPUT_DIR)
schema_file = os.path.join(OUTPUT_DIR, 'schema.pbtxt')
tfdv.write_schema_text(schema, schema_file)

!cat {schema_file}
```

上述代码的作用是将数据架构保存到文件中，然后显示文件中的内容。这样做的目的是将数据架构“冻结”，以备将来使用，以及与其他团队成员共享数据并进行验证。

第 10 章 Model Remediation：模型修复

模型修复（Model Remediation）是一种用于减少或纠正机器学习模型中偏差和不公平性的技术，通过调整模型的训练数据、架构或输出，能让模型在不同群体中更加公正可靠。模型修复方法包括重新采样数据、加入公平性约束以及后处理模型输出等，旨在提升模型的公平性、透明性和可解释性。本章将详细讲解使用 MinDiff 实现模型修复的知识。

10.1 模型修复基础

模型修复是指在机器学习或深度学习模型中发现问题或缺陷后，采取一系列措施来改善、修正或解决这些问题的过程。模型修复的目标是提高模型的性能、鲁棒性和可靠性，使其能够更好地适应真实世界的应用场景。

扫码看视频

10.1.1 模型修复介绍

在机器学习中，模型修复可能涉及以下几个方面。

- 数据处理和清洗：修复可能包括对数据进行清洗、去噪、填充缺失值、处理异常值等操作，以确保模型在处理干净和合理的数据时能够表现良好。
- 特征工程：修复可能涉及对特征进行重新选择、组合、变换，或者创建新特征，以更好地捕捉数据的模式和信息。
- 模型参数调整：优化模型的超参数可以改善其性能。修复方式可能包括使用交叉验证等技术来调整模型的参数，以获得更好的泛化能力。
- 模型架构改进：有时候模型的架构可能不适合解决特定问题。修复可能涉及尝试不同的模型架构，或者对现有模型架构进行修改和改进。
- 对抗样本防御：为了提高模型对抗样本攻击的鲁棒性，修复可能涉及采用对抗训练或其他防御方法。
- 解释性增强：为了提高模型的解释性，修复可能包括添加可解释性特征、使用可解释性模型，以及应用可视化技术。
- 后处理和校准：在模型输出方面，修复可以涉及采取后处理或校准策略，以调整模型的预测结果。

总之，模型修复是一个迭代过程，要求数据科学家和机器学习工程师不断分析模型的性能、输出和问题，然后采取适当的措施来改进模型并使其更加有效和可靠。

10.1.2　MinDiff 介绍

MinDiff（Minimum Discrepancy）是指在机器学习中用于减小或最小化不同群体之间差异的一种方法或技术。通常，这种差异是指模型在不同群体之间产生的不公平、不均衡或偏见现象。MinDiff 的目标是通过调整模型的预测或训练过程，使模型在不同群体之间的预测结果更加一致，减少差异，从而提高模型的公平性和鲁棒性。

在使用 TensorFlow 的 Model Remediation 库之前，需要安装 tensorflow-model-remediation 这个库，因为它提供了用于实现 MinDiff 等模型修复技术的工具和功能。如果希望使用 TensorFlow Model Remediation 库中的 MinDiff 技术，可以通过以下命令安装该库：

```
pip install tensorflow-model-remediation
```

10.2　MinDiff 模型修复实战

扫码看视频

在使用 MinDiff 修复模型时需要进行一些实验和调整，以确保在修复不同群体之间的差异时，模型的性能仍然能够满足产品需求。具体的步骤和方法可能因问题的复杂性和数据的特点而有所不同。

10.2.1　MinDiff 数据准备

在使用 MinDiff 时，需要在将输入传递给模型之前做出复杂的决策，以选择和塑造输入。这些决策在很大程度上会决定 MinDiff 在您的模型内的行为。本实例将介绍此功能的实现过程，但不会讨论如何评估模型的公平性，或者如何选择特定的数据切片和指标进行评估。

在本实例中使用了 UCI 收入数据集，模型的任务是基于各种个人属性预测一个人的收入是否超过 5 万美元。本实例假设在“男性”和“女性”切片之间存在 FNR（假阴性率）的问题差距，模型所有者（您）已决定应用 MinDiff 来解决这个问题。

实例 10-1：为 MinDiff 操作准备数据（源码路径：daima/10/zhun.py）

实例文件 zhun.py 的具体实现流程如下。

（1）出于演示目的并减少运行时间，本实例仅使用了 UCI 收入数据集中的一小部分样本。在实际生产环境中，将使用完整的数据集。在本实例中，以 0.3 的采样比例获取数据。具体实现代码如下：

```
train = tutorials_utils.get_uci_data(split='train', sample=0.3)
print(len(train), 'train examples')
```

执行后会输出：

```
9768 train examples
```

（2）转换为 tf.data.Dataset。MinDiff Model 要求输入的是一个 tf.data.Dataset，如果在集成 MinDiff 之前使用了不同格式的输入数据，需要将输入数据转换为 tf.data.Dataset。通过如下代码创建一个 TensorFlow Dataset，可以使用 tf.data.Dataset.from_tensor_slices 将数据集创建为元组 (x, y, weights)，其中 x 是输入特征，y 是标签，weights 是样本权重。您可以选择是否对数据进行随机混洗，然后使用 dataset.batch 将数据分批处理，每批大小为 batch_size。这种方式可以更有效地加载和处理大量数据。

```
x = train.drop(columns=['target'])
y = train['target']
weights = train['target'] * 0.5 + 0.5
dataset = tf.data.Dataset.from_tensor_slices((x, y, weights))
dataset.shuffle(...)  # 可选的。对数据进行随机混洗。
dataset.batch(batch_size)  # 将数据分批处理，每批大小为 batch_size。
```

（3）编写函数 df_to_dataset()，用于将 Pandas DataFrame 转换为 tf.data.Dataset。函数首先将标签从 DataFrame 中取出，然后使用 tf.data.Dataset.from_tensor_slices 创建数据集。如果需要进行随机混洗，可以设置 shuffle 参数为 True，并指定一个合适的 buffer_size。最后，使用这个函数将训练 DataFrame 转换为 Dataset。具体实现代码如下：

```
# 将 DataFrame 转换为 tf.data.Dataset 的函数。
def df_to_dataset(dataframe, shuffle=True):
  dataframe = dataframe.copy()
  labels = dataframe.pop('target')
  ds = tf.data.Dataset.from_tensor_slices((dict(dataframe), labels))
  if shuffle:
    ds = ds.shuffle(buffer_size=5000)  # 合理但是任意的 buffer_size。
  return ds

# 将训练 DataFrame 转换为 Dataset。
original_train_ds = df_to_dataset(train)
```

（4）在训练过程中，MinDiff 将鼓励模型减少两个附加数据集（可能包括原始数据集中的示例）之间的预测差异。选择这两个数据集是决定 MinDiff 对模型影响的关键决策，这两个数据集应该被选择为能够清晰表示和充分代表您要纠正的性能差距。由于目标是减少“男性”和“女性”切片之间的 FNR 差距，这意味着需要创建一个只包含正标记“男性”示例的数据集，以及一个只包含正标记“女性”示例的数据集；这些将成为 MinDiff 数据集。

> **注意：**选择仅使用正标记的示例与目标指标直接相关。本实例关注的是误分类为负标记的情况，根据定义，这是被错误分类为负标记的正标记示例。

首先，编写如下代码检查现有数据。

```
female_pos = train[(train['sex'] == ' Female') & (train['target'] == 1)]
male_pos = train[(train['sex'] == ' Male') & (train['target'] == 1)]
print(len(female_pos), 'positively labeled female examples')
print(len(male_pos), 'positively labeled male examples')
```

执行后会输出：

```
385 positively labeled female examples
2063 positively labeled male examples
```

上面的代码段展示了如何从原始数据集的子集创建 MinDiff 数据集的过程。在这种情况下，由于数据集的大小和分布问题，需要从数据集中选择正标记的 "Male" 和 "Female" 示例来创建 MinDiff 数据集，对应代码如下：

```
min_diff_male_ds = df_to_dataset(male_pos)
```

上述代码创建了 min_diff_male_ds 数据集，从正标记的 "Male" 示例中选择。然后，由于正标记的 "Female" 示例数量较少，下面代码演示了从完整的 UCI 数据集中选择更多正标记的 "Female" 的过程，以便在 MinDiff 数据集中使用。

```
min_diff_female_ds = df_to_dataset(augmented_female_pos)
```

最终，通过从完整数据集中选择额外的正标记的 "Female" 示例，MinDiff 数据集的大小得以增加，从而为 MinDiff 训练提供了更多的样本。尽管 MinDiff 数据集的大小仍然不足以达到推荐的 5000 个或更多的示例，但这是一个合理的尝试开端。如果在训练期间观察到性能不佳或过拟合的情况，可能需要考虑收集更多数据以改善情况。

（5）使用 tf.data.Dataset.filter 或直接从转换后的原始数据集中创建两个 MinDiff 数据集，具体实现代码如下：

```
def male_predicate(x, y):
  return tf.equal(x['sex'], b' Male') and tf.equal(y, 1)

alternate_min_diff_male_ds = original_train_ds.filter(male_predicate).cache()

def female_predicate(x, y):
  return tf.equal(x['sex'], b' Female') and tf.equal(y, 1)

full_uci_train_ds = df_to_dataset(full_uci_train)
alternate_min_diff_female_ds = full_uci_train_ds.filter(female_predicate).
cache()
```

最终得到的 alternate_min_diff_male_ds 和 alternate_min_diff_female_ds 将与 min_diff_male_ds 和 min_diff_female_ds 的输出等效。

（6）最后一步是将这三个数据集（两个新创建的和一个原始数据集）合并成一个可以传递给模型的数据集。在合并之前，首先需要对这些数据集进行分批处理，具体内容如下。

- 原始数据集可以使用在集成 MinDiff 前使用的相同批处理大小。
- MinDiff 数据集不需要与原始数据集具有相同的批处理大小。很可能，更小的批处理大小会表现得同样好。尽管它们甚至不需要具有相同的批处理大小，但为了获得最佳性能，建议这样做。

尽管不是绝对必要的，但建议对两个 MinDiff 数据集使用 drop_remainder=True，以确保它们具有一致的批处理大小。具体实现代码如下：

```
original_train_ds = original_train_ds.batch(128)  # 与 MinDiff 之前的相同。

# MinDiff 数据集可以具有与 original_train_ds 不同的批处理大小
min_diff_female_ds = min_diff_female_ds.batch(32, drop_remainder=True)
# 理想情况下，我们在两个 MinDiff 数据集上使用相同的批处理大小。
min_diff_male_ds = min_diff_male_ds.batch(32, drop_remainder=True)
```

注意：在将这三个数据集合并之前，必须对它们进行分批处理。如果不这样做，很可能会导致意外的输入形状，从而在下游引起错误。

（7）一旦准备好数据集，就可以将它们打包到一个单一的数据集中，然后将其传递给模型。结果数据集的单个批次将包含之前准备的三个数据集中的每个数据集的一个批次。我们可以使用 tensorflow_model_remediation 包中提供的 utils 函数来完成此操作，具体实现代码如下：

```
train_with_min_diff_ds = min_diff.keras.utils.pack_min_diff_data(
    original_dataset=original_train_ds,
    sensitive_group_dataset=min_diff_female_ds,
    nonsensitive_group_dataset=min_diff_male_ds)
```

如果需要的话，也可以使用包中的其他 utils 函数来解压个别批次。具体实现代码如下：

```
for inputs, original_labels in train_with_min_diff_ds.take(1):
  # 解压 min_diff_data
  min_diff_data = min_diff.keras.utils.unpack_min_diff_data(inputs)
  min_diff_examples, min_diff_membership = min_diff_data
  # 解压原始数据
  original_inputs = min_diff.keras.utils.unpack_original_inputs(inputs)
```

到现在为止，通过新构建的数据，现在已经准备好在模型中应用 MinDiff 了。

（8）我们可以选择使用什么方式将这三个数据集打包在一起，唯一的要求是需要确保模型知道如何解释数据。MinDiffModel 默认使用 min_diff.keras.utils.pack_min_diff_data 来打包数据，在使用 min_diff.keras.utils.pack_min_diff_data 之后，最后一步工作是将数据转换为我们想要的格式。

首先，使用 min_diff 库在 Keras 中处理差分隐私数据，具体实现代码如下：

```
# 重新格式化输入为字典。
def _reformat_input(inputs, original_labels):
  unpacked_min_diff_data = min_diff.keras.utils.unpack_min_diff_data(inputs)
  unpacked_original_inputs = min_diff.keras.utils.unpack_original_inputs(inputs)

  return {
      'min_diff_data': unpacked_min_diff_data,
      'original_data': (unpacked_original_inputs, original_labels)}

customized_train_with_min_diff_ds = train_with_min_diff_ds.map(_reformat_input)
```

然后编写如下代码，通过使用 customized_train_with_min_diff_ds.take(1) 从经过重新格式化的数据集 customized_train_with_min_diff_ds 中获取一个批次的数据。然后，针对这个

批次的数据进行了自定义的解封装操作，将差分隐私数据和原始数据从字典中提取出来。

```
for batch in customized_train_with_min_diff_ds.take(1):
  # 自定义解压 min_diff_data
  min_diff_data = batch['min_diff_data']
  # 自定义解压 original_data
  original_data = batch['original_data']
```

通过上述操作，可以在这个代码片段中获取到一个批次的差分隐私数据和原始数据，然后可以进一步将这些数据传递给模型进行训练或其他处理。

10.2.2　将 MinDiff 与 MinDiffModel 集成

集成 MinDiff 与 MinDiffModel 通常需要借助 min_diff 库所提供的 MinDiffModel 类，从此创建一个结合了差分隐私的机器学习模型。这个类被设计用来将标准模型架构与差分隐私机制相结合，让用户能够训练具有隐私保护的模型。以下是如何将 MinDiff 与 MinDiffModel 集成的一般步骤。

（1）导入依赖库：首先，需要导入必要的库，包括 TensorFlow、min_diff，以及其他相关模块。

（2）加载或创建模型：可以加载现有的模型架构，也可以创建一个新的模型。这个模型架构将作为 MinDiffModel 的基础模型。

（3）定义差分隐私参数：配置差分隐私参数，例如，noise_multiplier、l2_norm_clip 和 micro-batches，这些参数决定了训练过程中应用的隐私保护水平。

（4）创建 MinDiffModel：使用 MinDiffModel 类创建一个新的模型实例。该类接收基础模型、差分隐私参数以及其他相关参数作为输入。MinDiffModel 类扩展了 TensorFlow 的 Keras 模型类，并添加了差分隐私机制。

（5）编译 MinDiffModel：如同编译普通的 Keras 模型一样，编译 MinDiffModel。指定损失函数、优化器和评估指标。

（6）预处理数据并创建数据集：对数据进行预处理，并创建 TensorFlow 数据集。如果涉及差分隐私，确保在数据预处理过程中集成了必要的隐私机制。

（7）训练 MinDiffModel：使用 .fit() 方法，使用准备好的数据集训练 MinDiffModel。差分隐私机制将在训练过程中自动应用，以提供隐私保障。

（8）评估和使用 MinDiffModel：一旦模型训练完成，可以在测试数据上评估其性能，并像使用其他任何 TensorFlow 模型一样进行预测。

实例 10-2：在模型训练中集成 MinDiff（源码路径：daima/10/ji.py）

本实例演示了在训练模型过程中集成 MinDiff 的过程，实例文件 ji.py 的具体实现流程如下。

（1）首先下载数据，使用 get_uci_data 和 get_uci_with_min_diff_dataset 这两个辅助函数获取用于训练的原始 DataFrame 和包含差分隐私数据的数据集。这些辅助函数可能在输入准备指南中定义，用于处理数据的采样和预处理，以及为训练提供差分隐私保护。具体实现代码如下：

```
# 使用辅助函数获取用于训练的原始 DataFrame，采样率为 0.3 以缩短运行时间。
```

```
    train_df = tutorials_utils.get_uci_data(split='train', sample=0.3)
    # 获取用于在 MinDiff 下训练的数据集。
    train_with_min_diff_ds = (
        tutorials_utils.get_uci_with_min_diff_dataset(split='train',
sample=0.3))
```

（2）本项目使用了一个基本的、未调整的 keras.Model，使用 Functional API 来展示如何使用 MinDiff。在实际应用中，应该仔细选择模型架构，并在尝试解决任何公平性问题之前，使用调整来改进模型质量。由于 MinDiffModel 被设计用于与大多数 Keras 模型类一同使用，我们将构建模型的逻辑分解成一个辅助函数：get_uci_model。具体实现代码如下：

```
    # 获取一个未调整的原始模型
    model = tutorials_utils.get_uci_model()

    # 编译模型
    model.compile(optimizer='adam', loss='binary_crossentropy')

    # 从训练 DataFrame 中删除 'target' 列，作为输入特征。
    df_without_target = train_df.drop(['target'], axis=1)
    _ = model.fit(
        x=dict(df_without_target),  # 模型需要一个特征字典作为输入。
        y=train_df['target'],
        batch_size=128,
        epochs=1)
```

在上述代码中，首先，使用辅助函数 get_uci_model 来获取一个未调整的原始模型。其次，通过 compile 方法编译模型，指定优化器和损失函数。再次，从训练 DataFrame 中删除 'target' 列，以便将其作为模型的输入特征。最后，通过 fit 方法对模型进行训练，使用输入特征字典和 'target' 列作为目标。

执行后会输出：

```
    77/77 [==============================] - 4s 8ms/step - loss: 0.5543
```

> **注意：**本实例中的训练仅使用了一个周期，实际中你可以根据需要增加训练周期来提高模型性能。

（3）使用 tf.data.Dataset 训练模型，具体实现代码如下：

```
    # 获取一个未调整的原始模型
    model = tutorials_utils.get_uci_model()
    # 编译模型
    model.compile(optimizer='adam', loss='binary_crossentropy')
    _ = model.fit(
        tutorials_utils.df_to_dataset(train_df, batch_size=128),  # 转换为 Dataset。
        epochs=1)
```

在上述代码中，仍然使用函数 get_uci_model 获取了一个未调整的原始模型，并使用 compile 方法进行编译。不同的是，使用了函数 df_to_dataset 将训练 DataFrame 转换为 tf.data.Dataset，并将其作为模型的输入数据。这种方式与之前使用 Pandas DataFrame 进行训练的方法非常相似，只是在数据的输入方式上有所差异。使用 tf.data.Dataset 可以更有效地处理大型数据集，并允许我们进行更多的数据预处理和增强操作。总之，无论使用 Pandas DataFrame 还是 tf.data.Dataset，都可以根据实际情况选择合适的方法来训练模型。

此时执行后会输出：

```
77/77 [==============================] - 3s 8ms/step - loss: 0.5657
```

（4）将 MinDiff 集成到训练中。一旦数据准备好，接下来就可以按照以下步骤将 MinDiff 应用到模型中，具体步骤如下。

- 步骤 1：创建原始模型，就像没有使用 MinDiff 一样。具体实现代码如下：

```
original_model = tutorials_utils.get_uci_model()
```

- 步骤 2：将原始模型包装在 MinDiffModel 中，具体实现代码如下：

```
min_diff_model = min_diff.keras.MinDiffModel(
    original_model=original_model,
    loss=min_diff.losses.MMDLoss(),
    loss_weight=1)
```

- 步骤 3：像没有使用 MinDiff 一样进行编译，具体实现代码如下：

```
min_diff_model.compile(optimizer='adam', loss='binary_crossentropy')
```

- 步骤 4：使用 MinDiff 数据集（在本例中是 train_with_min_diff_ds）进行训练，具体实现代码如下：

```
_ = min_diff_model.fit(train_with_min_diff_ds, epochs=1)
```

上述步骤将 MinDiff 集成到模型训练过程中，具体如下。

- 在步骤 1 中，创建了原始模型，就像正常情况一样。
- 在步骤 2 中，将原始模型包装在 MinDiffModel 中，使用 min_diff.losses.MMDLoss() 作为损失函数。loss_weight 参数用于调整差分隐私损失在总损失中的权重。
- 在步骤 3 中，按照正常的方式对模型进行编译，指定优化器和损失函数。
- 在步骤 4 中，使用 MinDiff 数据集对模型进行训练。差分隐私机制将在训练过程中应用。

此时，执行后会输出：

```
    36/36 [==============================] - 6s 14ms/step - loss: 0.7278 - 
min_diff_loss: 0.0328
```

请注意，这些步骤只是演示例子，在实际使用时可能需要根据数据、模型和需求进行适当调整。

（5）接下来，使用 MinDiffModel 进行评估和预测，具体步骤与使用原始模型类似。在调用评估（evaluate）时，可以传入原始数据集或包含 MinDiff 数据的数据集。如果选择后者，除了测量的任何其他指标外，还将获得 min_diff_loss 指标。损失（loss）指标也将包括 min_diff_loss。

在调用评估时，可以传入原始数据集或包含 MinDiff 数据的数据集。如果在调用

evaluate 时包含 MinDiff 数据，将有以下两个不同之处。

- 输出中会存在额外的名为 min_diff_loss 的指标。
- 损失指标的值将是原始损失指标（未在输出中显示）和 min_diff_loss 的总和。

例如，下面的代码展示了使用 min_diff_model 进行评估的两种不同方法。第一种方法是使用原始数据集进行评估，损失指标中不包含 min_diff_loss。第二种方法是使用包含 MinDiff 数据的数据集进行评估，这将在指标中包含 min_diff_loss。

```
# 使用原始数据集进行评估，损失指标中不包含 min_diff_loss。
_ = min_diff_model.evaluate(
    tutorials_utils.df_to_dataset(train_df, batch_size=128))

# 使用包含 MinDiff 数据的数据集进行评估，损失指标中包含 min_diff_loss。
_ = min_diff_model.evaluate(train_with_min_diff_ds)
```

这些操作与对原始模型的评估类似，只是在使用包含 MinDiff 数据的数据集时，会涉及额外的 min_diff_loss 指标。执行后会输出：

```
77/77 [==============================] - 1s 6ms/step - loss: 0.5159
36/36 [==============================] - 2s 11ms/step - loss: 0.5370 - min_diff_loss: 0.0368
```

（6）在调用预测（predict）时，理论上也可以传入包含 MinDiff 数据的数据集，但这将被忽略，不会影响输出。下面的代码展示了使用 min_diff_model 进行预测的两种不同方法。无论是使用原始数据集还是包含 MinDiff 数据的数据集进行预测，模型的输出结果都是相同的。这是因为在预测阶段，MinDiff 数据不会对输出产生影响，只会在训练阶段添加差分隐私保护。

```
# 使用原始数据集进行预测，包含 MinDiff 数据的数据集会被忽略，输出不受影响。
_ = min_diff_model.predict(
    tutorials_utils.df_to_dataset(train_df, batch_size=128))

# 使用包含 MinDiff 数据的数据集进行预测，结果与上面的结果相同。
_ = min_diff_model.predict(train_with_min_diff_ds)
```

执行后会输出：

```
77/77 [==============================] - 1s 6ms/step
2022-12-14 10:34:44.480725: W tensorflow/core/grappler/optimizers/loop_optimizer.cc:907] Skipping loop optimization for Merge node with control input: min_diff_model/mmd_loss_inputs/assert_non_negative/assert_less_equal/Assert/AssertGuard/branch_executed/_8
36/36 [==============================] - 2s 10ms/step
```

（7）在直接使用 MinDiffModel 时存在一些限制，大多数方法将使用默认的 tf.keras.Model 实现（官方 API 文档中列出的例外情况除外）。例如，下面是检验这些限制的代码：

```
print('MinDiffModel.fit == keras.Model.fit')
print(min_diff.keras.MinDiffModel.fit == tf.keras.Model.fit)
print('MinDiffModel.train_step == keras.Model.train_step')
print(min_diff.keras.MinDiffModel.train_step == tf.keras.Model.train_step)
```

执行后会输出：

```
MinDiffModel.fit == keras.Model.fit
False
MinDiffModel.train_step == keras.Model.train_step
False
```

上述代码展示了检验 MinDiffModel.fit 和 MinDiffModel.train_step 方法是否等于 tf.keras.Model.fit 和 tf.keras.Model.train_step 方法的演示，MinDiffModel 在某些方法上可能具有自己的实现，因此这些表达式的结果可能是 False，说明它们并不相等。

这些差异可能是因为 MinDiffModel 添加了差分隐私机制，以及其他特定功能，因此在某些方法上可能存在不同的实现。如果计划直接使用 MinDiffModel，请务必查阅 min_diff 官方文档以获取有关其使用方法和限制的详细信息。对于 keras.Sequential 或 keras.Model 来说，这是完全可以的，因为它们使用相同的函数。下面是检验这些情况的代码：

```
print('Sequential.fit == keras.Model.fit')
print(tf.keras.Sequential.fit == tf.keras.Model.fit)
print('tf.keras.Sequential.train_step == keras.Model.train_step')
print(tf.keras.Sequential.train_step == tf.keras.Model.train_step)
```

执行后会输出：

```
Sequential.fit == keras.Model.fit
True
tf.keras.Sequential.train_step == keras.Model.train_step
True
```

上述代码检验了 keras.Sequential.fit 方法和 tf.keras.Model.fit 方法是否相等，以及 tf.keras.Sequential.train_step 方法和 tf.keras.Model.train_step 方法是否相等的情况。由于 keras.Sequential 和 keras.Model 在这些方法上使用相同的实现，结果都是 True，因此它们是相等的。

在使用 keras.Sequential 或 keras.Model 时，这些方法的相等性使用户可以更方便地在不同类型的模型上进行操作，而无须担心差异。

（8）如果你的模型是 keras.Model 的子类，在使用 MinDiffModel 包装后将会失去定制功能。下面的代码展示了自定义子类 CustomModel 的情况。

```
class CustomModel(tf.keras.Model):
  def train_step(self, **kwargs):
    pass
print('CustomModel.train_step == keras.Model.train_step')
print(CustomModel.train_step == tf.keras.Model.train_step)
```

执行后会输出：

```
CustomModel.train_step == keras.Model.train_step
False
```

上述代码展示了检验 CustomModel.train_step 和 tf.keras.Model.train_step 方法是否相等的情况。CustomModel 是 tf.keras.Model 的子类，并对 train_step 方法进行了自定义实现，结果是 False，因此它们并不相等。

这意味着，在使用 MinDiffModel 包装自定义子类模型时，可能会丢失自定义的方法实现。因此，如果有自定义的训练步骤（如上述示例中的 train_step 方法），则需要考虑如何在使用 MinDiffModel 时保留这些定制功能。

10.2.3 修复文本分类器模型

在本实例中，将训练一个文本分类器，以识别可能被视为有毒或有害的书面内容，并使用 MinDiff 来修复一些公平性问题。本实例将实现如下功能。

- 评估基准模型在包含对敏感群体的引用的文本上的性能。
- 通过使用 MinDiff 进行训练，提高在任何表现不佳的群体上的性能。
- 评估新模型在我们选择的度量上的性能。

> **注意：** 本实例的目的是利用非常简单的工作流程演示 MinDiff 技术的使用，而不是为机器学习中的公平性问题提供原则性方法。因此，我们的评估仅关注一个敏感类别和一个单一的度量。我们也没有解决数据集潜在的缺陷，也没有调整我们的配置。在生产环境中，可能需要对每个问题都进行严格的处理。

实例 10-3：使用 MinDiff 修复文本分类器模型（源码路径：daima/10/wen.py）

实例文件 wen.py 的具体实现流程如下。

（1）导入所需要的库，包括 MinDiff 和用于评估的 Fairness Indicators。

（2）在下面的代码中，使用一个名为 min_diff_keras_utils 的工具函数来下载和预处理数据，以用于后续的模型训练和评估，并准备标签以匹配模型的输出形状。该函数还将数据下载为 TFRecords 格式，以便后续的评估更快速。或者，也可以使用任何可用的实用转换函数，将 Pandas DataFrame 转换为 TFRecords 格式。

```
# 我们使用一个辅助工具函数来预处理数据，以提高方便性和速度。
data_train, data_validate, validate_tfrecord_file, labels_train, labels_validate = min_diff_keras_utils.download_and_process_civil_comments_data()
```

对上述代码的具体说明如下。

- data_train 和 data_validate 是训练集和验证集的数据。
- validate_tfrecord_file 是验证集数据的 TFRecords 文件。
- labels_train 和 labels_validate 是训练集和验证集的标签。

这样，通过调用函数 download_and_process_civil_comments_data()，可以方便地获取预处理后的数据和标签，用于机器学习模型的训练和评估。

（3）通过如下代码定义了一些有用的常量，这些常量的定义将在后续的代码中使用，以确保代码的可读性和易维护性。请注意，这里选择的批处理大小是任意的，但在实际生产环境中，需要调整它以获得最佳性能。

```
# 文本特征的名称
TEXT_FEATURE = 'comment_text'

# 标签的名称
LABEL = 'toxicity'
```

```
# 批处理大小
BATCH_SIZE = 512
```

上述代码定义了如下常量。

- TEXT_FEATURE：指定了文本特征的名称，这在数据中通常是包含文本内容的列的名称。
- LABEL：指定了标签的名称，这是用户希望模型预测的目标变量。
- BATCH_SIZE：定义了批处理大小，即在模型训练过程中同时处理的样本数量。较大的批处理大小可能会加快训练速度，但也可能会占用更多的内存。

（4）通过如下代码设置随机种子，以确保在随机生成的过程中产生相同的随机结果。这对于重现实验结果和确保代码的可复现性非常重要。

```
np.random.seed(1)
tf.random.set_seed(1)
```

对上述代码的具体说明如下。

- np.random.seed(1)：设置 NumPy 库的随机种子为 1，以确保使用相同的种子时，随机数生成器生成的随机数序列是一样的。
- tf.random.set_seed(1)：设置 TensorFlow 库的随机种子为 1，以确保在 TensorFlow 操作中使用相同的种子时，随机性行为是一致的。

通过设置这些随机种子，我们可以在后续的代码运行中获得相同的随机结果，从而实现结果的可复现性。

（5）定义并训练基准模型

首先检查一个名为 use_pretrained_model 的布尔变量，如果该变量为 True，则会从指定的 URL 下载预训练模型并加载。如果为 False，则会创建并训练一个新的模型。具体实现代码如下：

```
use_pretrained_model = True

if use_pretrained_model:
    URL = 'https://storage.googleapis.com/civil_comments_model/baseline_
model.zip'
    BASE_PATH = tempfile.mkdtemp()
    ZIP_PATH = os.path.join(BASE_PATH, 'baseline_model.zip')
    MODEL_PATH = os.path.join(BASE_PATH, 'tmp/baseline_model')

    r = requests.get(URL, allow_redirects=True)
    open(ZIP_PATH, 'wb').write(r.content)

    with zipfile.ZipFile(ZIP_PATH, 'r') as zip_ref:
        zip_ref.extractall(BASE_PATH)
    baseline_model = tf.keras.models.load_model(
        MODEL_PATH, custom_objects={'KerasLayer' : hub.KerasLayer})
else:
    optimizer = tf.keras.optimizers.Adam(learning_rate=0.001)
    loss = tf.keras.losses.BinaryCrossentropy()
```

```
    baseline_model = min_diff_keras_utils.create_keras_sequential_model()

    baseline_model.compile(optimizer=optimizer, loss=loss, metrics=['accuracy'])

    baseline_model.fit(x=data_train[TEXT_FEATURE],
                       y=labels_train,
                       batch_size=BATCH_SIZE,
                       epochs=20)
```

为了减少运行时间，在默认情况下使用预训练模型。这是一个简单的 Keras 序列模型，包含初始的嵌入层和卷积层，输出一个毒性预测。执行后会输出：

```
  Instructions for updating:
  Lambda fuctions will be no more assumed to be used in the statement where
they are used, or at least in the same block. https://github.com/tensorflow/
tensorflow/issues/56089packages/tensorflow/python/autograph/pyct/static_analysis/
liveness.py:83: Analyzer.lamba_check (from tensorflow.python.autograph.pyct.
static_analysis.liveness) is deprecated and will be removed after 2023-09-23.
  Instructions for updating:
  Lambda fuctions will be no more assumed to be used in the statement
where they are used, or at least in the same block. https://github.com/
tensorflow/tensorflow/issues/56089
```

（6）通过以下代码将训练好的基准模型保存到磁盘上，以备后续使用。

```
  base_dir = tempfile.mkdtemp(prefix='saved_models')
  baseline_model_location = os.path.join(base_dir, 'model_export_
baseline')
  baseline_model.save(baseline_model_location, save_format='tf')
```

对上述代码的具体说明如下。

- base_dir：创建一个临时目录，用于保存模型文件。prefix 参数指定了目录名称的前缀。
- baseline_model_location：构建了模型保存的路径，包括文件名和目录路径。
- baseline_model.save()：使用 Keras 的模型保存方法，将基准模型保存到指定路径。save_format 参数指定了保存的格式，这里使用的是 TensorFlow 的 SavedModel 格式。

通过执行这段代码，将基准模型保存在指定的目录中，以供后续的操作使用。这样可以确保在之后的步骤中加载并重新使用该模型。

（7）编写如下代码，使用一个辅助工具函数来执行模型评估，以提高代码的可读性。

```
  # 我们使用一个辅助工具函数来隐藏评估逻辑，以提高可读性。
  base_dir = tempfile.mkdtemp(prefix='eval')
  eval_dir = os.path.join(base_dir, 'tfma_eval_result')
  eval_result = fi_util.get_eval_results( baseline_model_location, eval_dir,
validate_tfrecord_file)
```

对上述代码的具体说明如下。

- base_dir：创建一个临时目录，用于保存评估结果。
- eval_dir：构建了保存评估结果的目录路径。

- fi_util.get_eval_results()：调用辅助工具函数来执行模型评估。函数需要提供基准模型的路径、评估结果保存的目录以及验证数据的 TFRecords 文件路径。

通过执行这段代码，会获得基准模型在验证数据上的评估结果，以供后续分析和比较使用。执行后会输出：

```
    Instructions for updating:
    Use eager execution and:
    `tf.data.TFRecordDataset(path)`
    WARNING:tensorflow:From /tmpfs/src/tf_docs_env/lib/python3.9/site-packages/tensorflow_model_analysis/writers/metrics_plots_and_validations_writer.py:110: tf_record_iterator (from tensorflow.python.lib.io.tf_record) is deprecated and will be removed in a future version.
    Instructions for updating:
    Use eager execution and:
    `tf.data.TFRecordDataset(path)`
```

（8）我们编写了以下代码，使用名为 widget_view 的对象来渲染公平性指标的可视化。具体而言，widget_view.render_fairness_indicator(eval_result) 函数将基于 eval_result（之前获得的模型评估结果）生成公平性指标的可视化。这有助于你更直观地了解模型在不同群体之间的表现，从而评估模型的公平性。

```
    widget_view.render_fairness_indicator(eval_result)
```

执行后会输出：

```
    FairnessIndicatorViewer(slicingMetrics=[{'sliceValue': 'Overall', 'slice': 'Overall', 'metrics': {'accuracy': …
```

让我们来看一下评估结果。尝试选择阈值为 0.450 的假阳性率（FPR）指标。我们可以看到，模型在某些宗教群体方面的表现不如其他群体，显示出较高的 FPR。请注意，一些群体的置信区间较宽，这是因为它们的样本数量较少。这使用户很难确定这些切片的性能是否存在显著差异。我们需要收集更多的样本来解决这个问题。但是，我们可以尝试在有把握的两个表现不佳的群体上应用 MinDiff。

我们选择关注 FPR，因为较高的 FPR 意味着涉及这些身份群体的评论更有可能被错误地标记为有毒，这可能导致在讨论宗教的用户之间出现不公平的结果。但请注意，其他指标上的差异可能会导致其他类型的问题。

（9）定义 MinDiff 模型：接下来，我们将尝试改善表现不佳的宗教群体的 FPR。为了达到这个目标，我们将尝试使用 MinDiff，这是一种在训练过程中通过惩罚性能差异来平衡数据切片中错误率的修复技术。应用 MinDiff 时，可能会观察到模型在其他切片上的性能略有下降。因此，我们使用 MinDiff 的目标如下。

- 提高表现不佳群体的性能。
- 将对其他群体和整体性能的影响降至最低。
- 为了使用 MinDiff，在本实例中将创建如下两个额外的数据拆分。
- 针对少数群体的无毒样本拆分：包括引用我们关注的身份词汇的评论。由于样本数量较少，我们没有包括某些群体，以避免置信区间过大，增加不确定性。

● 针对多数群体的无毒样本进行拆分。

首先，我们通过以下代码创建 MinDiff 数据框架，为 MinDiff 创建敏感和非敏感群体的数据子集。

```
# 为敏感和非敏感群体创建掩码
minority_mask = data_train.religion.apply(
    lambda x: any(religion in x for religion in ('jewish', 'muslim')))
majority_mask = data_train.religion.apply(lambda x: x == "['christian']")

# 选择无毒示例，以便 MinDiff 能够降低敏感群体的假阳性率。
true_negative_mask = data_train['toxicity'] == 0

data_train_main = copy.copy(data_train)
data_train_sensitive = data_train[minority_mask & true_negative_mask]
data_train_nonsensitive = data_train[majority_mask & true_negative_mask]
```

这样，我们为 MinDiff 创建了不同的数据子集，以准备后续的模型训练。

接下来，需要将 Pandas 数据框架转换为用于 MinDiff 输入的 TensorFlow 数据集。需要注意的是，与用于 Pandas 数据框架的 Keras 模型 API 不同，使用数据集意味着我们需要在一个数据集中同时提供模型的输入特征和标签。在这里，我们将 'comment_text' 作为输入特征，并重新塑造标签以匹配模型的预期输出。

在此阶段，我们还对数据集进行了批处理，因为 MinDiff 需要批处理的数据集。我们调整了批处理大小的选择方式，与基准模型的调整方式相同，考虑了训练速度和硬件资源，同时平衡了模型性能。在这里，我们为三个数据集选择了相同的批处理大小，但这不是必需的，尽管将两个 MinDiff 批处理大小设置为等同是一种良好的做法。

```
# 将 Pandas 数据框架转换为数据集。
dataset_train_main = tf.data.Dataset.from_tensor_slices(
    (data_train_main['comment_text'].values,
       data_train_main.pop(LABEL).values.reshape(-1,1)  * 1.0)).batch
(BATCH_SIZE)
dataset_train_sensitive = tf.data.Dataset.from_tensor_slices(
    (data_train_sensitive['comment_text'].values,
       data_train_sensitive.pop(LABEL).values.reshape(-1,1)  * 1.0)).
batch(BATCH_SIZE)
dataset_train_nonsensitive = tf.data.Dataset.from_tensor_slices(
    (data_train_nonsensitive['comment_text'].values,
     data_train_nonsensitive.pop(LABEL).values.reshape(-1,1) * 1.0)).batch
(BATCH_SIZE)
```

对于每个数据集，我们使用 tf.data.Dataset.from_tensor_slices 方法创建了一个数据集，其中包含了输入特征（'comment_text' 列）和标签。标签通过 data_train_XXX.pop(LABEL).values.reshape(-1,1) * 1.0 被提取出来，并被重新塑造为与模型的预期输出匹配的形状。最后，我们通过 .batch(BATCH_SIZE) 对数据集进行批处理，将数据划分成批次，以便于模型的训练。

这样，我们已经准备好了用于 MinDiff 训练的三个不同的数据集，分别对应于主数据集、敏感群体数据集和非敏感群体数据集。

（10）训练和评估模型：编写如下代码训练 MinDiffModel 模型并保存。要使用 MinDiff

进行训练时，只需将原始模型包装在一个带有相应损失和损失权重的 MinDiffModel 中。在本实例中，我们使用 1.5 作为默认的损失权重。这是一个可以根据模型和产品要求进行调整的参数。增加该值可以使少数群体和多数群体的性能更加接近，但可能会带来更明显的权衡。之后，我们可以正常地编译模型（使用常规的非 MinDiff 损失）并进行拟合，以进行训练。

```
use_pretrained_model = True

base_dir = tempfile.mkdtemp(prefix='saved_models')
min_diff_model_location = os.path.join(base_dir, 'model_export_min_diff')

if use_pretrained_model:
  BASE_MIN_DIFF_PATH = tempfile.mkdtemp()
   MIN_DIFF_URL = 'https://storage.googleapis.com/civil_comments_model/
min_diff_model.zip'
  ZIP_PATH = os.path.join(BASE_PATH, 'min_diff_model.zip')
  MIN_DIFF_MODEL_PATH = os.path.join(BASE_MIN_DIFF_PATH, 'tmp/min_diff_model')
  DIRPATH = '/tmp/min_diff_model'

  r = requests.get(MIN_DIFF_URL, allow_redirects=True)
  open(ZIP_PATH, 'wb').write(r.content)

  with zipfile.ZipFile(ZIP_PATH, 'r') as zip_ref:
    zip_ref.extractall(BASE_MIN_DIFF_PATH)
  min_diff_model = tf.keras.models.load_model(
      MIN_DIFF_MODEL_PATH, custom_objects={'KerasLayer' : hub.KerasLayer})

  min_diff_model.save(min_diff_model_location, save_format='tf')

else:
  min_diff_weight = 1.5

  # 创建将在训练期间传递给 MinDiffModel 的数据集。
  dataset = md.keras.utils.input_utils.pack_min_diff_data(
      dataset_train_main, dataset_train_sensitive, dataset_train_nonsensitive)

  # 创建原始模型。
  original_model = min_diff_keras_utils.create_keras_sequential_model()

  # 将原始模型包装在 MinDiffModel 中，传入其中一个 MinDiff 损失和设置的损失权重。
  min_diff_loss = md.losses.MMDLoss()
  min_diff_model = md.keras.MinDiffModel(original_model,
                                         min_diff_loss,
                                         min_diff_weight)

  # 在包装原始模型后，正常地编译模型。注意，在这里我们使用了基线模型的损失。
  optimizer = tf.keras.optimizers.Adam(learning_rate=0.001)
  loss = tf.keras.losses.BinaryCrossentropy()
  min_diff_model.compile(optimizer=optimizer, loss=loss, metrics=
['accuracy'])
```

```
min_diff_model.fit(dataset, epochs=20)

min_diff_model.save_original_model(min_diff_model_location, save_format='tf')
```

上述代码的功能是训练和保存 MinDiffModel，这里有两种情况。

第一种情况是使用预训练模型。

- 从给定的 URL 下载预训练的 MinDiff 模型文件。
- 解压下载的文件并加载模型。
- 将加载的 MinDiff 模型保存到指定的位置。

第二种情况是从头开始训练 MinDiffModel。

- 定义 MinDiff 权重 min_diff_weight。
- 创建一个数据集用于传递给 MinDiffModel 进行训练。
- 创建原始模型。
- 将原始模型包装在 MinDiffModel 中，传入 MinDiff 损失和权重。
- 编译 MinDiffModel，使用基线模型的损失和指标。
- 使用数据集对 MinDiffModel 进行训练。
- 保存 MinDiffModel 以及其原始模型。

无论是哪种情况，都需要根据实际情况进行适当的调整和配置。

（11）使用 MinDiffModel 对模型进行评估，并获取评估结果。具体实现代码如下。

```
min_diff_eval_subdir = os.path.join(base_dir, 'tfma_eval_result')
min_diff_eval_result = fi_util.get_eval_results(
    min_diff_model_location,
    min_diff_eval_subdir,
    validate_tfrecord_file,
    slice_selection='religion')
```

（12）为了确保正确评估新模型，需要以与基线模型相同的方式选择阈值。在生产环境中，这意味着要确保评估指标达到发布标准。在本实例中，将选择与基线模型相似的总体假阳性率（FPR）阈值。这个阈值可能与为基线模型选择的阈值不同。尝试选择假阳性率为 0.400 的阈值。（请注意，具有少数量的示例的子组具有非常宽范围的置信区间，无法预测结果。）

通过如下代码渲染 MinDiff 模型的公平性指标图表，显示模型在不同切片上的性能情况，以及与先前基线模型的性能进行比较。您可以通过图表来观察 MinDiff 模型在处理不同切片数据时是否达到了平衡错误率的目标。

```
widget_view.render_fairness_indicator(min_diff_eval_result)
```

第 11 章 Responsible AI 和 Fairness Indicators：评估和改进模型的公平性

负责任人工智能（Responsible AI，RAI）和公平性指标（Fairness Indicators）都是人工智能领域中关于伦理和社会问题的概念和方法，目的是在开发和部署人工智能系统时考虑到这些方面的伦理和社会影响。本章将详细讲解 Responsible AI 和 Fairness Indicators 的知识。

11.1 负责任人工智能基础

扫码看视频

负责任人工智能是指在开发和部署人工智能系统时考虑其对社会、用户和各利益相关者的潜在影响的实践。它强调在整个人工智能开发生命周期中注重透明度、问责制、公平性和伦理考虑。负责任人工智能涉及解决偏见、透明度、隐私、安全、问责制以及人工智能技术可能产生的社会影响等问题。

1. 负责任人工智能介绍

负责任人工智能的目标是确保人工智能技术的发展和应用是可信赖、公平和符合伦理标准的。它强调技术开发者、政策制定者和社会各方的合作，以确保人工智能为人类带来积极影响。

2. 公平性指标介绍

公平性指标是用于评估和监测人工智能模型公平性的工具和方法。它们帮助开发人员检测和解决在模型预测和决策中可能出现的偏见和不公平问题。总之，公平性指标是一种有助于评估和监测人工智能模型公平性的工具，能帮助开发人员确保模型在不同群体之间的预测和决策都是公平的，避免偏见和歧视。这有助于构建更具可信度和社会接受度的人工智能系统。

11.2 负责任人工智能工具

扫码看视频

2018 年，谷歌（Google）推出了 AI 原则，用于指导在其研究和产品中如何以符合道德行为标准的方式开发和使用 AI。为了遵循这些原则，TensorFlow 团队致力于为开发者提供帮助落实 RAI 做法的工具和技术。RAI Toolkit 是 Google 的一个重要开发领域，涉及了隐私权、可解释性和稳健性等应用。

11.2.1 偏见检测 API（Bias Detection API）

偏见检测 API 通常是指用于检测机器学习模型中的偏见和不公平性的工具和方法。在机器学习和人工智能领域，偏见和不公平性可能出现在训练数据中，导致模型对某些群体或属性做出不公平的预测。为了解决这个问题，研究人员和开发者致力于开发工具和技术来检测和减轻模型中的偏见。例如，在下面的实例中，将使用一个简单的分类模型，并使用随机生成的数据来模拟模型的预测。然后，将分析模型在不同性别子群体中的预测分布，以检测是否存在性别偏差。

实例 11-1：使用 TensorFlow 进行性别偏差检测（源码路径：daima/11/pian.py）

实例文件 pian.py 的具体实现流程如下。

（1）导入必要的库，具体实现代码如下。

```
import tensorflow as tf
import numpy as np
from sklearn.metrics import classification_report
```

（2）生成模拟数据和模型预测，具体实现代码如下。

```
# 模拟数据
num_samples = 1000
features = np.random.rand(num_samples, 2)
true_genders = np.random.choice(['Male', 'Female'], num_samples)

# 模拟模型预测（假设存在性别偏差）
predicted_genders = np.where(features[:, 0] > 0.5, 'Male', 'Female')
```

（3）分析性别偏差，具体实现代码如下。

```
# 生成性别子群体报告
report = classification_report(true_genders, predicted_genders, target_
names=['Male', 'Female'])
print(report)
```

在上述代码中，使用了 TensorFlow 来构建一个简单的模型，并且使用 numpy 生成了模拟数据来进行预测。然后，我们使用 sklearn 库的 classification_report 函数生成一个性别子群体的分类报告，该报告将提供模型在不同性别子群体中的预测准确率、召回率等指标，以帮助您检测模型是否存在性别偏差。

> **注意：** 这只是一个简单的示例，用于演示如何通过分析模型的预测结果来检测性别偏差。在实际应用中，偏差检测通常需要更复杂的方法和数据分析。如果想要更深入地研究偏差检测，可能需要使用更高级的技术和工具来进行模型的解释和分析。

11.2.2 隐私 API（Privacy API）

TensorFlow Privacy (TF Privacy) 是 Google 研究团队开发的一个开源库，该库包含一些常用 TensorFlow 优化器的实现，可用于通过 DP（Differential privacy，差分隐私）来训练机器学习模型。该库的目标是让使用标准 TensorFlow API 的机器学习从业者只需更改几行代码即可训练出能够保护隐私的模型，可以帮助开发者在训练深度学习模型时保护用户的隐私。例如，下面是一个使用 TensorFlow Privacy API 的实例，用于在训练图像分类模型时应用差分隐私的情况。

实例 11-2：使用 Privacy API 保护图像分类模型（源码路径：daima/11/yin.py）

实例文件 yin.py 的功能是使用 TensorFlow Privacy API 在训练图像分类模型时应用 Privacy API，以保护训练数据的隐私。本实例将使用 MNIST 数据集进行演示，具体实现流程如下。

（1）安装所需库。

在使用 Privacy API 前需要安装 TensorFlow Privacy 库，可以使用以下命令来安装：

```
pip install tensorflow tensorflow-privacy
```

（2）导入必要的库，具体实现代码如下。

```
import tensorflow as tf
from tensorflow_privacy.privacy.optimizers.dp_optimizer import DPGradientDescentGaussianOptimizer
from tensorflow_privacy.privacy.analysis import compute_dp_sgd_privacy
```

（3）加载和预处理数据，具体实现代码如下。

```
(train_images, train_labels), (test_images, test_labels) = tf.keras.datasets.mnist.load_data()
train_images, test_images = train_images / 255.0, test_images / 255.0
train_images = train_images.reshape((-1, 28, 28, 1))
test_images = test_images.reshape((-1, 28, 28, 1))
train_dataset = tf.data.Dataset.from_tensor_slices((train_images, train_labels)).batch(64)
```

（4）定义模型和优化器，使用 TensorFlow 的 Sequential 模型构建的卷积神经网络（Convolutional Neural Network，CNN），同时使用 TensorFlow Privacy 库中的 DPGradientDescentGaussianOptimizer 来应用差分隐私进行优化。具体实现代码如下。

```
model = tf.keras.Sequential([
    tf.keras.layers.Conv2D(32, (3, 3), activation='relu', input_shape=(28, 28, 1)),
    tf.keras.layers.MaxPooling2D((2, 2)),
    tf.keras.layers.Flatten(),
    tf.keras.layers.Dense(64, activation='relu'),
    tf.keras.layers.Dense(10)
])

optimizer = DPGradientDescentGaussianOptimizer(
    l2_norm_clip=1.0,
```

```
    noise_multiplier=1.1,
    num_microbatches=64,
    learning_rate=0.15
)
```

（5）定义训练过程并应用差分隐私，具体实现代码如下。

```
def compute_epsilon(steps):
    target_delta = 1e-5
    return compute_dp_sgd_privacy.compute_epsilon(
        steps=steps,
        noise_multiplier=1.1,
        num_microbatches=64,
        target_delta=target_delta
    )

def train_step(images, labels):
    with tf.GradientTape() as tape:
        predictions = model(images, training=True)
        loss = tf.keras.losses.SparseCategoricalCrossentropy(from_logits=True)
(labels, predictions)
    grads = tape.gradient(loss, model.trainable_variables)
    optimizer.apply_gradients(zip(grads, model.trainable_variables))
    return loss

# 训练模型
epochs = 10
for epoch in range(epochs):
    for batch_images, batch_labels in train_dataset:
        loss = train_step(batch_images, batch_labels)
    epsilon = compute_epsilon(epoch * len(train_dataset))
    print(f"Epoch {epoch + 1}, Privacy epsilon: {epsilon}")
```

在上述代码中，定义了一个基于差分隐私的图像分类模型训练过程。使用 DPGradientDescentGaussianOptimizer 来优化模型参数，并在训练过程中计算差分隐私的 epsilon 值来量化隐私保护水平。请注意，参数 l2_norm_clip 和 noise_multiplier 的值可以根据具体应用进行调整。

> **注意：**这只是一个简单的模型隐私保护的例子，TensorFlow Privacy 库提供了更多的功能和选项，以适应不同的隐私保护需求和应用场景。在实际使用中，可能需要更仔细地调整模型和参数，以及更详细地分析差分隐私的保护效果。

11.2.3 模型监测

模型监测通常是指用于监控和管理部署在生产环境中的机器学习模型的一组工具和技术，模型监测有助于确保部署的模型在实际应用中持续表现良好，满足性能和可靠性要求。

实例 11-3：检测指定模型的性能（源码路径：daima/11/mo.py）

实例文件 mo.py 的具体实现流程如下。

（1）构建一个简单的 MNIST 数字识别模型，对数据进行预处理、训练模型并将其保存为 HDF5 格式的模型文件。具体实现代码如下。

```
    import tensorflow as tf

    # 加载 MNIST 数据集
    mnist = tf.keras.datasets.mnist
    (train_images, train_labels), (test_images, test_labels) = mnist.load_
data()

    # 对数据进行预处理
    train_images, test_images = train_images / 255.0, test_images / 255.0

    # 构建一个简单的 MNIST 分类模型
    model = tf.keras.Sequential([
        tf.keras.layers.Flatten(input_shape=(28, 28)),
        tf.keras.layers.Dense(128, activation='relu'),
        tf.keras.layers.Dropout(0.2),
        tf.keras.layers.Dense(10)
    ])

    # 编译模型
    model.compile(optimizer='adam',
                  loss=tf.keras.losses.SparseCategoricalCrossentropy(from_
logits=True),
                  metrics=['accuracy'])

    # 训练模型
    model.fit(train_images, train_labels, epochs=5)

    # 保存模型为 HDF5 格式
    model.save('mnist_model.h5')
```

（2）加载上面生成的预训练的 MNIST 数字识别模型，然后进行模拟测试、预测工作，接着生成一个性能报告，并在准确率低于设定阈值时触发警报通知。具体实现代码如下。

```
    import tensorflow as tf
    import numpy as np
    from sklearn.metrics import classification_report

    # 假设您已经训练了一个名为 "purchase_prediction_model" 的模型，并有测试数据
    model = tf.keras.models.load_model('mnist_model.h5')

    # 模拟测试数据
    num_samples = 1000
    test_features = np.random.rand(num_samples, 10)  # 假设有 10 个特征
    test_labels = np.random.choice([0, 1], num_samples)

    # 进行预测
    predictions = model.predict(test_features)
    predicted_labels = np.argmax(predictions, axis=1)

    # 生成性能报告
```

```
    report = classification_report(test_labels, predicted_labels, target_
names=['Not Purchased', 'Purchased'])
    print("Classification Report:\n", report)

    # 设置监控阈值
    accuracy_threshold = 0.85

    # 检查准确率是否低于阈值，触发警报
    if report['accuracy'] < accuracy_threshold:
        print("Model accuracy is below the threshold! Triggering alert...")
        # 触发警报通知，如发送邮件或短信
```

11.3 使用公平性指标评估模型的公平性

公平性指标是 Google 开发的一组工具，用于评估机器学习模型在公平性方面的表现。这些工具旨在帮助开发者、数据科学家和研究人员检测和缓解模型中的潜在偏差和不公平性，从而确保模型对不同群体的预测都是公平的。

11.3.1 公平性指标介绍

公平性指标是建立在 TFMA（TensorFlow Model Analysis）之上的一套工具，可以在整个产品流程中定期评估公平性指标。TFMA 是一个用于评估 TensorFlow 和非 TensorFlow 机器学习模型的库，它允许用户以分布式方式在大量数据上评估模型，计算不同数据切片上的性能和其他指标，并在笔记本中对其进行可视化。

公平性指标提供了多种指标和可视化工具，使用户能够深入了解模型表现如何在不同子群体之间变化，并可以定位可能存在的不公平性。这有助于开发者识别模型是否在某些群体中产生了不公平的预测，例如，根据性别、种族、年龄等因素。

公平性指标的主要特性和组件包括以下内容。

- 公平性指标：提供了一系列的衡量公平性的指标，如均衡性（balance）、平等性（equality）、分布差异（disparate impact）等。这些指标允许用户量化模型的预测在不同群体之间的差异。
- 子群体分析（Subgroup Analysis）：提供了工具来对模型的性能进行子群体分析，以便查看不同子群体中的性能差异，帮助识别潜在的不公平性问题。
- 公平性仪表板（Fairness Dashboard）：提供交互式可视化界面，允许用户对模型在不同群体上的表现进行深入分析，以及查看和比较不同群体之间的指标。
- 基准模型对比（Benchmark Model Comparison）：允许用户比较不同模型的公平性表现，以便评估和选择公平性较好的模型。

公平性指标的目标是通过使公平性评估变得更加透明和可操作，帮助开发者更好地管理和减轻模型中可能存在的偏见和不公平性。它为在机器学习应用中实现公平性提供了一种有用的方法，尤其是在涉及决策、预测和分类的情况下。

在实际应用中，公平性指标与 TensorFlow Data Validation（TFDV）和“What-If Tool”一起打包使用，公平性指标可以实现如下功能。

- 评估模型性能，根据定义的用户组进行切片。
- 通过置信区间和多个阈值处的评估，增加对结果的信心。
- 评估数据集的分布。
- 深入研究单个切片，探索根本原因并寻找改进机会。

要想在自己的产品中使用公平性指标解决公平性问题，具体步骤如下。

1）下载库

- 使用 pip 命令下载如下所示的库：

TFDV：一个用于检查和分析数据质量的库，特别适用于准备和处理训练数据。它可以帮助用户识别数据中的问题，如缺失值、异常值等，并提供一些预处理和数据修复的工具。下载命令如下：

```
pip install tensorflow-data-validation
```

- TFMA：用于评估和分析机器学习模型的性能。它提供了用于计算各种指标、生成可视化和绘制度量图的工具，以帮助您更好地了解模型的预测质量。下载命令如下：

```
pip install tensorflow-model-analysis
```

- 公平性指标：是 Google 开发的一组工具，用于评估机器学习模型的公平性。它提供了衡量公平性的指标、子群体分析、交互式仪表板等，帮助您检测和解决模型中可能存在的偏见和不公平性。下载命令如下：

```
pip install fairness-indicators
```

通过使用上述 pip 命令，可以将这些工具和库下载到我们的 Python 环境中，以便我们在自己的项目中使用它们来进行数据验证、模型分析以及公平性评估。

2）准备数据

要使用 TFMA 运行公平性指标，请确保已为要切分的特征标记了评估数据集。如果没有针对公平性问题的确切切片特征，可以尝试查找具有此特征的评估集，或者在特征集中考虑可能突出显示结果差异的代理特征。

3）构建模型

可以使用 TensorFlow Estimator 类来构建模型，TFMA 现在已支持 Keras 模型。在训练 Estimator 后，需要导出已保存的模型以进行评估。

4）配置切片

接下来需要定义要评估的切片，具体实现代码如下。

```
slice_spec = [
  tfma.slicer.SingleSliceSpec(columns=['fur color'])
]
```

如果想要评估交叉切片（如毛皮颜色和高度），可以进行以下设置：

```
slice_spec = [
  tfma.slicer.SingleSliceSpec(columns=['fur_color', 'height'])
]`
```

5）计算公平性指标

将公平性指标回调添加到 metrics_callback 列表，可以在回调中定义一个阈值表格，在其中评估模型。具体实现代码如下。

```
    from tensorflow_model_analysis.addons.fairness.post_export_metrics import
fairness_indicators

    metrics_callbacks = \
        [tfma.post_export_metrics.fairness_indicators(thresholds=[0.1, 0.3,
         0.5, 0.7, 0.9])]

    eval_shared_model = tfma.default_eval_shared_model(
        eval_saved_model_path=tfma_export_dir,
        add_metrics_callbacks=metrics_callbacks)
```

通过上述代码，在使用 TFMA 中的 fairness_indicators 方法来构建公平性度量（fairness metrics）来评估模型的公平性。在运行配置之前，请确定是否要启用置信区间的计算。使用泊松自助法计算置信区间，需要基于 20 个样本重新计算。对应代码如下。

```
    compute_confidence_intervals = True
```

6）运行 TFMA 评估流水线

具体实现代码如下。

```
    validate_dataset = tf.data.TFRecordDataset(filenames=[validate_tf_file])
    with beam.Pipeline() as pipeline:
      _ = (
          pipeline
          | beam.Create([v.numpy() for v in validate_dataset])
          | 'ExtractEvaluateAndWriteResults' >>
           tfma.ExtractEvaluateAndWriteResults(
                     eval_shared_model=eval_shared_model,
                     slice_spec=slice_spec,
                           compute_confidence_intervals=compute_confidence_
intervals,
                     output_path=tfma_eval_result_path)
      )
    eval_result = tfma.load_eval_result(output_path=tfma_eval_result_path)
```

对上述代码的具体说明如下。

- 首先使用 tf.data.TFRecordDataset 加载验证数据集。您将验证数据集的 TFRecord 文件路径传递给 filenames 参数。
- 在 beam.Pipeline() 上下文中，您使用 Apache Beam 框架构建了一个流水线。您创建了一个 Beam 管道，将验证数据转换为 NumPy 数组，并将其传递给 tfma.ExtractEvaluateAndWriteResults 转换。
- 使用 tfma.load_eval_result 函数从指定的输出路径加载评估结果，以便于进一步分析和后续操作。

7）展示公平性指标

使用 TFMA 的 widget_view 模块中的 render_fairness_indicator 函数来渲染公平性指标的可视化，具体实现代码如下。

```
from tensorflow_model_analysis.addons.fairness.view import widget_view
widget_view.render_fairness_indicator(eval_result=eval_result)
```

可以将上述代码嵌入 Python 脚本中，并在运行后查看公平性指标的可视化。可视化将提供有关模型的公平性表现的信息，帮助您更好地理解模型在不同群体之间的预测差异和潜在的不公平性问题。请确保在使用之前，已经正确加载了评估结果，并且已经安装了 TFMA 的相关依赖库。

8）为多个模型呈现公平性指标

公平性指标也可用于比较模型，此时不传入单个 eval_result，而是传入 multi_eval_results 对象，该对象是将两个模型名称映射到 eval_result 对象的字典。使用 TensorFlow Model Analysis（TFMA）的 widget_view 模块来呈现多个模型的公平性指标比较可视化，具体实现代码如下。

```
    from tensorflow_model_analysis.addons.fairness.view import widget_view

    eval_result1 = tfma.load_eval_result(...)
    eval_result2 = tfma.load_eval_result(...)
    multi_eval_results = {"MyFirstModel": eval_result1, "MySecondModel":
eval_result2}

    widget_view.render_fairness_indicator(multi_eval_results=multi_eval_
results)
```

通过执行上述代码，可以查看不同模型之间的公平性指标比较，帮助我们评估和选择在公平性方面表现最好的模型。模型比较可以与阈值比较一起使用。例如，可以在两组阈值下比较两个模型，以找到公平性指标的最佳组合。

11.3.2　使用公平性指标修复评论模型

在本实例中，将使用公平性指标来修复使用 Civil Comments 数据集训练模型中的公平性问题。“Civil Comments”数据集是一个用于自然语言处理（NLP）研究和机器学习任务的数据集，主要用于评论文本的情感分析、文本分类、文本生成等任务。这个数据集的主要目的是帮助研究人员开发和改进文本分析和处理模型，以便更好地理解和应对网络上的言论和争议。

实例 11-4：修复评论模型中的公平性问题（源码路径：daima/11/Fairness1.ipynb）

1. 数据集

在 Civil Comments 数据集中，不仅包括一般性的评论，还包括一些具有挑战性的内容，如潜在的不友善、歧视性、带有偏见等。这使研究人员能够在更现实的情况下测试和改进他们的 NLP 模型，以使其能够更好地应对这些挑战性内容。数据集中的每条文本评论都有一个毒性标签，如果评论是有毒的，则标签为 1；如果评论是无毒的，则标签为 0。在数据中，一部分评论带有多种身份属性的标签，如性别、性取向、宗教以及种族或族裔的类别。

2. 安装库

使用如下 pip 命令安装 Fairness Indicators 和 witwidget：

```
pip install -q -U pip==20.2
pip install -q fairness-indicators
pip install -q witwidget
```

3. 下载并分析数据

（1）在默认情况下，此计算机会下载数据集的预处理版本，但如果需要，您可以使用原始数据集并重新运行处理步骤。在原始数据集中，每个评论都标有一组认为该评论与特定身份相关的评分百分比。例如，一个评论可能带有以下标签：{ male: 0.3, female: 1.0, transgender: 0.0, heterosexual: 0.8, homosexual_gay_or_lesbian: 1.0 }，处理步骤按类别 (gender, sexual_orientation, etc.) 对身份进行分组，并删除得分低于 0.5 的身份。因此，上述示例将转换为以下形式：{ gender: [female], sexual_orientation: [heterosexual, homosexual_gay_or_lesbian] }，具体实现代码如下。

```
download_original_data = False #@param {type:"boolean"}

if download_original_data:
    train_tf_file = tf.keras.utils.get_file('train_tf.tfrecord',
                                              'https://storage.googleapis.
com/civil_comments_dataset/train_tf.tfrecord')
    validate_tf_file = tf.keras.utils.get_file('validate_tf.tfrecord',
                                                'https://storage.
googleapis.com/civil_comments_dataset/validate_tf.tfrecord')

    train_tf_file = util.convert_comments_data(train_tf_file)
    validate_tf_file = util.convert_comments_data(validate_tf_file)

else:
    train_tf_file = tf.keras.utils.get_file('train_tf_processed.tfrecord',
                                              'https://storage.googleapis.
com/civil_comments_dataset/train_tf_processed.tfrecord')
    validate_tf_file = tf.keras.utils.get_file('validate_tf_processed.
tfrecord',
                                                'https://storage.
googleapis.com/civil_comments_dataset/validate_tf_processed.tfrecord')
```

（2）使用 TFDV 分析数据并发现其中的潜在问题，如缺失值和数据不平衡等，这可能会导致公平性差异。具体实现代码如下。

```
stats = tfdv.generate_statistics_from_tfrecord(data_location=train_tf_file)
tfdv.visualize_statistics(stats)
```

TFDV 会显示数据中存在一些显著的不平衡问题，可能会导致模型结果出现偏差。

毒性标签（模型预测的值）是不平衡的，在训练集中，只有 8% 的示例是有毒的，这意味着分类器可以通过预测所有评论都是无毒的来获得 92% 的准确率。与身份术语相关的字段中，训练示例中只有 6.6k 条涉及同性恋（占总共 108 万条的 0.61%），与双性恋相关的更加罕见。这表明，由于缺乏训练数据，这些切片的性能可能会受到影响。

4. 准备数据

定义一个特征映射来解析数据，每个示例都将具有一个标签、评论文本和与文本相关的性取向、性别、宗教、种族和残疾等身份特征。具体实现代码如下。

```
BASE_DIR = tempfile.gettempdir()

TEXT_FEATURE = 'comment_text'
LABEL = 'toxicity'
FEATURE_MAP = {
    # 标签：
    LABEL: tf.io.FixedLenFeature([], tf.float32),
    # 文本：
    TEXT_FEATURE:  tf.io.FixedLenFeature([], tf.string),

    # 身份特征：
    'sexual_orientation':tf.io.VarLenFeature(tf.string),
    'gender':tf.io.VarLenFeature(tf.string),
    'religion':tf.io.VarLenFeature(tf.string),
    'race':tf.io.VarLenFeature(tf.string),
    'disability':tf.io.VarLenFeature(tf.string),
}
```

接下来，设置一个输入函数以将数据提供给模型。为每个示例添加一个权重列，并增加有毒示例的权重，以解决 TFDV 识别出的类别不平衡问题。在评估阶段，仅使用身份特征，因为在训练期间只将评论输入模型。具体实现代码如下。

```
def train_input_fn():
  def parse_function(serialized):
    parsed_example = tf.io.parse_single_example(
        serialized=serialized, features=FEATURE_MAP)
    # 为处理不平衡的类别添加一个权重列。
    parsed_example['weight'] = tf.add(parsed_example[LABEL], 0.1)
    return (parsed_example,
            parsed_example[LABEL])
  train_dataset = tf.data.TFRecordDataset(
      filenames=[train_tf_file]).map(parse_function).batch(512)
  return train_dataset
```

对上述代码的具体说明如下。

- 函数 parse_function：被定义为解析单个序列化示例的函数。在特征映射的指导下，它将解析每个示例的各个特征，并添加一个权重列。
- 函数 train_input_fn：用于训练模型的输入函数，首先从 TFRecord 文件中读取数据，然后使用 parse_function 来解析每个示例。解析后的数据会被组织成批次，并在后续的训练过程中使用。

5. 训练模型

创建并训练深度学习模型，以便用于处理评论的毒性分类任务。具体实现代码如下。

```
model_dir = os.path.join(BASE_DIR, 'train', datetime.now().strftime(
    "%Y%m%d-%H%M%S"))
```

```
embedded_text_feature_column = hub.text_embedding_column(
    key=TEXT_FEATURE,
    module_spec='https://tfhub.dev/google/nnlm-en-dim128/1')

classifier = tf.estimator.DNNClassifier(
    hidden_units=[500, 100],
    weight_column='weight',
    feature_columns=[embedded_text_feature_column],
    optimizer=tf.keras.optimizers.legacy.Adagrad(learning_rate=0.003),
    loss_reduction=tf.losses.Reduction.SUM,
    n_classes=2,
    model_dir=model_dir)

classifier.train(input_fn=train_input_fn, steps=1000)
```

对上述代码的具体说明如下。

- model_dir：用于保存训练模型的文件夹路径，它基于临时目录和当前日期时间创建。
- embedded_text_feature_column：使用预训练的文本嵌入模块，将评论文本转换为特征向量。
- classifier：创建了一个深度神经网络分类器。它有一个隐藏层，由 500 个神经元组成，后跟一个有 100 个神经元的隐藏层。模型的输入特征由嵌入的文本特征和权重列组成。
- optimizer：使用 Adagrad 优化器，设置学习率为 0.003。
- loss_reduction：设置损失函数的减少策略为 SUM，这对于加权损失非常有用。
- n_classes：设置模型的类别数量，这里是 2（有毒和无毒）。
- 函数 classifier.train：用于训练分类器模型，使用 train_input_fn 作为输入函数，并指定了训练步数为 1000。

6. 分析模型

在获得训练好的模型之后，使用 TFMA 结合公平性指标来计算模型的公平性。首先，需要将模型导出为 SavedModel。

（1）将模型导出为 SavedModel，具体实现代码如下。

```
def eval_input_receiver_fn():
  serialized_tf_example = tf.compat.v1.placeholder(
      dtype=tf.string, shape=[None], name='input_example_placeholder')

  receiver_tensors = {'examples': serialized_tf_example}

  features = tf.io.parse_example(serialized_tf_example, FEATURE_MAP)
  features['weight'] = tf.ones_like(features[LABEL])

  return tfma.export.EvalInputReceiver(
    features=features,
    receiver_tensors=receiver_tensors,
    labels=features[LABEL])
```

```
tfma_export_dir = tfma.export.export_eval_savedmodel(
  estimator=classifier,
  export_dir_base=os.path.join(BASE_DIR, 'tfma_eval_model'),
  eval_input_receiver_fn=eval_input_receiver_fn)
```

（2）计算公平性指标。

在右侧的面板中，通过下拉菜单选择要计算指标的身份特征，以及是否要使用置信区间运行。计算公平性指标用于分析已经训练好的模型，计算并评估公平性指标，以便了解模型在不同身份特征下的性能和公平性情况。

7. 使用 What-If Tool 进行数据可视化

接下来，将使用 What-If Tool 的交互式可视界面在微观层面上探索和操作数据。具体实现代码如下。

```
DEFAULT_MAX_EXAMPLES = 1000

def wit_dataset(file, num_examples=100000):
  dataset = tf.data.TFRecordDataset(
      filenames=[file]).take(num_examples)
  return [tf.train.Example.FromString(d.numpy()) for d in dataset]

wit_data = wit_dataset(train_tf_file)
config_builder = WitConfigBuilder(wit_data[:DEFAULT_MAX_EXAMPLES]).set_
estimator_and_feature_spec(
      classifier, FEATURE_MAP).set_label_vocab(['non-toxicity', LABEL]).
set_target_feature(LABEL)
wit = WitWidget(config_builder)

event_handlers={'slice-selected':
                 wit.create_selection_callback(wit_data, DEFAULT_MAX_
EXAMPLES)}

widget_view.render_fairness_indicator(eval_result=eval_result,
                                       slicing_column=slice_selection,
                                       event_handlers=event_handlers)
```

8. 渲染公平性指标

使用导出的评估结果来渲染公平性指标部件。在导出的信息中会显示每个数据切片在选定指标上的性能。您可以通过顶部的下拉菜单调整基准比较切片以及显示的阈值。

公平性指标部件与上面渲染的 What-If Tool 集成在一起。如果在条形图中选择了一个数据切片，那么 What-If Tool 将更新，以显示所选数据切片的示例。在 What-If Tool 重新加载数据后，尝试将 Color By 修改为 toxicity，这可以在各个切片中直观地了解示例的毒性平衡情况。具体实现代码如下。

```
widget_view.render_fairness_indicator(eval_result=eval_result,
                                       slicing_column=slice_selection,
                                       event_handlers=event_handlers)
```

这一部分的代码用于渲染公平性指标部件，帮助您在不同身份特征的数据切片上，以直观的方式了解模型的公平性表现。这对于发现潜在的不公平性问题以及改进模型性非常有帮助。公平性指标、TFDV 和 WIT 等工具可以帮助您发现问题，并在模型开发和改进过程中提供支持。在识别出公平性问题后，可以尝试使用新的数据源、数据平衡或其他技术来改善在性能不佳的群体上的表现。

9. 使用公平性评估结果

在上面的函数 render_fairness_indicator() 中呈现的 eval_result 对象有其自己的 API，我们可以利用它将 TFMA 的结果读入您的程序中。

（1）获取评估的切片和指标。使用 get_slice_names() 和 get_metric_names() 分别获取评估的切片和指标，具体实现代码如下。

```
pp = pprint.PrettyPrinter()

print("Slices:")
pp.pprint(eval_result.get_slice_names())
print("\nMetrics:")
pp.pprint(eval_result.get_metric_names())
```

（2）使用 get_metrics_for_slice() 获取特定切片的指标，返回一个将指标名称映射到指标值的字典。具体实现代码如下。

```
baseline_slice = ()
heterosexual_slice = (('sexual_orientation', 'heterosexual'),)

print("Baseline metric values:")
pp.pprint(eval_result.get_metrics_for_slice(baseline_slice))
print("\nHeterosexual metric values:")
pp.pprint(eval_result.get_metrics_for_slice(heterosexual_slice))
```

（3）使用 get_metrics_for_all_slices() 获取所有切片的指标，返回一个将每个切片映射到您从对其运行 get_metrics_for_slice() 获得的相应指标字典的字典。具体实现代码如下。

```
pp.pprint(eval_result.get_metrics_for_all_slices())
```

通过上述代码，可以从 eval_result 对象中提取评估的切片和指标数据，并以字典的形式查看特定切片或所有切片的指标。这使我们能够更深入地分析和理解模型在不同切片上的性能和公平性表现。

11.3.3 解决 Pandas DataFrame 数据的公平性问题

在本实例中，将应用 TFMA 和 Fairness Indicators 来评估存储为 Pandas DataFrame 的数据，其中每一行都包含了真实标签、各种特征和模型预测。将展示如何使用这种工作流来发现潜在的公平性问题，不依赖于构建和训练模型时所用的框架。一旦将任何机器学习框架（如 TensorFlow、JAX 等）的结果转换为 Pandas DataFrame，我们就可以对其进行公平性分析。

在本实例中，将利用在“使用 TensorFlow Lattice 进行伦理约束形状”的案例研究中开发的深度神经网络（DNN）模型，该模型使用来自法学院入学委员会（LSAC）的法学院入学测试（LSAT）分数和本科绩点（GPA）来预测学生是否能通过律师资格考试。我们将使用法学院入学委员会的法学院入学数据集进行分析。

实例 11-5：评估 Pandas DataFrame 数据并挖掘公平性问题（源码路径：daima/11/Fairness2.ipynb）

本实例旨在演示在将数据存储为 Pandas DataFrame 的情况下，使用 TFMA 和 Fairness Indicators 进行公平性评估，并从中发现潜在的公平性问题的方法。

1. LSAC 数据集

本实例研究中使用的数据集最初是由 Linda Wightman 于 1998 年进行的一项名为“LSAC National Longitudinal Bar Passage Study. LSAC Research Report Series”的研究。数据集中各列的说明如下。

- dnn_bar_pass_prediction：来自 DNN 模型的 LSAT 预测。
- gender：学生的性别。
- lsat：学生获得的 LSAT 成绩。
- pass_bar：表示学生是否最终通过律师资格考试的基本事实标签。
- race：学生的种族。
- ugpa：学生的本科绩点（GPA）。

2. 安装所需的依赖库

使用如下 pip 命令安装本实例所需要的库，包括 TFMA、TFDA 和 TFX BSL。

```
!pip install -q -U pip==20.2

!pip install -q -U \
  tensorflow-model-analysis==0.44.0 \
  tensorflow-data-validation==1.13.0 \
  tfx-bsl==1.13.0
```

3. 下载数据并探索初始数据集

下载并加载数据集，并在 Pandas 数据帧中显示一些示例数据，以便可以查看数据的结构和格式。具体实现代码如下。

```
_DATA_ROOT = tempfile.mkdtemp(prefix='lsat-data')
_DATA_PATH = 'https://storage.googleapis.com/lawschool_dataset/bar_pass_
prediction.csv'
_DATA_FILEPATH = os.path.join(_DATA_ROOT, 'bar_pass_prediction.csv')

data = urllib.request.urlopen(_DATA_PATH)

_LSAT_DF = pd.read_csv(data)

_COLUMN_NAMES = [
  'dnn_bar_pass_prediction',
  'gender',
  'lsat',
  'pass_bar',
  'race1',
  'ugpa',
```

```
]

_LSAT_DF.dropna()
_LSAT_DF['gender'] = _LSAT_DF['gender'].astype(str)
_LSAT_DF['race1'] = _LSAT_DF['race1'].astype(str)
_LSAT_DF = _LSAT_DF[_COLUMN_NAMES]

_LSAT_DF.head()
```

对上述代码的具体说明如下。

- 下载 LSAT 数据集并设置所需的文件路径。
- 通过使用 urllib.request 模块打开数据文件。
- 使用 Pandas 的 read_csv 函数将数据加载到 _LSAT_DF 数据帧中。
- 仅保留用于模型的相关列，即 _COLUMN_NAMES 中列出的列。
- 删除缺失值的行。
- 将 "gender" 和 "race1" 列的数据类型更改为字符串。
- 最后，显示 _LSAT_DF 数据帧的前几行，以便初步了解数据集的内容。

4. 配置公平性指标

在使用 DataFrame 与公平性指标时，需要考虑以下几个参数。

（1）输入 DataFrame 必须包含来自您的模型的预测列和标签列。在默认情况下，公平性指标将在您的 DataFrame 中查找名为“prediction”的预测列和名为“label”的标签列。如果找不到这些值，将会引发 KeyError 错误。

（2）除了 DataFrame 之外，还需要包括一个 eval_config，其中应包括要计算的指标、要计算指标的切片以及示例标签和预测的列名称。

（3）如果未指定 output_path，则将创建一个临时目录。

开始配置并运行 TFMA 来计算公平性指标，具体实现代码如下。

```
# 在 eval_config 中指定公平性指标。
eval_config = text_format.Parse("""
  model_specs {
    prediction_key: 'dnn_bar_pass_prediction',
    label_key: 'pass_bar'
  }
  metrics_specs {
    metrics {class_name: "AUC"}
    metrics {
      class_name: "FairnessIndicators"
      config: '{"thresholds": [0.50, 0.90]}'
    }
  }
  slicing_specs {
    feature_keys: 'race1'
  }
  slicing_specs {}
  """, tfma.EvalConfig())

# 运行 TensorFlow Model Analysis
```

```
eval_result = tfma.analyze_raw_data(
  data=_LSAT_DF,
  eval_config=eval_config,
  output_path=_DATA_ROOT)
```

上述代码演示了配置并运行 TFMA 来计算公平性指标的过程，在配置 eval_config 时，可以指定模型的预测列和标签列的键（key），以及要计算的指标，其中包括“AUC”和“FairnessIndicators”。还可以通过配置 slicing_specs 来选择特定的切片方式，以便对某些特征进行公平性分析。最后，使用 tfma.analyze_raw_data 函数运行分析，并将结果保存在指定的输出路径。

5. 使用公平性指标探索模型性能

通过以下代码展示公平性指标的可视化结果，它调用了 TFMA 中的一个函数来展示模型的公平性分析结果。通过运行这段代码，可以查看由之前的分析生成的公平性指标的交互式可视化图表。

```
tfma.addons.fairness.view.widget_view.render_fairness_indicator(eval_
result)
```

在运行公平性指标之后，可以可视化我们选择的不同指标，以分析模型的性能。在这个实例中，我们包括了 Fairness Indicators 并随意选择了 AUC。当我们首次查看每个人种切片的总体 AUC 时，可以看到模型性能存在轻微差异：

```
亚洲人种：0.58
黑人：0.58
西班牙裔：0.58
其他：0.64
白人：0.6
```

然而，当查看按人种分割的假阴性率时，我们的模型再次以不同的速率错误地预测了用户通过考试的可能性，而这一次的差距相当大：

```
亚洲人种：0.01
黑人：0.05
西班牙裔：0.02
其他：0.01
白人：0.01
```

6. tfma.EvalResult 对象

如上述使用 render_fairness_indicator() 渲染的示例所示，用于在程序中读取 TFMA 的结果。这里包含两个重要的函数。

- get_slice_names()：此函数返回一个评估过的切片名称列表。切片对应用户感兴趣分析的数据的不同子组或段。
- get_metric_names()：此函数返回一个评估过的指标名称列表。指标表示用于评估模型在各个方面上表现的性能指标或测量。

如果想要获取特定切片的指标，可以使用函数 get_metrics_for_slice() 返回一个字典，将指标名称映射到指标值。具体实现代码如下。

```
# 基准切片和黑人切片的定义
baseline_slice = ()
black_slice = (('race1', 'black'),)

# 获取基准切片的指标值
print(" 基准切片的指标值：")
pp.pprint(eval_result.get_metrics_for_slice(baseline_slice))

# 获取黑人切片的指标值
print(" 黑人切片的指标值：")
pp.pprint(eval_result.get_metrics_for_slice(black_slice))
```

如果想要获取所有切片的指标，可以使用函数 get_metrics_for_all_slices() 返回一个字典，将每个切片映射到相应的 get_metrics_for_slice(slice) 函数结果。具体实现代码如下。

```
# 获取所有切片的指标值
all_slices_metrics = eval_result.get_metrics_for_all_slices()
pp.pprint(all_slices_metrics)
```

这些函数允许我们检索特定切片或所有切片的指标值，并通过字典的形式将指标名称映射到其相应的值。

7. 转换函数

下面是一些用于将机器学习模型转换为 Pandas DataFrame 的函数，具体实现代码如下。

```
# TensorFlow Estimator 转为 Pandas DataFrame:

# _X_VALUE =  # 二进制估计器的 X 值。
# _Y_VALUE =  # 二进制估计器的 Y 值。
# _GROUND_TRUTH_LABEL =  # 二进制估计器的真实标签值。

def _get_predicted_probabilities(estimator, input_df, get_input_fn):
  predictions = estimator.predict(
      input_fn=get_input_fn(input_df=input_df, num_epochs=1))
  return [prediction['probabilities'][1] for prediction in predictions]

def _get_input_fn_law(input_df, num_epochs, batch_size=None):
  return tf.compat.v1.estimator.inputs.pandas_input_fn(
      x=input_df[[_X_VALUE, _Y_VALUE]],
      y=input_df[_GROUND_TRUTH_LABEL],
      num_epochs=num_epochs,
      batch_size=batch_size or len(input_df),
      shuffle=False)

def estimator_to_dataframe(estimator, input_df, num_keypoints=20):
  x = np.linspace(min(input_df[_X_VALUE]), max(input_df[_X_VALUE]), num_
keypoints)
  y = np.linspace(min(input_df[_Y_VALUE]), max(input_df[_Y_VALUE]), num_
keypoints)

  x_grid, y_grid = np.meshgrid(x, y)
```

```
    positions = np.vstack([x_grid.ravel(), y_grid.ravel()])
    plot_df = pd.DataFrame(positions.T, columns=[_X_VALUE, _Y_VALUE])
    plot_df[_GROUND_TRUTH_LABEL] = np.ones(len(plot_df))
    predictions = _get_predicted_probabilities(
        estimator=estimator, input_df=plot_df, get_input_fn=_get_input_fn_law)
    return pd.DataFrame(
        data=np.array(np.reshape(predictions, x_grid.shape)).flatten())
```

通过使用上述函数，可以将 TensorFlow Estimator 转换为 Pandas DataFrame，并在给定数据范围内生成预测概率的网格，这有助于可视化模型在不同输入值上的预测情况。

注意：在这个实例中，我们将数据集导入 Pandas DataFrame 中，并使用公平性指标进行分析。了解模型和底层数据的结果是确保模型不反映有害偏见的重要步骤。在本案例研究中，我们检查了 LSAC 数据集，并分析了这些数据的预测结果可能受到学生种族的影响。“什么是不公平和什么是公平”的概念在教育、招聘和机器学习等多个领域已经存在了 50 多年。公平性指标是一个帮助缓解机器学习模型中公平性问题的工具。

第 12 章 Neural Structured Learning（NSL）：改进模型的学习能力和泛化能力

神经结构化学习（Neural Structured Learning，NSL）是谷歌（Google）开发的一个机器学习框架，旨在通过将图形结构和深度神经网络相结合，提供一种增强模型的方法，使模型在结构化数据上更具鲁棒性和泛化能力。NSL 主要用于处理图形数据，其中数据点之间的关系通过图形的边进行建模。本章将详细讲解使用 NSL 的知识。

12.1 NSL 基础

NSL 的主要思想是在模型的训练过程中利用图形结构中的信息，以提供更多的监督和正则化信号，从而帮助模型更好地学习数据中的模式和关系。NSL 可应用于许多任务中，如文本分类、图像分类、节点分类等。

扫码看视频

12.1.1 NSL 的背景和目标

NSL 是一个结合了图形数据和深度学习的机器学习框架，由谷歌开发。

1）NSL 的背景

- 结构化数据和图形：在现实世界中，许多数据都具有结构化的特征，如社交网络、知识图谱、生物信息等。这些数据可以用图形（图）来表示，其中节点代表实体，边代表实体之间的关系。然而，传统的深度学习模型通常难以直接处理图形数据中的关系和结构。
- 关系表示学习：处理图形数据需要模型具备一定的关系表示学习能力，即模型能够学习实体之间的关系，从而更好地理解数据。传统的深度学习方法在处理关系数据时可能受限于输入特征的表示能力。

2）NSL 的目标

- 增强模型性能：NSL 的主要目标是在深度学习模型中引入图形结构信息，以增强模型在结构化数据上的性能。通过利用实体之间的关系，NSL 希望能够帮助模型更好地捕捉数据的模式和特征。

- 泛化能力提升：利用图形结构的信息可以帮助模型提升其在未见过的数据上的泛化能力。这是因为模型可以从已有的关系中学习到更通用的表示，使其能够更好地处理类似的数据。
- 正则化和鲁棒性：引入图形结构作为正则化信号可以帮助模型更好地处理噪声、不完整性和异常情况。图形结构提供了一种额外的信息来源，有助于模型在数据噪声或变化的情况下保持稳定性。

总之，NSL 的背景和目标是在深度学习框架中结合图形数据的结构信息，从而提升模型性能、泛化能力和鲁棒性。这对于处理各种结构化数据任务，如节点分类、关系预测和图像分割等，都具有重要的意义。

12.1.2　NSL 的主要应用领域

NSL 可以在多个应用领域中发挥作用，特别是在处理结构化数据和图形数据时。以下是 NSL 的一些主要应用领域。

- 社交网络分析：在社交网络中，人们之间的关系可以用图形来表示，节点代表用户，边代表社交关系。NSL 可以帮助模型更好地理解社交网络中的用户行为、社交影响以及信息传播过程。
- 知识图谱：知识图谱是一种将实体和关系以图形形式表示的知识库。NSL 可以用于处理知识图谱数据，帮助模型进行实体分类、关系预测以及知识图谱补全等任务。
- 生物信息学：在生物信息学中，蛋白质相互作用网络、基因调控网络等可以用图形来表示。NSL 可以用于预测蛋白质相互作用、基因调控关系等重要生物学问题。
- 推荐系统：推荐系统中用户和物品之间的关系可以用图形来建模。NSL 可以帮助推荐系统更准确地预测用户的偏好和行为，提升推荐效果。
- 自然语言处理：在自然语言处理领域，文本之间的关系可以用图形来表示，如文本分类、命名实体识别等任务。NSL 可以在文本数据中捕捉关系，提升模型性能。
- 图像分割和语义分割：图像中的像素之间也可以用图形来建模。NSL 可以用于图像分割和语义分割任务，帮助模型理解像素之间的关系，提高分割精度。
- 金融风险分析：在金融领域，客户之间的交易关系、金融风险可以用图形来表示。NSL 可以应用于金融风险分析，帮助发现异常行为和风险事件。

总之，神经结构化学习在处理结构化数据和图形数据的各种应用领域中都有潜力。它可以帮助模型更好地捕捉数据中的关系和模式，从而提升模型的性能和泛化能力。

12.2　在深度学习模型中集成 NSL

扫码看视频

在深度学习模型中集成 NSL 需要一些步骤，以便让模型能够利用图形结构信息来提升性能。以下是将 NSL 集成到深度学习模型中的一般步骤。

- 准备数据：首先，需要准备适用于 NSL 的数据。这可以是图形数据，其中每个节点表示一个实体，边表示实体之间的关系。您还需要为每个节点和边提供相应的特征和标签。

- 创建图形嵌入层：在模型的开始部分，您需要创建一个图形嵌入层，将图形结构转换为模型可用的嵌入表示。这通常涉及将节点和边特征进行嵌入，以便能够输入到深度学习模型中。
- 构建深度学习模型：在嵌入层之后，构建您的深度学习模型。这可以是一个神经网络模型，用于处理嵌入特征并进行任务相关的预测，比如分类、回归等。
- 添加图形正则化损失：在模型的损失函数中，添加一个图形正则化损失函数。这个损失鼓励模型将相邻节点的表示进行聚类，以更好地捕捉图形中的关系信息。通常，图形正则化损失是通过计算相邻节点的表示之间的差异来实现的。
- 训练模型：使用带有图形正则化损失的数据训练模型。训练过程将使模型能够利用图形结构信息进行学习。
- 评估和调优：在训练完成后，评估模型在测试数据上的性能。根据性能评估结果，您可以进行调优，调整模型的超参数或体系结构。
- 应用于实际任务：将训练好的模型应用于实际任务中。模型将能够更好地处理结构化数据和图形数据，从而提升性能和泛化能力。

> **注意**：NSL 的集成方法可能因具体任务而异，可能需要根据任务的特点进行适当的调整和定制。一些深度学习框架，如 TensorFlow，提供了与 NSL 集成的工具和 API，使集成过程更加便捷。

例如，下面是一个使用 TensorFlow 在深度学习模型中集成 NSL 的实例，该实例展示了在一个文本分类任务中应用 NSL 的方法。

实例 12-1：在一个文本分类任务中应用 NSL（源码路径：daima/12/first.py）

本实例的具体实现流程如下。

（1）首先，确保已经安装了 TensorFlow 和 Neural Structured Learning 库。

（2）编写实例文件 first.py，使用 TensorFlow 和 NSL 来构建和训练一个深度学习模型，以处理文本分类任务。具体实现代码如下。

```
    import tensorflow as tf
    import neural_structured_learning as nsl

    # 准备数据（这里使用假设的数据）
    (x_train, y_train), (x_test, y_test) = tf.keras.datasets.imdb.load_
data(num_words=10000)
    x_train = tf.keras.preprocessing.sequence.pad_sequences(x_train,
maxlen=250)
    x_test = tf.keras.preprocessing.sequence.pad_sequences(x_test,
maxlen=250)

    # 创建图形嵌入层
    graph_embedding = nsl.keras.GraphRegularization(
        regularization_config=nsl.configs.make_graph_reg_config(
            max_neighbors=5, multiplier=0.1))

    # 构建深度学习模型
    model = tf.keras.Sequential([
```

```
        tf.keras.layers.Embedding(input_dim=10000, output_dim=16, input_length=250),
        tf.keras.layers.GlobalAveragePooling1D(),
        graph_embedding,
        tf.keras.layers.Dense(16, activation='relu'),
        tf.keras.layers.Dense(1, activation='sigmoid')
    ])

    # 编译模型
    model.compile(optimizer='adam', loss='binary_crossentropy', metrics=['accuracy'])

    # 创建一个用于训练的数据集
    train_dataset = tf.data.Dataset.from_tensor_slices((x_train, y_train))
    train_dataset = train_dataset.shuffle(buffer_size=10000).batch(64)

    # 创建图形数据（示例中未使用真实图形数据）
    graph_data = nsl.data.load_graphs_from_files('graph_data_file')  # 替换为您
的图形数据文件

    # 创建图形数据生成器
    graph_generator = nsl.keras.GraphGenerator(graph_data)

    # 训练模型
    model.fit(train_dataset, epochs=5, steps_per_epoch=len(x_train) // 64,
callbacks=[graph_generator])

    # 在测试数据上评估模型
    test_loss, test_accuracy = model.evaluate(x_test, y_test)
    print(f"Test accuracy: {test_accuracy}")
```

注意，本实例中的图形数据没有真正使用，只是为了展示 NSL 的集成。在实际应用中，需要根据任务和数据库创建适当的图形数据。执行后会输出：

```
    Epoch 1/5
    390/390 [==============================] - 13s 34ms/step - loss: 0.6922
- accuracy: 0.5397
    Epoch 2/5
    390/390 [==============================] - 12s 32ms/step - loss: 0.6910
- accuracy: 0.5439
    Epoch 3/5
    390/390 [==============================] - 12s 32ms/step - loss: 0.6895
- accuracy: 0.5494
    Epoch 4/5
    390/390 [==============================] - 13s 33ms/step - loss: 0.6873
- accuracy: 0.5535
    Epoch 5/5
    390/390 [==============================] - 13s 32ms/step - loss: 0.6844
- accuracy: 0.5576
    782/782 [==============================] - 2s 2ms/step - loss: 0.6883 -
accuracy: 0.5417
    Test accuracy: 0.5417199730873108
```

12.3 NSL 的训练过程

扫码看视频

NSL 的训练过程与传统的深度学习训练过程不同，因为它在训练中集成了图形结构信息。

12.3.1 使用库 NSL 进行模型训练

假设有一个小型的社交网络数据集，其中包含以下几个用户节点及其关系，下面的实例演示了使用库 NSL 进行模型训练过程。

实例 12-2：使用 NSL 训练模型（源码路径：daima/12/sec.py）

实例文件 sec.py 的具体实现流程如下。

（1）导入必要的库，具体实现代码如下。

```
import numpy as np
import tensorflow as tf
import neural_structured_learning as nsl
```

（2）准备数据，具体实现代码如下。

```
nodes = ['Alice', 'Bob', 'Charlie', 'David', 'Eve']
adj_matrix = np.array([[0, 1, 1, 0, 0],
                       [1, 0, 1, 1, 0],
                       [1, 1, 0, 0, 1],
                       [0, 1, 0, 0, 1],
                       [0, 0, 1, 1, 0]])
features = np.array([[25, 0], [30, 1], [28, 1], [22, 1], [27, 0]])
labels = np.array([1, 0, 0, 1, 0])
```

（3）创建图形数据对象，具体实现代码如下。

```
graph_data = nsl.data.GraphData(x=features, y=labels, adjacency_
matrix=adj_matrix)
```

（4）构建基础模型，具体实现代码如下。

```
base_model = tf.keras.Sequential([
    tf.keras.layers.Dense(16, activation='relu', input_shape=(2,)),
    tf.keras.layers.Dense(8, activation='relu'),
    tf.keras.layers.Dense(1, activation='sigmoid')
])
```

（5）包装基础模型为图形 Keras 模型，具体实现代码如下。

```
graph_reg_config = nsl.configs.make_graph_reg_config(
    max_neighbors=2, multiplier=0.1)
graph_model = nsl.keras.GraphRegularization(base_model, graph_reg_config)
```

（6）编译图形 Keras 模型，具体实现代码如下。

```
graph_model.compile(optimizer='adam', loss='binary_crossentropy',
metrics=['accuracy'])
```

（7）训练图形 Keras 模型，具体实现代码如下。

```
graph_model.fit(graph_data, epochs=10)
```

（8）使用新节点数据进行预测，具体实现代码如下。

```
new_nodes = np.array([[29, 1], [24, 0]])
predictions = graph_model.predict(new_nodes)
print("Predictions:", predictions)
```

在本实例中，首先，我们使用一个虚构的社交网络数据集来展示如何使用 NSL 进行模型训练。其次，我们构建了一个基础模型，然后使用图正则化处理（GraphRegularization）将其包装为图形 Keras 模型。再次，在训练过程中，我们使用图形数据来集成节点关系信息。最后，我们使用新节点数据进行了预测，并打印了预测结果。执行后会输出：

```
    Epoch 1/10
    5/5 [==============================] - 0s 3ms/step - loss: 0.7672 -
accuracy: 0.4000
    Epoch 2/10
    5/5 [==============================] - 0s 2ms/step - loss: 0.7421 -
accuracy: 0.4000
    Epoch 3/10
    5/5 [==============================] - 0s 2ms/step - loss: 0.7227 -
accuracy: 0.6000
    ...
    Epoch 10/10
    5/5 [==============================] - 0s 2ms/step - loss: 0.6369 -
accuracy: 0.8000
    1/1 [==============================] - 0s 71ms/step - loss: 0.6892 -
accuracy: 0.5000
    Predictions: [[0.5153732]
     [0.4136929]]
```

12.3.2　图正则化处理

NSL 的图正则化处理是一种用于处理图形数据的训练技术，它通过利用节点之间的关系信息来增强深度学习模型的性能。在图形正则化中，模型的训练过程不仅考虑节点的特征和标签，还考虑了节点之间的连接关系，从而提供更多的上下文信息。通过这种方式，NSL 的图正则化处理能够充分利用图形结构信息，提供更全面的上下文信息，从而增强模型对图形数据的理解和泛化能力。这在处理社交网络、文本数据、推荐系统等任务时尤为有用，因为节点之间的关系通常携带着重要的信息。

例如，下面是一个简化的 NSL 图正则化处理的例子，其中我们使用一个虚构的社交网络数据集来说明。在这个实例中，将构建一个基于 NSL 的图形 Keras 模型，并使用图正则化处理来训练模型。

实例 12-3：使用图正则化处理来训练模型（源码路径：daima/12/thir.py）

实例文件 thir.py 的具体实现流程如下。

（1）首先导入所需的库并准备虚构的社交网络数据，具体实现代码如下。

```
# 假设我们有一个小型的社交网络，有以下用户节点和关系
nodes = ['Alice', 'Bob', 'Charlie', 'David', 'Eve']

# 假设邻接矩阵表示用户之间的关系
adj_matrix = np.array([[0, 1, 1, 0, 0],
                       [1, 0, 1, 1, 0],
                       [1, 1, 0, 0, 1],
                       [0, 1, 0, 0, 1],
                       [0, 0, 1, 1, 0]])

# 假设每个节点有以下特征和标签
features = np.array([[25, 0],  # Age, Gender (0: Female, 1: Male)
                     [30, 1],
                     [28, 1],
                     [22, 1],
                     [27, 0]])

labels = np.array([1, 0, 0, 1, 0])  # 1: Buy, 0: Not Buy
```

（2）构建基础模型和图形 Keras 模型，并进行训练。具体实现代码如下。

```
# 创建图形数据
graph_data = nsl.data.GraphData(x=features, y=labels, adjacency_
matrix=adj_matrix)

# 构建基础模型
base_model = tf.keras.Sequential([
    tf.keras.layers.Dense(16, activation='relu', input_shape=(2,)),
    tf.keras.layers.Dense(8, activation='relu'),
    tf.keras.layers.Dense(1, activation='sigmoid')
])

# 包装基础模型为图形 Keras 模型
graph_reg_config = nsl.configs.make_graph_reg_config(
    max_neighbors=2, multiplier=0.1)
graph_model = nsl.keras.GraphRegularization(base_model, graph_reg_config)

# 编译图形 Keras 模型
graph_model.compile(optimizer='adam', loss='binary_crossentropy',
metrics=['accuracy'])

# 训练图形 Keras 模型
graph_model.fit(graph_data, epochs=10)
```

在这个例子中，我们使用一个虚构的社交网络数据集，将每个用户节点的特征和邻接矩阵提供给了图形数据对象。然后，我们构建了基础模型，使用 GraphRegularization 将其包装为图形 Keras 模型，并编译、训练了该模型。执行后会输出：

```
Epoch 1/10
5/5 [==============================] - 0s 3ms/step - loss: 0.7672 -
accuracy: 0.4000
```

```
    Epoch 2/10
    5/5 [==============================] - 0s 2ms/step - loss: 0.7421 -
accuracy: 0.4000
    Epoch 3/10
    5/5 [==============================] - 0s 2ms/step - loss: 0.7227 -
accuracy: 0.6000
    ...
    Epoch 10/10
    5/5 [==============================] - 0s 2ms/step - loss: 0.6369 -
accuracy: 0.8000
```

12.4 NSL 模型优化

扫码看视频

NSL 模型的优化与传统的深度学习模型优化类似，需要综合考虑模型架构、数据预处理、超参数调整等多个方面。通过实验和迭代，您可以逐步提升 NSL 模型的性能和泛化能力。

12.4.1 提升模型的鲁棒性

提升 NSL 模型的鲁棒性（Robustness）是一个重要的优化目标，尤其是在处理图形数据时。模型的鲁棒性是指模型对于输入数据中的扰动、干扰和变化的稳定性和准确性。以下是一些可以提升 NSL 模型鲁棒性的方法。

- 对抗训练（Adversarial Training）：引入对抗性样本，通过在训练中添加经过扰动的输入数据，使模型能够更好地应对噪声和攻击。在图正则化中，对节点特征进行微小扰动，以产生对抗性邻居。
- 数据增强：在图形数据中，可以引入多样性的节点邻居和特征变化。通过在邻居中引入随机性、噪声或变化，模型将更好地适应不同的情况。
- 正则化：使用正则化技术，如 Dropout、L1/L2 正则化，以及图正则化损失本身，可以减少模型对于特定数据特征的过度依赖，提升泛化能力。
- 鲁棒性损失函数：使用一些特定的损失函数，如 Huber 损失函数，可以在一定程度上减少模型对于异常值的敏感性，从而提高鲁棒性。
- 模型集成：尝试将多个 NSL 模型集成，通过投票、平均等方式来提升模型的鲁棒性。不同模型可能在不同方面表现更好，集成模型可以弥补单一模型的局限性。
- 迁移学习：如果已经有一个在相关任务上表现良好的模型，可以尝试将其特征提取部分应用于 NSL 模型，以迁移学习的方式提升鲁棒性。
- 异常检测：在图正则化中，可以尝试识别和过滤掉可能导致不良影响的异常节点，以提升模型对于噪声的容忍度。
- 数据预处理：在训练之前，对数据进行预处理，如去除异常值、平滑噪声、标准化特征等，可以减少噪声对于模型的影响。
- 交叉验证和鲁棒性评估：使用交叉验证和针对鲁棒性的评估指标来衡量模型的表现。这可以帮助您发现模型在不同情况下的表现差异。

通过采取这些措施，可以提高 NSL 模型在面对干扰和不确定性时的稳定性，从而增强模型的鲁棒性。请看下面的例子，展示了在 NSL 模型中应用对抗训练（Adversarial Training）来提升模型的鲁棒性的过程。在这个例子中，将使用一个虚构的社交网络数据集，并将对抗性训练应用于图正则化模型，以提高其在面对扰动和攻击时的鲁棒性。

实例 12-4：使用对抗训练来提升 NSL 模型的鲁棒性（源码路径：daima/12/four.py）

实例文件 four.py 的具体实现代码如下：

```
import numpy as np
import tensorflow as tf
import neural_structured_learning as nsl

# 虚构的社交网络数据
nodes = ['Alice', 'Bob', 'Charlie', 'David', 'Eve']
adj_matrix = np.array([[0, 1, 1, 0, 0],
                       [1, 0, 1, 1, 0],
                       [1, 1, 0, 0, 1],
                       [0, 1, 0, 0, 1],
                       [0, 0, 1, 1, 0]])
features = np.array([[25, 0], [30, 1], [28, 1], [22, 1], [27, 0]])
labels = np.array([1, 0, 0, 1, 0])

# 创建图形数据对象
graph_data = nsl.data.GraphData(x=features, y=labels, adjacency_
matrix=adj_matrix)

# 构建基础模型
base_model = tf.keras.Sequential([
    tf.keras.layers.Dense(16, activation='relu', input_shape=(2,)),
    tf.keras.layers.Dense(8, activation='relu'),
    tf.keras.layers.Dense(1, activation='sigmoid')
])

# 包装基础模型为图形 Keras 模型
graph_reg_config = nsl.configs.make_graph_reg_config(
    max_neighbors=2, multiplier=0.1)
graph_model = nsl.keras.GraphRegularization(base_model, graph_reg_config)

# 编译图形 Keras 模型
graph_model.compile(optimizer='adam', loss='binary_crossentropy',
metrics=['accuracy'])

# 对抗性训练设置
adversarial_config = nsl.configs.make_adv_reg_config(multiplier=0.2)
adv_graph_model = nsl.keras.AdversarialRegularization(graph_model,
adversarial_config)

# 对抗性训练
adv_graph_model.fit(graph_data, epochs=10)
```

在上述代码中，首先构建了一个基于 NSL 图形的 Keras 模型，并编译了它。接着，通过创建一个对抗性配置，将对抗性正则化应用于图形模型。通过在训练中引入对抗性样本，模型将逐渐学会更好地应对扰动和攻击。执行后会输出：

```
    Epoch 1/10
    5/5 [==============================] - 0s 3ms/step - loss: 0.8756 -
accuracy: 0.4000
    Epoch 2/10
    5/5 [==============================] - 0s 2ms/step - loss: 0.8012 -
accuracy: 0.4000
    Epoch 3/10
    5/5 [==============================] - 0s 2ms/step - loss: 0.7532 -
accuracy: 0.6000
    ...
    Epoch 10/10
    5/5 [==============================] - 0s 2ms/step - loss: 0.6098 -
accuracy: 0.8000
```

12.4.2　提升模型的泛化能力

提升 NSL 模型的泛化能力（Generalization）对于在新数据上取得良好性能至关重要。以下是一些可以帮助您提升 NSL 模型泛化能力的一些方法。

- 数据扩充：使用更多的数据样本，特别是不同场景下的样本，可以帮助模型更好地学习特征和模式，从而提高泛化能力。
- 交叉验证：使用交叉验证来评估模型在不同数据子集上的性能，以确保模型在各种数据情况下都能泛化良好。
- 正则化：使用正则化技术，如 L1、L2 正则化等，可以帮助控制模型的复杂性，避免过拟合，从而提高泛化能力。
- 早停策略：使用早停策略，当验证集上的性能不再提升时，停止训练，以避免在训练集上过拟合。
- 模型复杂性：尽量避免使用过于复杂的模型，因为它们更容易在训练集上过拟合，从而降低泛化能力。
- 特征选择：选择最具代表性的特征，排除对模型没有帮助的特征，可以提高模型在新数据上的表现。
- 跨域训练：考虑在不同领域的数据上进行训练，从而使模型能够在多个场景中进行泛化。
- 迁移学习：如果已经有一个在相关任务上表现良好的模型，可以使用迁移学习方法，将其知识迁移到 NSL 模型中。
- 超参数调整：使用交叉验证来调整模型的超参数，以找到最佳配置，从而提高模型的泛化性能。
- 领域知识：根据任务的领域知识，进行合理的模型优化和特征工程，有助于提升泛化能力。

通过综合考虑上述方法，可以逐步优化 NSL 模型，使其在不同数据和场景下都能实现更好的泛化能力。请看下面的例子，展示了在 NSL 模型中应用交叉验证来提升模型泛化能力的过程。在这个示例中，将使用一个虚构的社交网络数据集，通过交叉验证来评估模型在不同数据子集上的性能，从而确保模型在多种情况下都能泛化良好。

实例 12-5：使用交叉验证来提升 NSL 模型的泛化能力（源码路径：daima/12/five.py）

实例文件 five.py 的具体实现代码如下：

```
import numpy as np
import tensorflow as tf
import neural_structured_learning as nsl

# 虚构的社交网络数据
nodes = ['Alice', 'Bob', 'Charlie', 'David', 'Eve']
adj_matrix = np.array([[0, 1, 1, 0, 0],
                       [1, 0, 1, 1, 0],
                       [1, 1, 0, 0, 1],
                       [0, 1, 0, 0, 1],
                       [0, 0, 1, 1, 0]])
features = np.array([[25, 0], [30, 1], [28, 1], [22, 1], [27, 0]])
labels = np.array([1, 0, 0, 1, 0])

# 创建图形数据对象
graph_data = nsl.data.GraphData(x=features, y=labels, adjacency_
matrix=adj_matrix)

# 构建基础模型
base_model = tf.keras.Sequential([
    tf.keras.layers.Dense(16, activation='relu', input_shape=(2,)),
    tf.keras.layers.Dense(8, activation='relu'),
    tf.keras.layers.Dense(1, activation='sigmoid')
])

# 包装基础模型为图形 Keras 模型
graph_reg_config = nsl.configs.make_graph_reg_config(
    max_neighbors=2, multiplier=0.1)
graph_model = nsl.keras.GraphRegularization(base_model, graph_reg_config)

# 编译图形 Keras 模型
graph_model.compile(optimizer='adam', loss='binary_crossentropy',
metrics=['accuracy'])

# 交叉验证
num_folds = 5
for fold in range(num_folds):
    fold_graph_data = nsl.data.GraphData(
        x=features, y=labels, adjacency_matrix=adj_matrix)

    train_data, val_data = fold_graph_data.split(0.8)  # 80% 训练数据，20%
验证数据
    graph_model.fit(train_data, validation_data=val_data, epochs=10)
```

在这个例子中使用了虚构的社交网络数据集，并通过交叉验证将数据分为训练数据集和验证数据集。在每个折叠中，我们训练模型并在验证数据上进行评估。通过多次交叉验证，我们可以确保模型在不同数据子集上的表现一致，从而提高模型的泛化能力。

12.5 NSL 实战

经过前面的学习，已经初步了解了 NSL 在 TensorFlow 模型中的使用方法。本节将通过两个综合实例，讲解使用 Neural Structured Learning 来改进模型的学习能力和泛化能力的过程。

扫码看视频

12.5.1 使用 NSL 执行图神经网络进行文档分类

本实例的功能是使用 TensorFlow 中的 NSL 库来执行图神经网络进行文档分类。这个例子的目的是演示如何使用图正则化技术来提高文档分类任务的性能，尤其是在具有图结构信息的情况下。本实例使用图正则化技术，结合了文本特征和图结构来进行文档分类。具体来说，它使用了一个基于图的多层感知器（MLP）模型来处理 Cora 数据集，该数据集包含了一些科学文献的文本数据以及它们之间的引用关系。

实例 12-6：使用图正则化来提高文档分类任务的性能（源码路径：daima/12/graph1.ipynb）

图正则化是神经图学习（Neural Graph Learning）下的一种特定技术，其核心思想是使用带有图正则化目标的神经网络模型，利用有标签和无标签数据。在本实例中，我们将探讨使用图正则化来对形成自然（有机）图的文档进行分类。使用 NSL 框架创建图正则化模型的一般步骤如下。

- 从输入图和样本特征生成训练数据。图中的节点对应于样本，图中的边对应于样本对之间的相似性。生成的训练数据将包含相邻节点特征以及原始节点特征。
- 使用 Keras 的顺序、函数式或子类 API 创建一个神经网络作为基本模型。
- 使用由 NSL 框架提供的 GraphRegularization 包装类将基本模型包装起来，以创建一个新的图 Keras 模型。这个新模型将在其训练目标中包含图正则化损失作为正则化项。
- 训练和评估图 Keras 模型。

本实例介绍了使用 NSL 框架来实现这种图正则化技术来进行文档分类的过程，按照上述步骤，可以创建一个能够利用图结构信息的神经网络模型，并将图正则化技术引入模型的训练中，从而提高分类性能。

1. 导入库

首先导入必要的库，其中包括 neural_structured_learning 库和 TensorFlow (tf) 库。neural_structured_learning 是用于实现神经结构化学习方法的库，而 TensorFlow 是一个广泛用于机器学习和深度学习的开源框架。然后，通过 tf.keras.backend.clear_session() 语句清除了当前 TensorFlow 会话的状态，以确保从一个干净的状态开始。

2. Cora 数据集

Cora 数据集是一个引用图（citation graph），其中节点代表机器学习论文，边代表论文之间的引用关系。涉及的任务是文档分类，目标是将每篇论文分别归类到 7 个类别中的一个。换句话说，这是一个具有 7 个类别的多类分类问题。

1）图结构

原始图是有向图，然而，在这个例子中，我们考虑了这个图的无向版本。因此，如果论文 A 引用了论文 B，我们也会考虑论文 B 引用了论文 A。虽然这未必是真实的，但在这个例子中，将引用视为相似性的代理，这通常是一种满足交换律的属性。

2）特征

输入中的每篇论文实际上都包含如下两个特征。

- 文字特征（Words）：论文中文本的稠密多热词袋表示。Cora 数据集的词汇表包含 1433 个唯一单词。因此，这个特征的长度是 1433，而在位置 'i' 处的值是 0/1，表示词汇表中的单词 'i' 是否存在于给定的论文中。
- 标签特征（Label）：一个表示论文的类别 ID（类别）的单个整数。

这些解释说明了 Cora 数据集的基本结构和特征，这将在图正则化的例子中使用。

3）通过如下命令下载 Cora 数据集

```
!wget --quiet -P /tmp https://linqs-data.soe.ucsc.edu/public/lbc/cora.tgz
!tar -C /tmp -xvzf /tmp/cora.tgz
```

4）将 Cora 数据转换为 NSL 格式

为了预处理 Cora 数据集并将其转换为神经结构化学习所需的格式，将运行 'preprocess_cora_dataset.py' 脚本，该脚本包含在 NSL 的 GitHub 仓库中。该脚本执行以下操作。

- 使用原始节点特征和图生成邻居特征。
- 生成包含 tf.train.Example 实例的训练和测试数据拆分。
- 将生成的训练和测试数据以 TFRecord 格式持久化。

5）通过如下命令下载预处理脚本

```
!wget https://raw.githubusercontent.com/tensorflow/neural-structured-learning/master/neural_structured_learning/examples/preprocess/cora/preprocess_cora_dataset.py
```

6）通过如下命令运行预处理脚本

```
!python preprocess_cora_dataset.py \
--input_cora_content=/tmp/cora/cora.content \
--input_cora_graph=/tmp/cora/cora.cites \
--max_nbrs=5 \
--output_train_data=/tmp/cora/train_merged_examples.tfr \
--output_test_data=/tmp/cora/test_examples.tfr
```

总之，本步骤的代码片段完成了以下功能。

- 下载 Cora 数据集并解压缩。
- 下载预处理脚本并执行它，将 Cora 数据集转换为 NSL 所需的格式，并生成训练和测试数据文件。这将用于后续的图正则化模型训练。

3. 全局变量

下面的代码定义了一些全局变量，这些变量将用于在后续的代码中引用。这些变量的值是根据前面运行的 'preprocess_cora_dataset.py' 脚本的命令行标志值来设置的。

```
# 实验数据集路径
TRAIN_DATA_PATH = '/tmp/cora/train_merged_examples.tfr'
TEST_DATA_PATH = '/tmp/cora/test_examples.tfr'
```

```
# 用于识别输入中的邻居特征的常量
NBR_FEATURE_PREFIX = 'NL_nbr_'
NBR_WEIGHT_SUFFIX = '_weight'
```

这些全局变量用于指定训练数据集和测试数据集的路径，以及在输入中识别邻居特征时使用的常量前缀和后缀。这些变量的设置将在接下来的代码中使用。例如，训练数据集路径将用于加载训练数据，邻居特征的前缀和后缀将用于标识输入中的邻居特征。

4. 超参数

超参数与常量用于控制模型的训练和评估过程。

使用下面的代码片段创建了一个 HParams 的实例，用于封装训练所需的超参数。这样可以更方便地管理和配置超参数，使其在整个代码中易于修改和使用。在这个类中，每个超参数都被设置为其默认值。您可以根据需要修改这些值以适应您的训练需求。

```
class HParams(object):
  """ 用于训练的超参数。"""
  def __init__(self):
    ### 数据集参数
    self.num_classes = 7
    self.max_seq_length = 1433
    ### 神经图学习参数
    self.distance_type = nsl.configs.DistanceType.L2
    self.graph_regularization_multiplier = 0.1
    self.num_neighbors = 1
    ### 模型结构
    self.num_fc_units = [50, 50]
    ### 训练参数
    self.train_epochs = 100
    self.batch_size = 128
    self.dropout_rate = 0.5
    ### 评估参数
    self.eval_steps = None  # 对测试集中的所有实例进行评估

HPARAMS = HParams()
```

5. 加载训练数据和测试数据

输入的训练和测试数据已经由 'preprocess_cora_dataset.py' 创建完成后，我们将它们加载到两个 tf.data.Dataset 对象中：其中一个用于训练，一个用于测试。在模型的输入层，不仅会从每个样本中提取 'words' 和 'label' 特征，还会基于 hparams.num_neighbors 的值提取相应的邻居特征。邻居数少于 hparams.num_neighbors 的实例将被赋予不存在的邻居特征的虚拟值。

（1）首先创建数据集的函数和加载数据集，具体实现代码如下。

```
def make_dataset(file_path, training=False):
  def parse_example(example_proto):
    # 'words' 特征是原始文本的多热词袋表示。对于没有该特征的实例，需要提供默认值。
    feature_spec = {
        'words':
```

```
                tf.io.FixedLenFeature([HPARAMS.max_seq_length],
                                      tf.int64,
                                      default_value=tf.constant(
                                          0,
                                          dtype=tf.int64,
                                          shape=[HPARAMS.max_seq_length])),
            'label':
                tf.io.FixedLenFeature((), tf.int64, default_value=-1),
        }
        # 在训练期间，我们还以类似的方式提取了与上述特征相对应的邻居特征。
        if training:
          for i in range(HPARAMS.num_neighbors):
              nbr_feature_key = '{}{}_{}'.format(NBR_FEATURE_PREFIX, i,
'words')
            nbr_weight_key = '{}{}{}'.format(NBR_FEATURE_PREFIX, i,
                                             NBR_WEIGHT_SUFFIX)
            feature_spec[nbr_feature_key] = tf.io.FixedLenFeature(
                [HPARAMS.max_seq_length],
                tf.int64,
                default_value=tf.constant(
                    0, dtype=tf.int64, shape=[HPARAMS.max_seq_length]))

             # 我们为邻居权重分配了一个默认值 0.0，以便根据样本的准确邻居数对其进行图正
则化。
            # 换句话说，不存在的邻居被忽略。
            feature_spec[nbr_weight_key] = tf.io.FixedLenFeature(
                [1], tf.float32, default_value=tf.constant([0.0]))

        features = tf.io.parse_single_example(example_proto, feature_spec)

        label = features.pop('label')
        return features, label

    dataset = tf.data.TFRecordDataset([file_path])
    if training:
      dataset = dataset.shuffle(10000)
    dataset = dataset.map(parse_example)
    dataset = dataset.batch(HPARAMS.batch_size)
    return dataset

  # 加载训练和测试数据集
  train_dataset = make_dataset(TRAIN_DATA_PATH, training=True)
  test_dataset = make_dataset(TEST_DATA_PATH)
```

上述代码用于创建数据集，将数据准备成适合模型训练的形式。通过 make_dataset 函数，可以将训练数据和测试数据加载为 tf.data.Dataset 对象，这些对象将用于训练和评估模型。

（2）查看一下训练数据集的内容，具体实现代码如下。

```
for feature_batch, label_batch in train_dataset.take(1):
  print('Feature list:', list(feature_batch.keys()))
  print('Batch of inputs:', feature_batch['words'])
  nbr_feature_key = '{}{}_{}'.format(NBR_FEATURE_PREFIX, 0, 'words')
```

```
    nbr_weight_key = '{}{}{}'.format(NBR_FEATURE_PREFIX, 0, NBR_WEIGHT_
SUFFIX)
    print('Batch of neighbor inputs:', feature_batch[nbr_feature_key])
    print('Batch of neighbor weights:',
          tf.reshape(feature_batch[nbr_weight_key], [-1]))
    print('Batch of labels:', label_batch)
```

（3）接下来，查看测试数据集的内容。通过如下代码打印输出测试数据集的一个批次，以便查看其内容。

```
for feature_batch, label_batch in test_dataset.take(1):
  print('Feature list:', list(feature_batch.keys()))
  print('Batch of inputs:', feature_batch['words'])
  print('Batch of labels:', label_batch)
```

6. 模型定义

为了演示图正则化的使用方法，首先需要构建一个基础模型。我们将使用一个简单的前馈神经网络，其中包含两个隐藏层，并在它们之间应用 Dropout 技术。接下来，将演示使用 TensorFlow 的 tf.Keras 框架支持的所有模型类型来创建基础模型的过程，包括顺序（sequential）模型、函数式（functional）模型和子类（subclass）模型。

（1）首先，编写函数 make_mlp_sequential_model 定义顺序模型，具体实现代码如下。

```
def make_mlp_sequential_model(hparams):
  """ 创建一个顺序多层感知器模型。"""
  model = tf.keras.Sequential()
  model.add(
      tf.keras.layers.InputLayer(
          input_shape=(hparams.max_seq_length,), name='words'))
  # 输入已经以整数格式进行了独热编码。我们在这里将整数格式转换为浮点格式。
  model.add(
        tf.keras.layers.Lambda(lambda x: tf.keras.backend.cast(x,
tf.float32)))
  for num_units in hparams.num_fc_units:
    model.add(tf.keras.layers.Dense(num_units, activation='relu'))
    # 对于顺序模型，默认情况下，Keras 会确保 'dropout' 层仅在训练期间调用。
    model.add(tf.keras.layers.Dropout(hparams.dropout_rate))
  model.add(tf.keras.layers.Dense(hparams.num_classes))
  return model
```

上述函数 make_mlp_sequential_model 创建了一个简单的前馈神经网络模型，它采用顺序的方式构建模型的各层，并在每个隐藏层之后添加了一个 Dropout 层。这里使用的是整数格式的输入，因此，需要通过 Lambda 层进行类型转换。最终输出层的单元数与类别数相同，采用 softmax 激活函数进行多类别分类。

（2）编写函数 make_mlp_functional_model 定义函数式模型，具体实现代码如下。

```
def make_mlp_functional_model(hparams):
  """ 创建一个基于函数式 API 的多层感知器模型。"""
  inputs = tf.keras.Input(
      shape=(hparams.max_seq_length,), dtype='int64', name='words')
```

```
    # 输入已经以整数格式进行了独热编码。我们在这里将整数格式转换为浮点格式。
    cur_layer = tf.keras.layers.Lambda(
        lambda x: tf.keras.backend.cast(x, tf.float32))(
            inputs)

    for num_units in hparams.num_fc_units:
      cur_layer = tf.keras.layers.Dense(num_units, activation='relu')(cur_layer)
      # 对于函数式模型，默认情况下，Keras 会确保 'dropout' 层仅在训练期间调用。
      cur_layer = tf.keras.layers.Dropout(hparams.dropout_rate)(cur_layer)

    outputs = tf.keras.layers.Dense(hparams.num_classes)(cur_layer)

    model = tf.keras.Model(inputs, outputs=outputs)
    return model
```

在上述代码中，函数 make_mlp_functional_model 使用函数式 API 创建了一个前馈神经网络模型。它首先创建一个输入层，接着逐步构建模型的各层，并在每个隐藏层之后添加一个 Dropout 层。最后，创建一个输出层，将模型的输入和输出连接起来，创建一个 tf.keras.Model 对象。这种模型创建方式更适合具有多个输入或输出的复杂模型。

（3）编写函数 make_mlp_subclass_model 定义子类（subclass）模型，具体实现代码如下。

```
def make_mlp_subclass_model(hparams):
  """在 Keras 中创建一个多层感知器子类模型。"""

  class MLP(tf.keras.Model):
    """定义一个多层感知器子类模型。"""

    def __init__(self):
      super(MLP, self).__init__()
      # 输入已经以整数格式进行了独热编码。我们在这里创建一个层来将整数格式转换为浮点格式。
      self.cast_to_float_layer = tf.keras.layers.Lambda(
          lambda x: tf.keras.backend.cast(x, tf.float32))
      self.dense_layers = [
          tf.keras.layers.Dense(num_units, activation='relu')
          for num_units in hparams.num_fc_units
      ]
      self.dropout_layer = tf.keras.layers.Dropout(hparams.dropout_rate)
      self.output_layer = tf.keras.layers.Dense(hparams.num_classes)

    def call(self, inputs, training=False):
      cur_layer = self.cast_to_float_layer(inputs['words'])
      for dense_layer in self.dense_layers:
        cur_layer = dense_layer(cur_layer)
        cur_layer = self.dropout_layer(cur_layer, training=training)

      outputs = self.output_layer(cur_layer)

      return outputs
```

```
    return MLP()
```

在上述代码中，make_mlp_subclass_model 函数定义了一个继承自 tf.keras.Model 的子类模型。在这个子类中，我们在 __init__ 方法中定义了模型的各个层，然后在 call 方法中定义了模型的前向传播逻辑。这种方式允许我们以更细粒度的方式控制模型的构建和计算过程，适用于需要自定义的模型结构和计算逻辑的情况。

7. 创建基本模型

在下面的代码中，通过使用函数式 API 来创建一个基本的 MLP 模型。当然，也可以使用之前定义的 make_mlp_sequential_model() 函数或 make_mlp_subclass_model() 函数分别创建顺序模型或子类模型。

```
base_model_tag, base_model = 'FUNCTIONAL', make_mlp_functional_
model(HPARAMS)
base_model.summary()
```

在上述代码中，创建了一个基于函数式 API 的 MLP 模型，然后通过调用 summary() 方法来查看模型的摘要。

8. 训练基本 MLP 模型

首先，对基本 MLP 模型进行编译，并使用 SparseCategoricalCrossentropy 作为损失函数进行训练。其次，使用训练数据集对模型进行训练，并设置训练轮数为 HPARAMS.train_epochs。最后，把 verbose 参数设置为 1，这样在训练过程中就能看到每个 epoch 的进度和训练结果。具体实现代码如下。

```
# 编译并训练基本 MLP 模型
base_model.compile(
    optimizer='adam',
      loss=tf.keras.losses.SparseCategoricalCrossentropy(from_
logits=True),
    metrics=['accuracy'])
base_model.fit(train_dataset, epochs=HPARAMS.train_epochs, verbose=1)
```

9. 评估 MLP 模型

下面是用于评估基本 MLP 模型的代码，它会计算模型在测试数据集上的性能指标，如准确率和损失，并打印出来。

```
# 辅助函数，用于打印评估指标。
def print_metrics(model_desc, eval_metrics):
  print('\n')
  print('Eval accuracy for ', model_desc, ': ', eval_metrics['accuracy'])
  print('Eval loss for ', model_desc, ': ', eval_metrics['loss'])
  if 'graph_loss' in eval_metrics:
    print('Eval graph loss for ', model_desc, ': ', eval_metrics['graph_loss'])

eval_results = dict(
    zip(base_model.metrics_names,
        base_model.evaluate(test_dataset, steps=HPARAMS.eval_steps)))
print_metrics('Base MLP model', eval_results)
```

在上述代码中，通过调用 evaluate 方法并传入测试数据集，我们可以计算模型在测试数据集上的性能。然后，我们把计算结果打包成字典，并使用辅助函数 print_metrics 打印出准确率、损失以及可能的图正则化损失（如果适用）。

10. 使用图正则化训练 MLP 模型

下面的代码展示了在现有的 tf.Keras.Model 损失项中纳入图正则化的过程。将基本模型进行包装，创建一个新的 tf.Keras 子类模型，其损失项包括图正则化。为了评估图正则化的增量效益，将创建一个新的基本模型实例。这是因为 base_model 已经经过了几次迭代的训练，使用这个已训练模型创建图正则化模型将不会对基准模型进行公平的比较。

```
    # 构建一个新的基本 MLP 模型。
    base_reg_model_tag, base_reg_model = 'FUNCTIONAL', make_mlp_functional_
model(
        HPARAMS)
    # 使用图正则化包装基本 MLP 模型。
    graph_reg_config = nsl.configs.make_graph_reg_config(
        max_neighbors=HPARAMS.num_neighbors,
        multiplier=HPARAMS.graph_regularization_multiplier,
        distance_type=HPARAMS.distance_type,
        sum_over_axis=-1)
    graph_reg_model = nsl.keras.GraphRegularization(base_reg_model,
                                                    graph_reg_config)
    graph_reg_model.compile(
        optimizer='adam',
          loss=tf.keras.losses.SparseCategoricalCrossentropy(from_
logits=True),
        metrics=['accuracy'])
    graph_reg_model.fit(train_dataset, epochs=HPARAMS.train_epochs,
verbose=1)
```

在上述代码中，首先，构建了一个新的基本 MLP 模型 base_reg_model。其次，使用 nsl.configs.make_graph_reg_config 函数来创建图正则化的配置。最后，使用 nsl.keras.GraphRegularization 包装了基本模型，并进行编译和训练。与之前的训练步骤类似，使用训练数据集对图正则化模型进行了训练，设置训练轮数为 HPARAMS.train_epochs，并通过设置 verbose 参数为 1 来显示训练进度和结果。这样，就将图正则化集成到了模型的训练过程中。

11. 评估带有图正则化的 MLP 模型

评估带有图正则化的 MLP 模型，然后打印输出评估结果。具体实现代码如下。

```
    eval_results = dict(
        zip(graph_reg_model.metrics_names,
              graph_reg_model.evaluate(test_dataset, steps=HPARAMS.eval_
steps)))
    print_metrics('MLP + graph regularization', eval_results)
```

在上述代码中，通过调用 evaluate 方法并传入测试数据集，我们可以计算带有图正则化的 MLP 模型在测试数据集上的性能。然后，将计算结果打包成字典，并使用之前定义的 print_metrics 函数打印出准确率和损失等评估指标。

12. 结论

在本实例中，带有图正则化的 MLP 模型的准确率比基本模型（base_model）高出 2%~3%。

12.5.2　电影评论的情感分类模型

在本节介绍的实例中，这是一个关于使用 TensorFlow 的 Neural Structured Learning 库开展图神经网络建模的 Jupyter Notebook 教程。该教程展示了如何使用图神经网络（Graph Neural Network，GNN）来进行情感分析任务，数据集是 IMDB 电影评论数据集。

实例 12-7：使用 NSL 构建电影评论分类模型（源码路径：daima/12/graph2.ipynb）

本实例旨在展示如何利用图神经网络和 Neural Structured Learning 库来结合文本数据和图数据进行更强大的建模。通过此实例，可以学习如何处理图数据、构建图神经网络模型，以及如何使用 TensorFlow 中的 Neural Structured Learning 库来加强模型训练。

1. IMDB 数据集

IMDB 数据集包含来自互联网电影数据库的 50000 条电影评论文本，这些评论文本被分为 25000 条用于训练和 25000 条用于测试。训练集和测试集是平衡的，意味着它们包含相等数量的积极评论和消极评论。在本实例教程中，将使用经过预处理的 IMDB 数据集。

1）下载预处理的 IMDB 数据集

IMDB 数据集已与 TensorFlow 集成，并且经过预处理，可将评论（单词序列）转换为整数序列，其中每个整数代表词典中的特定单词。下载 IMDB 数据集（如果已经下载过，则使用缓存副本）的代码如下：

```
imdb = tf.keras.datasets.imdb
(pp_train_data, pp_train_labels), (pp_test_data, pp_test_labels) = (
    imdb.load_data(num_words=10000))
```

在上述代码中，参数 num_words=10000 保留了训练数据中出现频率最高的前 10000 个单词。为了使词汇表的大小易于管理，罕见的单词将被舍弃。

2）探索数据

IMDB 数据集已经经过预处理：每个示例都是一个整数数组，表示电影评论的单词。每个标签是一个 0 或 1 的整数值，其中 0 表示积极评论，1 表示消极评论。

```
print('Training entries: {}, labels: {}'.format(
    len(pp_train_data), len(pp_train_labels)))
training_samples_count = len(pp_train_data)
```

评论的文本已经被转换为整数，其中每个整数代表词典中的特定单词。通过如下代码打印输出第一条评论的内容：

```
print(pp_train_data[0])
```

电影评论的长度可能不同，下面的代码显示了第一条评论和第二条评论中的单词数量。由于输入神经网络中的数据必须具有相同的长度，稍后需要解决这个问题。

```
len(pp_train_data[0]), len(pp_train_data[1])
```

3）将整数转换回单词

了解如何将整数转换回相应的文本可能是很有用的，在此处将创建一个辅助函数来查询包含整数到字符串映射的字典对象，具体实现代码如下。

```
def build_reverse_word_index():
  # 一个将单词映射到整数索引的字典
  word_index = imdb.get_word_index()

  # 前几个索引是保留的
  word_index = {k: (v + 3) for k, v in word_index.items()}
  word_index['<PAD>'] = 0
  word_index['<START>'] = 1
  word_index['<UNK>'] = 2  # 未知
  word_index['<UNUSED>'] = 3
  return dict((value, key) for (key, value) in word_index.items())

reverse_word_index = build_reverse_word_index()

def decode_review(text):
  return ' '.join([reverse_word_index.get(i, '?') for i in text])
```

执行后会输出：

```
Downloading data from https://storage.googleapis.com/tensorflow/tf-keras-datasets/imdb_word_index.json
1646592/1641221 [==============================] - 0s 0us/step
1654784/1641221 [==============================] - 0s 0us/step
```

现在，可以使用 decode_review 函数来显示第一条评论的文本，具体实现代码如下。

```
decode_review(pp_train_data[0])
```

2. 构建图

构建图的工作涉及为文本样本创建嵌入，并使用相似性函数来比较这些嵌入。首先通过如下命令在临时目录“/tmp”中创建一个名为 imdb 的目录，用于存储本教程后续创建的一些文件或数据。在运行这个命令后，将在“/tmp”目录中看到一个新的 imdb 子目录。

```
!mkdir -p /tmp/imdb
```

1）创建样本嵌入

接下来，将使用预训练的 Swivel 嵌入为输入中的每个样本创建符合 tf.train.Example 格式的嵌入，随后，把生成的嵌入以 TFRecord 格式存储，同时附加一个表示每个样本 ID 的额外特征，这非常重要，它能让我们在后续操作中，将样本嵌入与图中相应的节点进行匹配。具体实现代码如下。

```
pretrained_embedding = 'https://tfhub.dev/google/tf2-preview/gnews-swivel-20dim/1'

hub_layer = hub.KerasLayer(
      pretrained_embedding, input_shape=[], dtype=tf.string, trainable=True)
```

对上述代码的具体说明如下。

- pretrained_embedding：指定预训练 Swivel 嵌入的 URL。
- hub_layer：使用 TensorFlow Hub 加载预训练嵌入层。将嵌入层应用于输入文本，以获取文本的嵌入表示。

然后编写函数 _int64_feature、_bytes_feature、_float_feature，这些函数用于将不同类型的值转换为 tf.train.Feature，以便将它们包含在 tf.Example 中。具体实现代码如下。

```
def _int64_feature(value):
  """返回 int64 tf.train.Feature。"""
  return tf.train.Feature(int64_list=tf.train.Int64List(value=value.
tolist()))

def _bytes_feature(value):
  """返回 bytes tf.train.Feature。"""
  return tf.train.Feature(
      bytes_list=tf.train.BytesList(value=[value.encode('utf-8')]))

def _float_feature(value):
  """返回 float tf.train.Feature。"""
  return tf.train.Feature(float_list=tf.train.FloatList(value=value.
tolist()))

def create_embedding_example(word_vector, record_id):
  """创建包含样本嵌入和其 ID 的 tf.Example。"""

  text = decode_review(word_vector)

  # Shape = [batch_size,].
  sentence_embedding = hub_layer(tf.reshape(text, shape=[-1,]))

  # Flatten the sentence embedding back to 1-D.
  sentence_embedding = tf.reshape(sentence_embedding, shape=[-1])

  features = {
      'id': _bytes_feature(str(record_id)),
      'embedding': _float_feature(sentence_embedding.numpy())
  }
  return tf.train.Example(features=tf.train.Features(feature=features))
```

编写函数 create_embedding_example 创建一个 tf.Example，其中包含样本的嵌入和其 ID。首先，将整数形式的 word_vector 解码为文本。其次，通过嵌入层获取文本的嵌入表示。最后，将 ID 和嵌入向量添加到 tf.Example 中。具体实现代码如下。

```
def create_embeddings(word_vectors, output_path, starting_record_id):
  record_id = int(starting_record_id)
  with tf.io.TFRecordWriter(output_path) as writer:
    for word_vector in word_vectors:
      example = create_embedding_example(word_vector, record_id)
      record_id = record_id + 1
      writer.write(example.SerializeToString())
```

```
    return record_id

# 将包含训练数据嵌入的 TF.Example 特征以 TFRecord 格式持久化。
create_embeddings(pp_train_data, '/tmp/imdb/embeddings.tfr', 0)
```

对上述代码的具体说明如下。

- create_embeddings：遍历每个样本的嵌入，创建并持久化包含嵌入的 tf.Example 特征。
- pp_train_data：训练数据的嵌入。
- ‘/tmp/imdb/embeddings.tfr’：持久化的 TFRecord 文件路径。
- 0：起始记录 ID。

执行后会输出：

```
25000
```

2）构建计算图

有了样本嵌入，我们将使用它们构建一个相似性图，在此图中，节点对应样本，边对应节点对之间的相似性。神经结构化学习提供了一个图构建库，可以基于样本嵌入构建图。该库使用余弦相似度作为相似性度量，用于比较嵌入并在它们之间构建边。它还允许我们指定相似性阈值，可用于从最终图中丢弃不相似的边。在本示例中，将 0.99 作为相似性阈值，12345 作为随机种子，最终得到一个具有 429415 个双向边的图。在这里，使用图构建器的局部敏感哈希（LSH）支持来加速图构建。具体实现代码如下。

```
graph_builder_config = nsl.configs.GraphBuilderConfig(
    similarity_threshold=0.99, lsh_splits=32, lsh_rounds=15, random_
seed=12345)
nsl.tools.build_graph_from_config(['/tmp/imdb/embeddings.tfr'],
                                  '/tmp/imdb/graph_99.tsv',
                                  graph_builder_config)
```

对上述代码的具体说明如下。

- graph_builder_config：图构建器配置，设置了相似性阈值、LSH 分割数、LSH 轮数和随机种子等参数。
- nsl.tools.build_graph_from_config：使用图构建器根据嵌入构建图。
- [‘/tmp/imdb/embeddings.tfr’]：嵌入的 TFRecord 文件路径。
- ‘/tmp/imdb/graph_99.tsv’：构建的图的输出路径。

在输出的 TSV 文件中，每个双向边由两个有向边表示，因此，该文件包含 429,415 * 2 = 858,830 行。通过如下 Shell 命令计算指定文件的行数。在这里，用于计算输出的 TSV 文件中的行数，以便确认构建的图中有多少条边。

```
!wc -l /tmp/imdb/graph_99.tsv
```

注意：图的质量，以及由此推导出的嵌入质量，对于图正则化非常重要。虽然在本实例中我们使用了 Swivel 嵌入，但使用 BERT 嵌入很可能会更准确地捕捉评论的语义。为此，笔者鼓励大家根据自己的需求和情况选择合适的嵌入。

3. 样本特征

使用 tf.train.Example 格式为问题创建样本特征，并将它们以 TFRecord 格式持久化。每个样本将包含以下三个特征。

- id：样本的节点 ID。
- words：包含单词 ID 的 int64 列表。
- label：一个单一的 int64，用于标识评论的目标类别。

具体实现代码如下。

```
def create_example(word_vector, label, record_id):
  """创建包含样本的单词向量、标签和 ID 的 tf.Example。"""
  features = {
      'id': _bytes_feature(str(record_id)),
      'words': _int64_feature(np.asarray(word_vector)),
      'label': _int64_feature(np.asarray([label])),
  }
  return tf.train.Example(features=tf.train.Features(feature=features))
```

在上述代码中，函数 create_example 用于创建一个 tf.Example，其中包含样本的单词向量、标签和 ID。参数说明如下。

- word_vector：样本的单词向量。
- label：样本的标签。
- record_id：样本的 ID。

然后编写函数 create_records 将训练数据和测试数据的 TF.Example 特征（单词向量和标签）以 TFRecord 格式持久化，具体实现代码如下。

```
def create_records(word_vectors, labels, record_path, starting_record_
id):
  record_id = int(starting_record_id)
  with tf.io.TFRecordWriter(record_path) as writer:
    for word_vector, label in zip(word_vectors, labels):
      example = create_example(word_vector, label, record_id)
      record_id = record_id + 1
      writer.write(example.SerializeToString())
  return record_id

# 将训练和测试数据的 TF.Example 特征（单词向量和标签）以 TFRecord 格式持久化。
next_record_id = create_records(pp_train_data, pp_train_labels,
                                '/tmp/imdb/train_data.tfr', 0)
create_records(pp_test_data, pp_test_labels, '/tmp/imdb/test_data.tfr',
               next_record_id)
```

对上述代码的具体说明如下。

- pp_train_data、pp_train_labels：训练数据的单词向量和标签。
- pp_test_data、pp_test_labels：测试数据的单词向量和标签。
- '/tmp/imdb/train_data.tfr''/tmp/imdb/test_data.tfr'：持久化的 TFRecord 文件路径。

上述代码的主要目的是将训练和测试数据的单词向量和标签生成为 tf.Example 格式，

并以 TFRecord 格式持久化。它会创建一个包含样本特征的记录，并将所有记录写入两个不同的 TFRecord 文件中，分别用于训练和测试数据。执行后会输出：

```
50000
```

4. 使用图邻居增强训练数据

有了样本特征和合成图即可以生成用于神经结构化学习的增强训练数据。NSL 框架提供了一个库，用于将图和样本特征组合起来，生成用于图正则化的最终训练数据。生成的训练数据将包括原始样本特征以及它们对应邻居的特征。

在本实例中，我们考虑无向边，并使用每个样本的最多 3 个邻居来增强训练数据。具体实现代码如下。

```
nsl.tools.pack_nbrs(
    '/tmp/imdb/train_data.tfr',
    '',
    '/tmp/imdb/graph_99.tsv',
    '/tmp/imdb/nsl_train_data.tfr',
    add_undirected_edges=True,
    max_nbrs=3)
```

对上述代码的具体说明如下。

- nsl.tools.pack_nbrs：使用图邻居来增强训练数据。
- '/tmp/imdb/train_data.tfr'：原始训练数据的 TFRecord 文件路径。
- ''：不使用测试数据。
- '/tmp/imdb/graph_99.tsv'：图的 TSV 文件路径。
- '/tmp/imdb/nsl_train_data.tfr'：生成的增强训练数据的 TFRecord 文件路径。
- add_undirected_edges=True：考虑无向边。
- max_nbrs=3：每个样本最多 3 个邻居。

上述代码段的目的是使用图的邻居信息来增强训练数据，将原始样本特征与其对应邻居的特征合并，生成最终用于图正则化的训练数据。生成的训练数据将包含原始样本特征以及它们的邻居特征。

5. 基础模型

现在准备构建一个没有图正则化的基础模型。为了构建这个模型，可以使用在构建图时使用的嵌入，也可以在分类任务中与嵌入一起联合学习新的嵌入。在本实例中，将选择使用后者。

1）全局变量

定义全局变量，具体实现代码如下。

```
NBR_FEATURE_PREFIX = 'NL_nbr_'
NBR_WEIGHT_SUFFIX = '_weight'
```

对上述代码的具体说明如下。

- NBR_FEATURE_PREFIX：用于表示邻居特征的前缀。
- NBR_WEIGHT_SUFFIX：用于表示邻居权重的后缀。

2）超参数

本实例将使用 HParams 的实例来包含用于训练和评估的各种超参数和常量，每个超参数的具体说明如下。

- num_classes：存在两个类别，分别为积极和消极。
- max_seq_length：此示例中从每篇电影评论中考虑的最大单词数量。
- vocab_size：此示例中考虑的词汇量大小。
- distance_type：用于将样本与其邻居进行正则化的距离度量。
- graph_regularization_multiplier：控制图正则化项在整体损失函数中的相对权重。
- num_neighbors：用于图正则化的邻居数量。此数值必须小于或等于上面在调用 nsl.tools.pack_nbrs 时所使用的 max_nbrs 参数。
- num_fc_units：神经网络中全连接层的单元数。
- train_epochs：训练周期数。
- batch_size：用于训练和评估的批量大小。
- eval_steps：在认定评估完成之前要处理的批次数。如果设置为 None，则将评估测试集中的所有实例。

上述超参数和常量将用于定义和配置模型的训练和评估过程。下面定义一个名为 HParams 的类，用于存储训练所需的超参数。在类的初始化方法中，设置了各个超参数的默认值，包括数据集参数、神经图学习参数、模型架构参数、训练参数和评估参数。这些超参数将在后续的模型训练和评估过程中使用。

3）准备数据

在将电影评论（整数数组）输入神经网络之前，必须将它们转换为张量。这可以通过以下几种方式之一完成。

- 将数组转换为由 0 和 1 组成的向量，表示单词出现情况，类似于独热编码。例如，序列 [3, 5] 将变为一个 10000 维的向量，除索引 3 和 5 外，其余位置都为零。然后在网络中将此向量作为第一层（Dense 层）处理，该层可以处理浮点向量数据。尽管这种方法占用内存较多，但需要一个大小为 num_words × num_reviews 的矩阵。
- 可以对数组进行填充，使其长度相同，然后创建一个形状为 max_length × num_reviews 的整数张量。我们可以将此形状的嵌入层作为网络的第一层。

在本实例中，我们将采用第二种方法实现。由于电影评论必须具备相同的长度，将定义的 pad_sequence 函数来实现标准化长度处理。函数 make_dataset 用于创建一个 tf.data.TFRecordDataset 实例，该实例用于加载训练数据和测试数据。函数内部定义了 pad_sequence 函数用于填充序列，以及 parse_example 函数用于解析每个 tf.train.Example 对象并提取相关字段。函数将数据集映射、批量处理，并根据训练模式决定是否对数据集进行随机重排。最终，通过调用函数 make_dataset，获取了训练数据集和测试数据集。

6. 构建模型

神经网络是通过堆叠层来创建的，这涉及如下两个主要的架构决策。

- 在模型中使用多少层？
- 对于每一层使用多少个隐藏单元。

在本实例中，输入数据由一个单词索引数组组成，要预测的标签要么是 0，要么是 1。

本实例将使用双向 LSTM 作为我们的基础模型，具体实现代码如下。

```
# 这个函数是用作本笔记本中使用的双向 LSTM 模型的替代选择。
def make_feed_forward_model():
  """ 构建一个简单的 2 层前馈神经网络。"""
  inputs = tf.keras.Input(
      shape=(HPARAMS.max_seq_length,), dtype='int64', name='words')
   embedding_layer = tf.keras.layers.Embedding(HPARAMS.vocab_size, 16)
(inputs)
   pooling_layer = tf.keras.layers.GlobalAveragePooling1D()(embedding_
layer)
   dense_layer = tf.keras.layers.Dense(16, activation='relu')(pooling_
layer)
  outputs = tf.keras.layers.Dense(1)(dense_layer)
  return tf.keras.Model(inputs=inputs, outputs=outputs)

def make_bilstm_model():
  """ 构建一个双向 LSTM 模型。"""
  inputs = tf.keras.Input(
      shape=(HPARAMS.max_seq_length,), dtype='int64', name='words')
  embedding_layer = tf.keras.layers.Embedding(HPARAMS.vocab_size,
                                              HPARAMS.num_embedding_
dims)(
                                              inputs)
  lstm_layer = tf.keras.layers.Bidirectional(
      tf.keras.layers.LSTM(HPARAMS.num_lstm_dims))(
          embedding_layer)
  dense_layer = tf.keras.layers.Dense(
      HPARAMS.num_fc_units, activation='relu')(
          lstm_layer)
  outputs = tf.keras.layers.Dense(1)(dense_layer)
  return tf.keras.Model(inputs=inputs, outputs=outputs)

# 随意选择您喜欢的架构。
model = make_bilstm_model()
model.summary()
```

通过上述代码，这些层被顺序堆叠以构建分类器。执行后会输出：

```
Model: "model"
_________________________________________________________________
Layer (type)                Output Shape              Param #
=================================================================
words (InputLayer)          [(None, 256)]             0
_________________________________________________________________
embedding (Embedding)       (None, 256, 16)           160000
_________________________________________________________________
bidirectional (Bidirectional (None, 128)              41472
_________________________________________________________________
dense (Dense)               (None, 64)                8256
_________________________________________________________________
dense_1 (Dense)             (None, 1)                 65
```

```
=================================================================
Total params: 209,793
Trainable params: 209,793
Non-trainable params: 0
_________________________________________________________________
```

7. 隐藏单元

上述模型在输入和输出之间，不包括 Embedding 层，有两个中间层或者说“隐藏”的层。输出的数量（单元数、节点数或神经元数）是该层表示空间的维度。换句话说，这是网络在学习内部表示时允许的自由度。

如果一个模型具有更多的隐藏单元（更高维的表示空间）和（或）更多的层，那么网络可以学习更复杂的表示。然而，这会使网络计算支出增加，并可能导致学习不需要的模式：在训练数据上改善性能，但在测试数据上不会改善性能。这被称为过拟合。

8. 损失函数和优化器

模型需要一个损失函数和一个优化器来进行训练。但是由于这是一个二元分类问题，模型输出一个概率（具有 Sigmoid 激活的单个单元层），我们将使用二元交叉熵损失函数。具体实现代码如下。

```
model.compile(
    optimizer='adam',
    loss=tf.keras.losses.BinaryCrossentropy(from_logits=True),
    metrics=['accuracy'])
```

在上述代码中，使用 compile 方法来配置模型的训练设置。优化器使用了 Adam 优化器，损失函数使用了二元交叉熵（通过 from_logits=True 来表示模型输出是未经过 Sigmoid 激活的，从而允许损失函数自动进行 Sigmoid 处理）。我们还选择了在训练过程中跟踪模型的准确度指标。

9. 创建验证集

在训练模型时，希望检查模型在之前没有见过的数据上的准确率。通过将原始训练数据的一部分分开设置，创建一个验证集。（现在为什么不使用测试集，我们的目标是仅使用训练数据开发和调整模型，然后只使用一次测试数据来评估模型的准确性）。

在本实例中，将初始训练样本的约 10%（25000 的 10%）作为带标签的训练数据，其余部分作为验证数据。由于初始的训练 / 测试分割比例为 50/50（即每个部分各有 25000 个样本），现在有效的训练 / 验证 / 测试分割比例为 5/45/50。请注意，“train_dataset”已经完成了分批和随机化处理。具体实现代码如下。

```
validation_fraction = 0.9
validation_size = int(validation_fraction *
                      int(training_samples_count / HPARAMS.batch_size))
print(validation_size)
validation_dataset = train_dataset.take(validation_size)
train_dataset = train_dataset.skip(validation_size)
```

上述代码中，根据验证集所占比例，从训练集中划分出一部分数据作为验证集。剩余部分仍然用于训练。具体来说，我们使用 take 方法从 train_dataset 中取出前 validation_size

个批次作为验证集，然后使用 skip 方法跳过这些批次，剩余的数据仍然保留在训练集中。执行后会输出：

```
175
```

10. 训练模型

使用小批次进行模型训练。在训练过程中，监视模型在验证集上的损失值和准确率。具体实现代码如下。

```
history = model.fit(
    train_dataset,
    validation_data=validation_dataset,
    epochs=HPARAMS.train_epochs,
    verbose=1)
```

11. 评估模型

编写以下代码查看模型的表现，执行后将返回两个值：损失值（一个代表误差的数字，较低的值更好）和准确率。

```
results = model.evaluate(test_dataset, steps=HPARAMS.eval_steps)
print(results)
```

上述代码中，使用 evaluate 方法在测试集上对模型进行评估。steps 参数用于指定评估时要处理的批次数。评估的结果被打印出来，其中包括损失值和准确率。执行后会输出：

```
196/196 [==============================] - 3s 10ms/step - loss: 0.3607 -
accuracy: 0.8494
[0.3607163727283478, 0.8494399785995483]
```

12. 创建随时间变化的准确性 / 损失图表

返回一个包含在训练过程中发生的所有内容的 History 对象，具体实现代码如下。

```
history_dict = history.history
history_dict.keys()
```

设置 4 个条目，每个训练和验证期间监测一个指标。可以使用这些指标绘制训练和验证损失进行比较，以及训练和验证准确性。具体实现代码如下。

```
acc = history_dict['accuracy']
val_acc = history_dict['val_accuracy']
loss = history_dict['loss']
val_loss = history_dict['val_loss']

epochs = range(1, len(acc) + 1)

# "-r^" is for solid red line with triangle markers.
plt.plot(epochs, loss, '-r^', label='Training loss')
# "-b0" is for solid blue line with circle markers.
plt.plot(epochs, val_loss, '-bo', label='Validation loss')
plt.title('Training and validation loss')
plt.xlabel('Epochs')
```

```
plt.ylabel('Loss')
plt.legend(loc='best')

plt.show()
plt.clf()   # clear figure

plt.plot(epochs, acc, '-r^', label='Training acc')
plt.plot(epochs, val_acc, '-bo', label='Validation acc')
plt.title('Training and validation accuracy')
plt.xlabel('Epochs')
plt.ylabel('Accuracy')
plt.legend(loc='best')

plt.show()
```

执行后的效果，如图 12-1 所示。

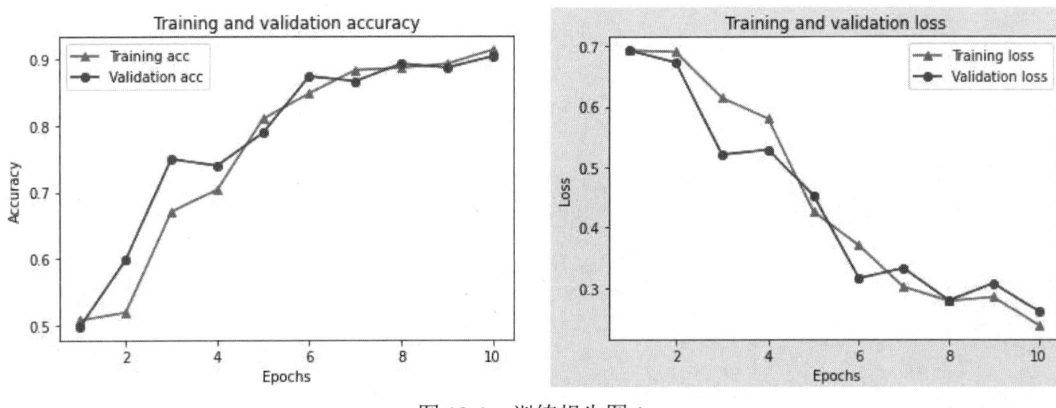

图 12-1　训练损失图 1

通过图 12-1 会观察到训练损失随每个 Epochs 减少，而训练准确性随每个 Epochs 增加。当使用梯度下降优化时，这是预期的行为，它应该在每次迭代中最小化所需的量。

13. 图形正则化

现在准备尝试使用上面构建的基础模型进行图形正则化，我们将使用神经结构化学习框架提供的 GraphRegularization 包装器类来包装基础（双向 LSTM）模型，以包含图形正则化。其余的训练和评估图形正则化模型的步骤与基础模型类似。

14. 创建图形正则化模型

为了评估图形正则化的增量效益，将创建一个新的基础模型实例。这是因为该模型经过了几次迭代训练，重用这个训练过的模型来创建一个带有图形正则化的模型，将无法进行公平的比较。具体实现代码如下。

```
base_reg_model = make_bilstm_model()
graph_reg_config = nsl.configs.make_graph_reg_config(
    max_neighbors=HPARAMS.num_neighbors,
    multiplier=HPARAMS.graph_regularization_multiplier,
    distance_type=HPARAMS.distance_type,
    sum_over_axis=-1)
graph_reg_model = nsl.keras.GraphRegularization(base_reg_model,
```

```
                                              graph_reg_config)
    graph_reg_model.compile(
        optimizer='adam',
        loss=tf.keras.losses.BinaryCrossentropy(from_logits=True),
        metrics=['accuracy'])
```

上述代码中，首先，构建了一个新的基础 LSTM 模型 base_reg_model。其次使用函数 nsl.configs.make_graph_reg_config 创建了图形正则化的配置 graph_reg_config。再次，使用 nsl.keras.GraphRegularization 将基础模型和图形正则化配置包装在一起，创建一个图形正则化模型 graph_reg_model。最后，使用与之前相同的优化器、损失函数和评估指标来编译这个图形正则化模型。

15. 训练模型

通过以下代码，训练图形正则化模型。

```
    graph_reg_history = graph_reg_model.fit(
        train_dataset,
        validation_data=validation_dataset,
        epochs=HPARAMS.train_epochs,
        verbose=1)
```

16. 评估模型

使用以下代码，评估图形正则化模型的性能。

```
    graph_reg_results = graph_reg_model.evaluate(test_dataset, steps=HPARAMS.
eval_steps)
    print(graph_reg_results)
```

17. 创建准确率 / 损失随时间变化的图表

graph_reg_history 是一个 History 对象，其中包含一个字典，记录了训练过程中的各种指标。字典中共有五个条目：训练损失、训练准确率、图形损失、验证损失和验证准确率。我们可以将它们全部绘制在同一图表中进行比较（注意，图形损失仅在训练过程中计算）。具体实现代码如下。

```
    graph_reg_history_dict = graph_reg_history.history
    graph_reg_history_dict.keys()

    # 清除先前的图表
    plt.clf()

    # 绘制训练损失、图形损失和验证损失
    epochs = range(1, len(acc) + 1)
    plt.plot(epochs, loss, '-r^', label='Training loss')
    plt.plot(epochs, graph_loss, '-gD', label='Training graph loss')
    plt.plot(epochs, val_loss, '-bo', label='Validation loss')
    plt.title('Training and validation loss')
    plt.xlabel('Epochs')
    plt.ylabel('Loss')
    plt.legend(loc='best')
```

```
plt.show()

# 清除先前的图表
plt.clf()

# 绘制训练准确率和验证准确率
plt.plot(epochs, acc, '-r^', label='Training acc')
plt.plot(epochs, val_acc, '-bo', label='Validation acc')
plt.title('Training and validation accuracy')
plt.xlabel('Epochs')
plt.ylabel('Accuracy')
plt.legend(loc='best')

plt.show()
```

上述代码会生成两个图表，一个显示训练损失、图形损失和验证损失随着训练轮次的变化情况，另一个显示训练准确率和验证准确率随着训练轮次的变化情况，如图 12-2 所示。这些图表可以帮助我们观察图形正则化模型的性能表现。

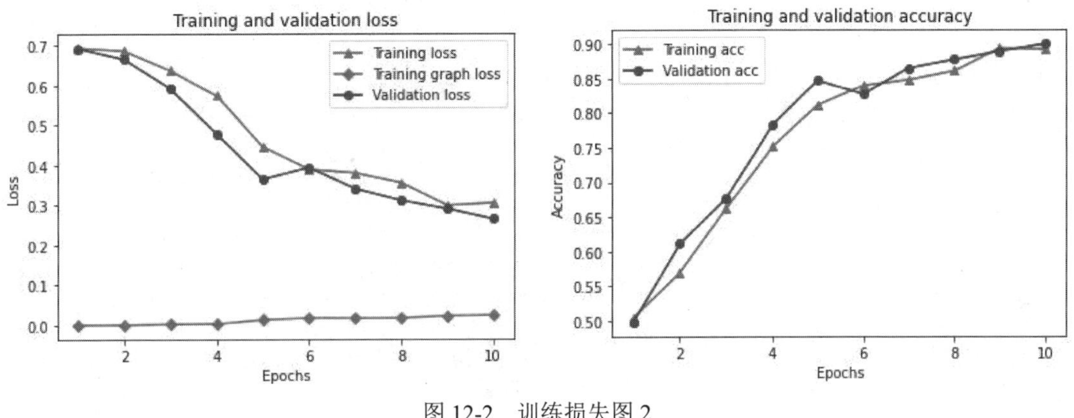

图 12-2　训练损失图 2

18. 半监督学习的威力

在本实例中，尤其是在图形正则化的背景下，当训练数据量很小时，半监督学习可以发挥巨大的威力。训练数据不足的问题可以通过利用训练样本之间的相似性来弥补，而这在传统的监督学习中是不可能的。

我们将监督比率定义为训练样本数与总样本数（包括训练、验证和测试样本数）之间的比值。在本实例中，使用监督比率为 0.05（即标记数据的 5%）来训练基础模型和图形正则化模型。下面的代码将演示监督比率对模型准确性的影响。

```
# 对于 Bi-LSTM 模型和前馈神经网络模型的准确率值，已预先计算以下不同的监督比率。
supervision_ratios = [0.3, 0.15, 0.05, 0.03, 0.02, 0.01, 0.005]

model_tags = ['Bi-LSTM 模型', '前馈神经网络模型']
base_model_accs = [[84, 84, 83, 80, 65, 52, 50], [87, 86, 76, 74, 67, 52, 51]]
graph_reg_model_accs = [[84, 84, 83, 83, 65, 63, 50],
                        [87, 86, 80, 75, 67, 52, 50]]
```

```
    plt.clf()  # 清除图表

    fig, axes = plt.subplots(1, 2)
    fig.set_size_inches((12, 5))

    for ax, model_tag, base_model_acc, graph_reg_model_acc in zip(
        axes, model_tags, base_model_accs, graph_reg_model_accs):

        # "-r^" 表示带有三角形标记的实线红色线条。
        ax.plot(base_model_acc, '-r^', label=' Base model')
        # "-gD" 表示带有菱形标记的实线绿色线条。
         ax.plot(graph_reg_model_acc, '-gD', label=' Graph-regularized
model')
        ax.set_title(model_tag)
        ax.set_xlabel('Supervision ratio')
        ax.set_ylabel('Accuracy(%)')
        ax.set_ylim((25, 100))
        ax.set_xticks(range(len(supervision_ratios)))
        ax.set_xticklabels(supervision_ratios)
        ax.legend(loc='best')

    plt.show()
```

执行后的效果如图 12-3 所示。

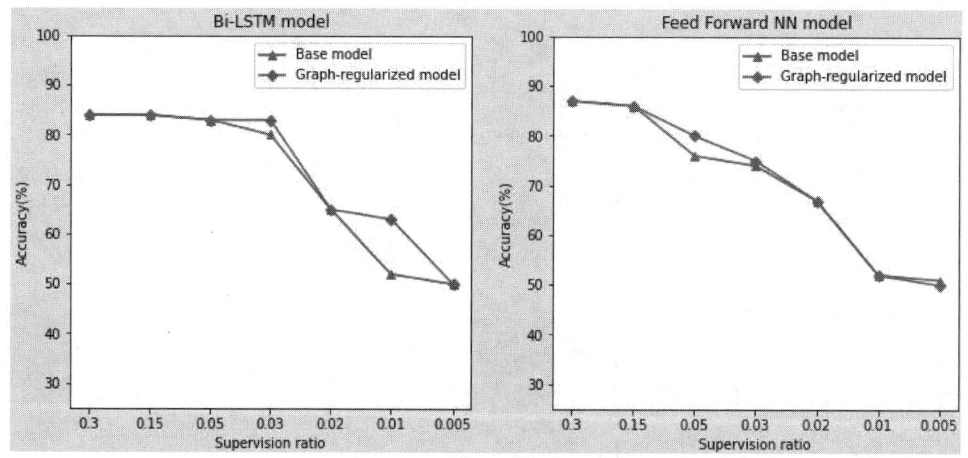

图 12-3　模型的准确性折线图

我们可以观察到，随着监督比率的降低，模型的准确性也会下降。这一规律对于基础模型和图形正则化模型均适用，无论采用哪种模型架构都成立。然而，需要注意的是，对于两种模型架构，图形正则化模型的性能都优于基础模型。特别是对于 Bi-LSTM 模型，在监督比率为 0.01 时，图形正则化模型的准确性比基础模型高出约 20%。这主要是因为图形正则化模型采用了半监督学习方法，该方法除了使用训练样本本身外，还利用了训练样本之间的结构相似性。

第 13 章 TensorFlow Serving：优化模型部署

TensorFlow Serving 是一个开源的机器学习模型服务系统，旨在为生产环境中的机器学习模型提供高性能、可扩展的模型服务，允许我们部署训练好的 TensorFlow 模型并通过网络接口提供预测服务。TensorFlow Serving 可以用于将训练好的模型部署到生产服务器，从而可以实时地接收输入数据，并返回模型的预测结果。本章将详细讲解 TensorFlow Serving 的知识和用法。

13.1 TensorFlow Serving 基础

扫码看视频

TensorFlow Serving 广泛应用于生产环境中，特别是在需要对机器学习模型进行实时预测的应用程序中，如推荐系统、自然语言处理、图像识别等领域。通过使用 TensorFlow Serving，可以更轻松地将训练好的模型部署到实际应用中，并为用户提供准确的预测服务。可以通过使用 pip 命令或 Docker 容器来安装 TensorFlow Serving，具体使用哪种方法取决于用户的使用环境和偏好。

1. 使用 pip 命令

在命令行中执行以下命令即可安装 TensorFlow Serving：

```
pip install tensorflow-serving-api
```

在安装 TensorFlow Serving API 之后，可以使用 Python 代码来与 TensorFlow Serving 进行交互，但实际的模型服务器（TensorFlow Serving 本身）需要另外进行安装和配置。

2. 使用 Docker 容器

使用 Docker 容器可以更轻松地部署和管理 TensorFlow Serving，使用 Docker 安装 TensorFlow Serving 的步骤如下。

（1）首先，确保已经安装了 Docker。如果没有安装，可以从 Docker 官网（https://www.docker.com/）下载并安装。

（2）打开终端或命令提示符，运行以下命令来拉取 TensorFlow Serving 的 Docker 镜像：

```
docker pull tensorflow/serving
```

（3）下载模型并准备模型目录，在用户的计算机中创建一个用于存放模型的目录，例如，使用下面的命令将你的模型保存在该目录中：

```
mkdir /path/to/your/model_dir
```

（4）运行以下命令来启动 TensorFlow Serving 的 Docker 容器，将模型目录映射到容器中：

```
docker run -p 8501:8501 --name=tf_serving_container --mount type=bind,source=/path/to/your/model_dir,target=/models/your_model -e MODEL_NAME=your_model -t tensorflow/serving
```

这将在 Docker 容器中启动 TensorFlow Serving，使其监听 8501 端口，可以通过该端口访问模型服务。我们需要将“/path/to/your/model_dir”替换为实际的模型目录，并将“your_model”替换为实际模型的名称。

通过上述步骤，将会在 Docker 容器中启动 TensorFlow Serving，从而可以使用 HTTP 或 gRPC 接口来进行模型推断。

> **注意：**请根据实际项目需求选择合适的安装方法，并根据 TensorFlow Serving 的官方文档进行进一步配置和使用：https://www.tensorflow.org/tfx/guide/serving。

13.2 TensorFlow Serving 架构概述

扫码看视频

TensorFlow Serving 的架构设计使其能够在高并发环境下处理大量推断请求，并支持动态扩展和缩减模型服务器实例。它还具备自适应能力，可以根据负载自动调整模型服务器的数量。这使 TensorFlow Serving 成为将训练好的模型部署到生产环境中的理想选择。

13.2.1 服务器 API

TensorFlow Serving 的服务器 API 提供了一种轻量级且高效的方式来部署训练好的机器学习模型，以便进行推理（inference）。以下是 TensorFlow Serving 服务器 API 的主要功能和组成部分。

- 模型加载和管理：TensorFlow Serving 服务器能够加载和管理多个模型版本。可以将不同版本的模型部署在同一个服务器上，以便轻松地进行模型的切换和回滚。
- RESTful API：TensorFlow Serving 提供了 RESTful API，允许客户端通过 HTTP 请求发送数据并获取推理结果，并简单地与 TensorFlow Serving 服务器进行通信。
- gRPC API：TensorFlow Serving 还支持 gRPC（Google Remote Procedure Call）API，这是一种高效的远程调用协议，可用于在客户端和服务器之间传递数据和进行推理。
- 模型配置：通过配置文件，可以指定要加载的模型版本、输入和输出签名以及其他相关信息。这使服务器能够正确地处理不同类型的模型和数据。
- 模型监控：TensorFlow Serving 服务器可以通过监控指标来跟踪模型的性能和健康状况。可以配置服务器以在需要时自动重启不健康的模型版本。
- 模型热更新：在无须停机的情况下，可以通过将新的模型版本加载到服务器中来更新正在运行的模型。
- 负载均衡：多个 TensorFlow Serving 服务器可以组成一个集群，通过负载均衡来分发推理请求，以确保高吞吐量和低延迟。

- 安全性：TensorFlow Serving 提供了一些安全特性，如基于 SSL 的加密通信，以确保数据在传输过程中的安全性。

总体而言，服务器 API 使机器学习模型部署到生产环境中变得更加容易和高效，同时提供了监控、管理和维护模型的功能，从而满足实际应用中的需求。

13.2.2　REST 客户端 API

TensorFlow Serving 的 REST 客户端 API 提供了一种通过 HTTP 请求与 TensorFlow Serving 服务器进行交互的方式，以进行模型推理。通过 REST API，可以轻松地将输入数据发送到服务器并获取推理结果。下面是 TensorFlow Serving REST 客户端 API 的主要步骤和功能。

（1）构建请求。在使用 REST API 进行推理之前，您需要构建一个 HTTP 请求。HTTP 请求包括以下几个关键部分。

- HTTP 方法：通常使用 POST 方法，因为推理请求需要向服务器发送数据。
- URL：需要指定 TensorFlow Serving 服务器的 URL，包括模型名称和版本等信息。
- 数据：将输入数据编码为 JSON 格式，作为请求的正文部分。输入数据的结构应与模型期望的输入签名一致。

（2）发送请求。通过将构建的 HTTP 请求发送到 TensorFlow Serving 服务器的 REST 端点，即可执行推理操作。服务器会解析请求，执行模型推理，并将推理结果编码为 JSON 格式的响应。

（3）解析响应。一旦服务器响应到达，需要解析 JSON 格式的响应，以获取推理结果。响应可能包含模型的输出数据，其结构应与输出签名相匹配。

（4）处理结果。解析响应后，可以提取模型的推理结果并将其用于后续的应用逻辑。

例如，下面为使用 TensorFlow Serving REST 客户端 API 的例子，基于 Python 和 Requests 库实现。

实例 13-1：使用 TensorFlow Serving REST 客户端 API（源码路径：daima/13/rest.py）

实例文件 rest.py 的具体实现代码如下：

```
import requests
import json

# 构建推理请求数据
input_data = {
    "signature_name": "serving_default",  # 指定模型的签名名称
    "instances": [{"input_tensor_name": input_values}]  # 根据模型输入签名构建输入数据
}

# 构建请求 URL
server_url = "http://localhost:8501/v1/models/my_model:predict"  # 替换为实际的服务器 URL 和模型名称

# 发送 POST 请求
```

```
response = requests.post(server_url, json=input_data)

# 解析响应
if response.status_code == 200:
    result = response.json()
    output_data = result["predictions"][0]  # 提取模型的输出数据
    # 处理输出数据
    print("Inference result:", output_data)
else:
    print("Inference failed. Status code:", response.status_code)
```

对上述代码的具体说明如下。

1）构建推理请求数据

- signature_name：指定了模型的签名名称，即模型的输入输出规范。
- instances：指一个列表，包含一个字典。字典中的 input_tensor_name 应替换为实际的模型输入张量名称，并根据模型的输入形状构建输入数据。

2）构建请求 URL

- server_url：指定 TensorFlow Serving 服务器的 URL。用户需要将它替换为实际的服务器 URL 和模型名称。

3）发送 POST 请求

- requests.post(server_url, json=input_data)：使用 POST 请求将推理请求数据发送到 TensorFlow Serving 服务器。

4）解析响应

- 检查响应的状态码是否为 200，以确认请求是否成功。如果请求成功，解析响应中的 JSON 数据。
- result["predictions"][0]：从响应中提取模型的输出数据。

5）处理输出数据

- 打印推理结果。
- 如果请求失败，打印出状态码表示推理失败。

上述代码演示了如何使用 REST 客户端 API 与 TensorFlow Serving 进行模型推理，并将输入数据发送到服务器并处理输出结果。请注意，这只是一个简化的例子，在实际情况中需要根据模型和数据进行相应修改。

13.3 构建 TensorFlow Serving

扫码看视频

使用 TensorFlow Serving 最简单、最直接的方法是利用 Docker 镜像。这种方法强烈推荐，除非有特定需求无法通过容器化运行来满足。

13.3.1 使用 Docker 安装 TensorFlow Serving

在开始之前，需要先安装 Docker。安装指南可在 Docker 官网找到，以下是快速链接。

- Docker for macOS：https://docs.docker.com/docker-for-mac/install/
- Docker for Windows：https://docs.docker.com/docker-for-windows/install/

- Docker Toolbox：https://docs.docker.com/toolbox/，适用于较旧版本的 macOS 或 Windows 10 Pro 之前的版本。

以下是使用 Docker 安装 TensorFlow Serving 并使用的完整过程的命令演示。

```
# 下载 TensorFlow Serving Docker 镜像和仓库
docker pull tensorflow/serving

git clone https://github.com/tensorflow/serving
# 演示模型的位置
TESTDATA="$(pwd)/serving/tensorflow_serving/servables/tensorflow/testdata"

# 启动 TensorFlow Serving 容器并开放 REST API 端口
docker run -t --rm -p 8501:8501 \
    -v "$TESTDATA/saved_model_half_plus_two_cpu:/models/half_plus_two" \
    -e MODEL_NAME=half_plus_two \
    tensorflow/serving &

# 使用预测 API 查询模型
curl -d '{"instances": [1.0, 2.0, 5.0]}' \
    -X POST http://localhost:8501/v1/models/half_plus_two:predict

# 返回 => { "predictions": [2.5, 3.0, 4.5] }
```

上述命令的实现流程如下。

- 下载 TensorFlow Serving 的 Docker 镜像和仓库。
- 复制 TensorFlow Serving 的 GitHub 仓库，并设置演示模型的位置。
- 启动一个 TensorFlow Serving 容器，并打开 REST API 端口，从而允许外部进行请求。
- 使用预测 API 查询模型，向模型发送数据，并获得预测结果。
- 返回的预测结果示例为：{ "predictions": [2.5, 3.0, 4.5] }，这表示模型对输入数据的预测结果。

在接下来的内容中，将详细讲解上述命令的具体含义。

1. 拉取 Serving 镜像

在安装 Docker 后，可以通过以下命令来拉取最新的 TensorFlow Serving Docker 镜像。

```
docker pull tensorflow/serving
```

运行上述命令后将下载一个包含安装了 TensorFlow Serving 的最小 Docker 镜像。查看 Docker Hub 上的 tensorflow/serving 仓库可以获取其他版本的镜像。

2. 运行 Serving 镜像

Serving 镜像（包括 CPU 和 GPU 版本）具有以下属性。

- 端口 8500 用于 gRPC 协议。
- 端口 8501 用于 REST API。
- 可选的环境变量 MODEL_NAME（默认为 model）。
- 可选的环境变量 MODEL_BASE_PATH（默认为 /models）。

当 Serving 镜像运行 ModelServer 时，会按照以下方式运行：

```
    tensorflow_model_server --port=8500 --rest_api_port=8501 \
      --model_name=${MODEL_NAME} --model_base_path=${MODEL_BASE_
PATH}/${MODEL_NAME}
```

要使用 Docker 进行服务，需要设置如下参数。

- 主机上的一个开放端口进行服务。
- 要服务的 SavedModel。
- 模型的一个名称，供客户端引用。

如果要运行 Docker 容器，需要将容器的端口映射到主机的端口，并将主机的路径挂载到 SavedModel 的路径上，以便与容器的模型路径对应。例如，下面是一个运行 Docker 容器的例子：

```
    docker run -p 8501:8501 \
      --mount type=bind,source=/path/to/my_model/,target=/models/my_model \
      -e MODEL_NAME=my_model -t tensorflow/serving
```

在这个例子中，启动了一个 Docker 容器，将 REST API 端口 8501 映射到主机的端口 8501，并将命名为 my_model 的模型绑定到默认的模型基础路径（${MODEL_BASE_PATH}/${MODEL_NAME} = /models/my_model）。最后，将环境变量 MODEL_NAME 设置为 my_model，并将 MODEL_BASE_PATH 保留为默认值。

下面命令会在容器中运行这个 Serving 镜像：

```
    tensorflow_model_server --port=8500 --rest_api_port=8501 \
      --model_name=my_model --model_base_path=/models/my_model
```

如果想发布 gRPC 端口，可以使用 -p 8500:8500 命令，这样可以同时打开 gRPC 和 REST API 端口，当然也可以选择只打开其中一个端口。

另外，tensorflow_model_server 命令支持许多其他参数，我们可以将这些参数传递给 Serving Docker 容器。例如，如果想传递一个模型配置文件而不是指定模型名称，可以进行以下操作：

```
    docker run -p 8500:8500 -p 8501:8501 \
      --mount type=bind,source=/path/to/my_model/,target=/models/my_model \
       --mount type=bind,source=/path/to/my/models.config,target=/models/
models.config \
      -t tensorflow/serving --model_config_file=/models/models.config
```

这种方法适用于 tensorflow_model_server 支持的任何其他命令行参数。

3. 创建自己的 Serving 镜像

如果您想将自己的模型构建到容器中的 Serving 镜像，可以考虑创建自己的镜像。首先，将 Serving 镜像作为守护进程运行：

```
    docker run -d --name serving_base tensorflow/serving
```

接下来，将我们的 SavedModel 复制到容器的模型文件夹中：

```
    docker cp models/<my model> serving_base:/models/<my model>
    最后，将 MODEL_NAME 更改为与我们的模型名称匹配，并提交正在为我们的模型提供服务的容器：
```

```
docker commit --change "ENV MODEL_NAME <my model>" serving_base <my container>
```

现在，可以停止使用 serving_base 容器：

```
docker kill serving_base
```

这将留下一个名为 <my container> 的 Docker 镜像，我们可以部署它，并在启动时加载用户的模型进行服务。

接下来，我们将实现一个完整的 TensorFlow Serving 实例，并加载一个 SavedModel，然后使用 REST API 进行调用。

（1）首先，拉取 Serving 镜像，具体命令如下：

```
docker pull tensorflow/serving
```

这将拉取安装了 ModelServer 的最新 TensorFlow Serving 镜像。

（2）使用一个名为“Half Plus Two”的玩具模型，它会根据提供的 x 值生成 0.5 × x + 2。要获取此模型，首先复制 TensorFlow Serving 存储库。

```
mkdir -p /tmp/tfserving
cd /tmp/tfserving
git clone https://github.com/tensorflow/serving
```

（3）接下来，运行 TensorFlow Serving 容器，指向此模型并打开 REST API 端口（8501）。

```
docker run -p 8501:8501 \
  --mount type=bind,\
source=/tmp/tfserving/serving/tensorflow_serving/servables/tensorflow/testdata/saved_model_half_plus_two_cpu,\
target=/models/half_plus_two \
  -e MODEL_NAME=half_plus_two -t tensorflow/serving &
```

这将运行 Docker 容器并启动 TensorFlow Serving 模型服务器，绑定 REST API 端口 8501，并将我们的目标模型从主机映射到容器中预期的模型位置。我们还将模型的名称作为环境变量传递，这在查询模型时非常重要。

（4）要使用 predict API 查询模型，可以运行以下命令：

```
curl -d '{"instances": [1.0, 2.0, 5.0]}' \
  -X POST http://localhost:8501/v1/models/half_plus_two:predict
```

此时，会返回一组值：

```
{ "predictions": [2.5, 3.0, 4.5] }
```

13.3.2　使用 GPU 运行 Docker 服务

在使用 GPU 运行服务之前，除了安装 Docker 之外，还需要在计算机中安装最新的 NVIDIA 驱动程序和 nvidia-docker。可以按照 https://github.com/NVIDIA/nvidia-docker#quick-start 处的安装说明进行安装。

运行 GPU 服务镜像的方法与运行 CPU 镜像的方法相同。接下来，将通过一个完整的例子来展示加载一个包含 GPU 绑定操作的模型，并使用 REST API 进行调用的过程。

（1）首先，安装 nvidia-docker。接下来，通过以下命令来拉取最新的 TensorFlow Serving GPU Docker 镜像：

```
docker pull tensorflow/serving:latest-gpu
```

这将下载一个包含在 GPU 上运行的 ModelServer 的最小 Docker 镜像。

（2）接下来，使用一个名为“Half Plus Two”的玩具模型，它会根据提供的 x 值生成 0.5 × x + 2 的结果。这个模型的操作将被绑定到 GPU 设备上，而不会在 CPU 上运行。

首先，通过复制 TensorFlow Serving 仓库来获取这个模型：

```
mkdir -p /tmp/tfserving
cd /tmp/tfserving
git clone https://github.com/tensorflow/serving
```

其次，运行 TensorFlow Serving 容器，将其指向这个模型，并打开 REST API 端口（8501）：

```
docker run --gpus all -p 8501:8501 \
--mount type=bind,\
source=/tmp/tfserving/serving/tensorflow_serving/servables/tensorflow/
testdata/saved_model_half_plus_two_gpu,\
target=/models/half_plus_two \
  -e MODEL_NAME=half_plus_two -t tensorflow/serving:latest-gpu &
```

最后，将运行 Docker 容器，启动 TensorFlow Serving Model Server，绑定 REST API 端口 8501，并将我们的目标模型从主机映射到容器中预期的模型位置。我们还将模型的名称作为环境变量传递，这在查询模型时非常重要。

> **注意：**在查询模型之前，请等待看到类似以下消息的内容，这表示服务器已准备好接收请求：

```
2023-07-27 00:07:20.773693: I tensorflow_serving/model_servers/main.
cc:333]
Exporting HTTP/REST API at:localhost:8501 ...
```

（3）要使用 predict API 查询模型，可以运行以下命令：

```
curl -d '{"instances": [1.0, 2.0, 5.0]}' \
  -X POST http://localhost:8501/v1/models/half_plus_two:predict
```

此时会返回一组值：

```
{ "predictions": [2.5, 3.0, 4.5] }
```

> **注意：**如果尝试在没有 GPU 或没有正常工作的 GPU 构建的 TensorFlow Model Server 的机器上运行 GPU 模型，将导致错误发生，错误信息类似于：

```
    Cannot assign a device for operation 'a': Operation was explicitly
assigned to /device:GPU:0
```

13.3.3　使用 Docker 从源代码中构建 TensorFlow Serving

要想从源代码构建 TensorFlow Serving，并使用 Docker 进行构建，可以按照以下步骤进行操作。

（1）首先，克隆 TensorFlow Serving 的 GitHub 仓库到本地机器：

```
    git clone https://github.com/tensorflow/serving.git
```

（2）其次，进入克隆的仓库目录：

```
    cd serving
```

（3）最后，构建 TensorFlow Serving 的 Docker 镜像，可以使用以下命令来构建基于 CPU 的 Docker 镜像：

```
    docker build -t tensorflow/serving -f tensorflow_serving/tools/docker/
Dockerfile .
```

如果希望构建基于 GPU 的 Docker 镜像，可以使用以下命令实现：

```
    docker build -t tensorflow/serving:latest-gpu -f tensorflow_serving/tools/
docker/Dockerfile.gpu .
```

构建完成后，可以使用构建的 Docker 镜像运行 TensorFlow Serving 容器，就像之前的例子一样。例如，如果要运行基于 CPU 的容器，可以通过如下命令实现：

```
    docker run -p 8501:8501 \
      --mount type=bind,\
    source=/tmp/tfserving/serving/tensorflow_serving/servables/tensorflow/
testdata/saved_model_half_plus_two_cpu,\
    target=/models/half_plus_two \
      -e MODEL_NAME=half_plus_two -t tensorflow/serving &
```

或者，如果要运行基于 GPU 的容器，可以通过如下命令实现：

```
    docker run --gpus all -p 8501:8501 \
    --mount type=bind,\
    source=/tmp/tfserving/serving/tensorflow_serving/servables/tensorflow/
testdata/saved_model_half_plus_two_gpu,\
    target=/models/half_plus_two \
      -e MODEL_NAME=half_plus_two -t tensorflow/serving:latest-gpu &
```

这样，就可以从源代码构建 TensorFlow Serving，并使用 Docker 容器进行部署和运行。

13.3.4　使用 TensorFlow Serving 提供 TensorFlow 模型

以下内容介绍了使用 TensorFlow Serving 提供 TensorFlow 模型的步骤。

1）克隆示例模型

对于本示例，我们将使用一个简单的 TensorFlow 模型。首先，从官方 TensorFlow Serving

GitHub 存储库中获取一个示例模型。打开终端并运行以下命令：

```
# 克隆 TensorFlow Serving 存储库
git clone https://github.com/tensorflow/serving.git
cd serving/tensorflow_serving/example
```

2）构建 Docker 镜像

接下来，进入包含示例模型的克隆目录：

```
cd mnist_saved_model
```

现在，为该模型构建 Docker 镜像：

```
docker build -t mnist_serving .
```

3）运行 Docker 容器

一旦构建了 Docker 镜像，就可以运行一个容器来提供该模型：

```
docker run -p 8501:8501 -d --name mnist_serving mnist_serving
```

这将启动一个运行 TensorFlow Serving 服务器的容器，并在端口 8501 上公开 REST API。

4）查询模型

现在可以使用 predict API 查询模型。新打开另一个终端窗口并运行以下命令：

```
    curl -d '{"signature_name":"serving_default", "instances": [{"flatten_
input:0": [0.0, 0.0, 0.0, 0.0, 0.0, 0.0, 0.0, 0.0, 0.0, 0.0]}]}' -H
"Content-Type: application/json" -X POST http://localhost:8501/v1/models/
mnist:predict
```

上述命令将向 TensorFlow Serving 容器发送请求，并接收所提供输入的预测结果。

5）清理

完成所有操作后，可以停止并删除 Docker 容器：

```
docker stop mnist_serving
docker rm mnist_serving
```

通过上述步骤，已经成功地使用 TensorFlow Serving 和 Docker 提供了一个 TensorFlow 模型。

13.3.5 使用 TensorFlow Serving 部署模型

下面是一个完整的例子，演示了使用 TensorFlow Serving 构建和部署一个简单的模型，并向服务器发送推理请求的过程。

实例 13-2：使用 TensorFlow Serving 部署模型并使用（源码路径：daima/13/xun.py 和 ke.py）

（1）编写文件 xun.py 以训练一个简单的线性回归模型，并将其保存为 SavedModel 格式。具体实现代码如下。

```
import tensorflow as tf
# 创建简单的线性回归模型
```

```
inputs = tf.keras.Input(shape=(1,))
outputs = tf.keras.layers.Dense(1)(inputs)
model = tf.keras.Model(inputs=inputs, outputs=outputs)

# 编译和训练模型（这里使用了随机数据进行演示）
model.compile(optimizer='adam', loss='mse')
model.fit(x=[1, 2, 3], y=[2, 4, 6], epochs=10)

# 保存模型为 SavedModel 格式
tf.saved_model.save(model, '/path/to/saved_model')
```

（2）启动 TensorFlow Serving 服务器。

现在开始演示使用 TensorFlow Serving 部署和使用这个模型的方法。首先，使用以下命令启动 TensorFlow Serving 服务器，假设 SavedModel 保存在 /path/to/saved_model 目录中：

```
tensorflow_model_server \
  --port=8501 \
  --model_name=my_model \
  --model_base_path=/path/to/saved_model
```

（3）编写客户端应用程序。

使用 Python 编写一个客户端应用程序文件 ke.py，向 TensorFlow Serving 服务器发送推理请求并处理结果。具体实现代码如下。

```
import requests
import json

# 构建推理请求数据
input_data = {
    "signature_name": "serving_default",  # 指定模型的签名名称
    "instances": [{"dense_input": [3.0]}]  # 根据模型输入签名构建输入数据
}

# 构建请求 URL
server_url = "http://localhost:8501/v1/models/my_model:predict"  # 服务器
URL 和模型名称

# 发送 POST 请求
response = requests.post(server_url, json=input_data)

# 解析响应
if response.status_code == 200:
    result = response.json()
    output_data = result["predictions"][0]  # 提取模型的输出数据
    print("Inference result:", output_data)
else:
    print("Inference failed. Status code:", response.status_code)
```

在这个例子中，我们首先训练了一个简单的线性回归模型，将其保存为 SavedModel 格式，并使用 TensorFlow Serving 部署。然后，我们编写了一个简单的 Python 脚本，向服务器发送推理请求并处理结果。

13.4 TensorFlow Serving 实战

本项目是一个基于图像分类的应用，旨在使用深度学习模型对图像进行分类，判断图像内容是否属于不安全的、淫秽的或不适宜展示的类别。

实例 13-3：判断图片内容是否符合法律规范（源码路径：daima/13/yelo）

13.4.1 功能模块介绍

本项目通过使用深度学习模型对图像进行分类，实现了一个图像内容安全性判断的应用。用户可以通过 Web 应用上传图片并获取模型的分类结果，以判断图片是否包含不适宜展示的内容。项目涵盖了模型训练和转换、Web 应用接口、模型推理和部署、自定义回调函数和学习率调度、图像预处理等多个环节，以实现整个图像分类流程。本项目包括以下主要组件和功能。

- 模型训练和转换：本项目包含一个用于训练图像分类模型的模块。在 train_model 目录下，通过 model.py 脚本，使用 ResNet50 作为卷积基础模型，构建了一个深度学习模型，用于图像分类任务。使用数据增强技术对图像进行预处理，训练和验证数据生成器用于生成训练和验证数据。训练好的模型可以保存为 HDF5 格式，然后通过 transfer.py 将其转换为 TensorFlow SavedModel 格式，以备部署使用。
- Web 应用接口：在本项目中包含了一个基于 Flask 的 Web 应用，用于接收用户上传的图片，将其进行预处理，然后通过 HTTP 请求将数据发送到远程 TensorFlow Serving 服务器进行模型推理。用户可以通过访问应用的 URL 来上传图片并获取模型的分类结果。
- 模型推理和部署：本项目使用 TensorFlow Serving 来进行模型的推理和部署。Flask 应用接收用户上传的图片，对其进行预处理，然后将预处理后的数据通过 HTTP 请求发送到 TensorFlow Serving 服务器的 RESTful API 上，获取模型分类结果。
- 自定义回调函数和学习率调度函数：本项目中的 callbacks.py 文件定义了自定义的回调函数，包括学习率调度函数，用于在模型训练过程中调整学习率。这些回调函数用于在训练过程中实现不同的操作，如保存最佳模型权重、记录训练过程等。
- 图像预处理和编码：本项目使用了图像预处理技术，包括调整图像大小、归一化等操作。图像数据在传输时使用了 base64 编码。
- 日志记录和可视化：本项目使用 TensorBoard 进行训练过程的可视化，可以记录训练过程中的指标和损失，并在 TensorBoard 中进行查看和分析。

13.4.2 训练模型

在本项目的“train_model”目录中，保存了训练图像分类模型的 3 个程序文件，具体说明如下。

- model.py 文件：是模型的核心定义，它定义了一个基于 ResNet50 的深度学习模型，用于实现图像分类任务。它包含了模型的架构、数据预处理、训练和验证数据生成器的定义、模型编译以及训练过程的配置。这是构建和训练模型的核心部分。
- callbacks.py 文件：定义了自定义的回调函数，用于在训练过程中执行不同的操作，如动态学习率调整、保存最佳模型权重、记录训练过程等。这些回调函数被用于增强训练过程，以提高模型的性能和稳定性。

- transfer.py 文件：是用于实现模型转换和保存功能，它加载了之前训练好的模型（从“nsfw_mobilenet2.224x224.h5”文件），将其转换为 TensorFlow SavedModel 格式，并保存在“models/resnet/”目录中。这个步骤通常用于将训练好的模型导出以供部署和推理使用。

接下来，我们将详细讲解这三个程序文件的实现过程。

（1）编写文件 train_model/mytrain/callbacks.py，这是一个自定义回调函数模块，用于在模型训练过程中实施不同的操作。这些回调函数将在训练期间执行，并通过适当的操作和监控来增强模型的训练过程。文件 train_model/mytrain/callbacks.py 的具体实现代码如下。

```
from keras.callbacks import ModelCheckpoint, TensorBoard, LearningRateScheduler
from time import time

def schedule(epoch):
    if epoch < 6:
        # Warmup model first
        return .0000032
    elif epoch < 12:
        return .01
    elif epoch < 20:
        return .002
    elif epoch < 40:
        return .0004
    elif epoch < 60:
        return .00008
    elif epoch < 80:
        return .000016
    elif epoch < 95:
        return .0000032
    else:
        return .0000009


def make_callbacks(weights_file):
    filepath = weights_file
    checkpoint = ModelCheckpoint(
            filepath, monitor='val_acc', verbose=1, save_best_only=True,
mode='max')

    tensorboard = TensorBoard(log_dir="logs/{}".format(time()))

    lr_scheduler = LearningRateScheduler(schedule)

    return [lr_scheduler, checkpoint, tensorboard]
```

对上述代码的具体说明如下。

- schedule 函数：根据不同的训练周期返回不同的学习率，以在训练的不同阶段逐渐减小学习率。这样的学习率调度有助于模型在训练过程中更稳定地收敛。
- make_callbacks 函数：用于创建训练过程中的回调函数列表。回调函数是在每个训练周期结束时触发的操作，如保存最佳模型权重、记录训练过程等。
- 回调函数 ModelCheckpoint：监视验证集的准确率（val_acc），并在每个训练周期结束时保存具有最佳验证准确率的模型权重。
- 回调函数 TensorBoard：创建一个用于 TensorBoard 的日志文件，以便可视化训练和验证过程中的指标。
- 回调函数 LearningRateScheduler：应用之前定义的学习率调度函数，动态地调整学习率。

（2）编写文件 train_model/mytrain/model.py，功能是使用 Keras 构建基于 ResNet50 的图像分类模型，通过数据增强技术提高模型的泛化能力，并通过训练和验证数据生成器来训练和评估模型。模型的目标是对输入的图像进行二分类，并输出相应的类别概率。文件 train_model/mytrain/model.py 的具体实现代码如下：

```
    height = 299
    width = height
    weights_file = "weights.best_mobilenet" + str(height) + ".hdf5"
    NUM_CLASSES = 2
    GENERATOR_BATCH_SIZE = 10
    TOTAL_EPOCHS = 1
    STEPS_PER_EPOCH = 5
    VALIDATION_STEPS = 10
    BASE_DIR = 'C:\\Users\\lenovo\\Desktop\\nsfw_model-master\\mytrain\\
data'

    # 数据预处理
    train_datagen = ImageDataGenerator(
        rescale=1./255,
        rotation_range=30,
        width_shift_range=0.2,
        height_shift_range=0.2,
        shear_range=0.2,
        zoom_range=0.2,
        channel_shift_range=20,
        horizontal_flip=True,
        fill_mode='nearest'
    )

    validation_datagen = ImageDataGenerator(
        rescale=1./255
    )

    train_dir = os.path.join(BASE_DIR, 'train')
    test_dir = os.path.join(BASE_DIR, 'test')

    def create_generators(height, width):
```

```
        train_generator = train_datagen.flow_from_directory(
            train_dir,
            target_size=(height, width),
            class_mode='categorical',
            batch_size=GENERATOR_BATCH_SIZE
        )

        validation_generator = validation_datagen.flow_from_directory(
            test_dir,
            target_size=(height, width),
            class_mode='categorical',
            batch_size=GENERATOR_BATCH_SIZE
        )

        return[train_generator, validation_generator]
    config = tf.compat.v1.ConfigProto()
    config.gpu_options.allow_growth = True
    sess = tf.compat.v1.Session(config=config)

    tf.compat.v1.keras.backend.set_session(sess)  # set this Tens

    conv_base = ResNet50(
        weights='imagenet',
        include_top=False,
        input_shape=(height, width, 3)
    )

    conv_base.trainable = False
    x = conv_base.output
    x = AveragePooling2D(pool_size=(7, 7))(x)
    x = Flatten()(x)
    x = Dense(256, activation='relu', kernel_initializer=initializers.he_
normal(seed=None), kernel_regularizer=regularizers.l2(.0005))(x)
    x = Dropout(0.5)(x)
    # Essential to have another layer for better accuracy
    x = Dense(128,activation='relu', kernel_initializer=initializers.he_
normal(seed=None))(x)
    x = Dropout(0.25)(x)
    predictions = Dense(NUM_CLASSES,  kernel_initializer="glorot_uniform",
activation='softmax')(x)


    model = Model(inputs = conv_base.input, outputs=predictions)

    if os.path.exists(weights_file):
            print ("loading ", weights_file)
            model.load_weights(weights_file)

    # Get all model callbacks
    callbacks_list = callbacks.make_callbacks(weights_file)

    opt = SGD(momentum=.9)
```

```
    model.compile(
        loss='categorical_crossentropy',
        optimizer=opt,
        metrics=['accuracy']
    )


    train_generator, validation_generator = create_generators(height, width)

    print('Start training!')
    history = model.fit_generator(
        train_generator,
        callbacks=callbacks_list,
        epochs=TOTAL_EPOCHS,
        steps_per_epoch=STEPS_PER_EPOCH,
        shuffle=True,
        workers=4,
        use_multiprocessing=False,
        validation_data=validation_generator,
        validation_steps=VALIDATION_STEPS
    )

    print('Saving Model')
    model.save("nsfw_mobilenet2." + str(width) + "1111x" + str(height) +
".h5")
```

（3）编写文件 train_model/mytrain/tansfer.py，功能是将一个已经训练好的 Keras 模型从 HDF5 格式（.h5）转换为 TensorFlow SavedModel 格式。具体实现代码如下。

```
    import tensorflow as tf

    # 首先使用 tf.keras 的 load_model 来导入模型 h5 文件
    model_path = 'nsfw_mobilenet2.224x224.h5'
    model = tf.keras.models.load_model(model_path)
    model.save('models/resnet/', save_format='tf')  # 导出 tf 格式的模型文件
```

上述代码的实现流程如下。

- 首先导入 TensorFlow 库，然后使用 tf.keras.models.load_model 函数从指定的 HDF5 格式模型文件（'nsfw_mobilenet2.224x224.h5'）中加载模型。加载后，模型将以 Keras 模型的形式存储在变量 model 中。
- 将加载的 Keras 模型转换为 TensorFlow SavedModel 格式并保存到指定的目录中（'models/resnet/'）。通过 model.save() 函数，可以将模型保存为不同格式，这里选择 'tf' 作为 save_format，表示要保存为 TensorFlow SavedModel 格式。

> **注意：** 在保存模型时，会生成名为“saved_model.pb”的文件，以及一些其他与模型结构和权重相关的文件。这个 SavedModel 文件可以用于后续的部署和推理。

13.4.3 Flask Web 接口

编写文件 app.py，这是一个使用 Flask 框架创建的一个简单的 Web 应用程序，用于

接收图片数据，进行预处理，并通过 HTTP 请求将数据发送到远程服务器（TensorFlow Serving）进行推理。文件 app.py 的具体实现流程如下。

（1）导入需要使用的库，包括 Flask 用于创建 Web 应用、json 用于处理 JSON 数据、requests 用于发送 HTTP 请求、Keras 的图像预处理模块、PIL 用于处理图像、base64 用于解码 base64 数据。

（2）创建一个名为 app 的 Flask 应用，并开启了调试模式。具体实现代码如下。

```
app = Flask(__name__)
app.debug = True
```

（3）定义了 /img/send_img 路由，用于接收图片数据的 POST 请求。在 POST 请求中，代码从请求中获取名为 'img' 的 base64 编码的图片数据，然后进行解码，将解码后的数据转换为 PIL 图像格式。接着，代码将图像保存到本地，然后使用 Keras 预处理函数将图像尺寸大小调整为 224 像素 ×224 像素，进行归一化处理。最后，代码构建推理请求的 JSON 数据，将数据发送到 TensorFlow Serving 服务器，获取推理结果。

（4）定义了根路由 '/'，用于显示 "Hello World!" 字符串。具体实现代码如下。

```
@app.route('/')
def hello_world():
    return 'Hello World!'
```

（5）启动 Flask 应用，应用会监听默认的主机（localhost）和端口（5000），以等待处理请求。具体实现代码如下。

```
if __name__ == '__main__':
    app.run()
```

综上所述，Flask Web 接口文件 app.py 创建了一个基于 Flask 的 Web 应用，用于接收图片数据，对图片进行预处理，然后通过 HTTP 请求将预处理后的数据发送到远程 TensorFlow Serving 服务器进行模型推理。

13.4.4　检测图片的合法性

编写文件 test/re.py，功能是将一张要检测的图片以 base64 编码的形式发送到 TensorFlow Serving 服务器，以判断图片是否包含不适宜展示的内容。文件 test/re.py 的具体实现代码如下。

```
import base64
import requests
img_file = open('888.jpg','rb')
img_b64encode = base64.b64encode(img_file.read())   # 使用 base64 进行加密
data = {
    'img':img_b64encode
}
url = 'http://127.0.0.1:5000/img/send_img'
res = requests.post(url=url,data=data)
print(res.content)
```

上述代码的实现流程如下。

- 打开名为 '888.jpg' 的图片文件，并将其内容进行 base64 编码。图片以二进制模式 ('rb') 打开，然后通过 base64.b64encode 函数进行编码，得到一个 base64 编码的字符串。
- 将 base64 编码后的图片数据存储在一个字典 data 中，键为 'img'。然后，代码使用 requests.post 函数向指定的 URL（'http://127.0.0.1:5000/img/send_img'）发送 POST 请求，将数据传递给服务器。这段代码的目的是将 base64 编码的图片数据发送给服务器。
- 最后，代码打印出服务器的响应内容。这里使用 res.content 来获取服务器响应的原始内容。

13.4.5 Docker 部署并启动 TensorFlow Serving

（1）通过如下命令下载 Docker 镜像和仓库：

```
docker pull wfs2010/yelo:yelo1.0
git clone https://github.com/xxxxxx.git
```

上述命令包括以下两个步骤。

- 使用 docker pull 命令从 Docker Hub 上下载一个名为 wfs2010/yelo:yelo1.0 的 Docker 镜像。这个镜像包含了项目所需的环境和依赖，可能是一个预先配置好的 TensorFlow Serving 镜像。
- 使用 git clone 命令复制一个名为 yelo 的 GitHub 仓库，在使用时，读者需要将 https://github.com/xxxxxx.git 替换为实际的仓库地址。

（2）使用下面的命令启动 TensorFlow Serving 容器并打开 REST API 端口：

```
docker run -t --rm -p 8501:8501 \
    -v "$(pwd)/yelo/static/model/model:/models/model" \
    -e MODEL_NAME=model \
    wfs2010/yelo:yelo1.0 &
```

上述命令启动了一个 TensorFlow Serving 容器来提供模型服务，具体说明如下。

- 使用 docker run 命令启动 Docker 容器。
- -t 表示在终端上创建一个伪终端。
- --rm 表示在容器停止后自动删除容器。这样可以确保在容器停止后清理残留的数据。
- -p 8501:8501 表示将主机的端口 8501 映射到容器的端口 8501，以开放 TensorFlow Serving 的 REST API 端口。
- -v "$(pwd)/yelo/static/model/model:/models/model" 标志将主机文件夹 yelo/static/model/model 映射到容器内的 /models/model 文件夹，用于提供模型文件。
- -e MODEL_NAME=model 标志设置环境变量 MODEL_NAME 为 model，以指定要加载的模型名称。
- wfs2010/yelo:yelo1.0 是要运行的 Docker 镜像。
- & 符号表示将容器在后台运行。

总之，通过上述步骤启动了一个 TensorFlow Serving 容器，该容器会加载在 yelo/static/

model/model 文件夹中的模型，并通过 8501 端口提供 REST API 服务，用于进行模型推理。整个过程的目标是部署一个能够提供模型预测的服务，以便在客户端应用中使用。

13.4.6　调试运行

在 Docker 中部署并启动了一个 TensorFlow Serving 容器后，接下来就可以调试运行本项目。

首先，通过如下命令启动 Flask 程序：

```
python app.py
```

其次，通过如下命令来到“test”目录并启动测试程序 re.py，测试在文件 888.jpg 中是否包含不合法的内容（如性感、淫秽、暴力等）。

```
cd test
python re.py
```

执行后会输出：

```
{
    "predictions": [[0.00262068701, 0.000862150046, 0.939066,
0.0220393743, 0.0354117937]]
}
```

上述输出表示使用 TensorFlow Serving 模型对测试图片 888.jpg 进行预测后的预测值，每个预测值都对应了五个类别：drawings、hentai、neutral、porn 和 sexy，每个预测值表示模型预测图片属于对应类别的概率。五个类别的具体解释如下。

- drawings：表示图像是否为绘画、插画、漫画等手绘风格的图像。
- hentai：表示图像是否包含淫秽、色情内容。
- neutral：表示图像是否属于中立、普通的内容，不包含明显的色情或不雅内容。
- porn：表示图像是否包含色情内容。
- sexy：表示图像是否有性感、性别暗示的内容。

每个预测值对应一个类别，数值越高表示模型认为图像属于该类别的可能性越大。在给定的输出中，每个类别的预测概率值都是一组小数，例如 [0.00262068701, 0.000862150046, 0.939066, 0.0220393743, 0.0354117937]。这些值的和不一定等于 1，因为它们是模型在每个类别上的独立预测概率。

根据上述输出结果可以看出，TensorFlow Serving 模型对不同类别的预测概率不同。在这个例子中，neutral 类别的预测概率最高（约为 0.939066），而其他类别的概率较低，说明测试图片 888.jpg 属于中立、普通的内容，不包含明显的色情或不雅内容。这个输出结果可以帮助判断模型对于测试图片的分类结果，从而了解图像是否包含特定的内容，如非法内容。

第 14 章 移动机器人智能物体识别系统（TensorFlow Lite+TensorFlow+Android+iOS）

随着科技的进步与发展，物体识别技术被广泛应用于人们的生产生活中。近年来，随着深度学习与云计算的跳跃式发展，物体识别技术发生了质的飞跃。高分辨率图像和检测的实时性要求越来越高。本章将详细讲解使用人工智能技术为移动机器人开发一个物体识别检测系统的过程，包括项目的架构分析、创建模型和具体实现知识。

14.1 背景介绍

扫码看视频

随着机电一体化技术的快速发展，作为其典型代表的机器人的智能化越来越受到人们的关注和需求。工作在复杂环境中的机器人，通过运用视觉技术，对周围环境中的物体进行精准识别，是机器人智能化的重要标志。与传统机器人不同，具有“视觉”且能够识别物体的机器人可以感知外部世界（即获取图像），分析所得信息，并作出合理的决策。这种技术恰恰满足了对机器人智能化的需求，对机器人的工作和未来机器人的发展具有重要的意义。

机器人视觉的核心技术在于物体识别，物体识别通俗来说就是运用计算机技术使机器人具有和人类一样，对任意环境下观察到的任意物体进行检测、分割和识别的能力。物体识别的作用广泛：对汽车或车牌的识别，并辅以其他处理（如速度计算等），可以对交通进行智能监控；工厂中智能机器人可以识别零件种类，以对零件进行相应操作（如搬运、组装等）；家用机器人对各种物体的识别可以帮助人类完成更多的工作，而不是像传统机器人那样只能进行简单的重复性的任务，这会使机器人更加智能化，发挥更大的作用。在众多物体识别类型中，人脸识别是最为典型的一种。更准确地说，应该是人脸检测，二者的区别在于，识别（Recognition）是从图像中找到能与特定人脸相匹配的部分；而检测（Detection）只是识别的一部分，即从图像中检测出人脸并标记其位置。而人脸检测已经满足物体识别的要求，它完全可以代表其他物体（如汽车、杯子等）的识别，并且人脸检测可应用于多个领域。例如，家用机器人可以从复杂环境中判断主人的位置，数码相机可以通过人脸识别来对人脸进行准确对焦，等等。

14.2 物体识别

扫码看视频

大千世界，物体种类繁多，人们主要通过视觉系统对形形色色的物体进行分类和辨别，这一过程统称为物体识别。通过模拟人类视觉系统的视觉信息获取和处理功能，计算机具备了像人类一样识别物体的能力，出现了计算机视觉和模式识别等研究领域。物体识别 (Object Recognition) 是当前国内外计算机视觉与模式识别领域的一个活跃研究方向，在很多方面取得了很大的进步。例如，对人类视觉系统有了更进一步的认识，采用了更高级的数学工具，计算效率不断提高，还收集了越来越多具有挑战性的数据库等。这些进步使物体识别越来越引起人们的关注。

14.2.1　物体识别介绍

物体识别是机器智能的基本功能之一，它是任何一个以图像或视频作为输入的实际应用系统中的核心问题和关键技术。这类系统的性能和应用前景都依赖于其中物体的知识表示和分类识别所能达到的水平。物体识别技术在军事和民用领域都有着广泛的需求和应用，如智能视频监控、视觉导航、人机交互、计算机取证、各类身份识别和认证系统、数字图书馆以及互联网中海量图像库和视频的基于内容的检索、编码与压缩等。

基于图像的物体识别过程通常表现为：首先构建待识别物体图像的一种知识表示模型，在一定数量的训练样本中学习得到一组满足预定要求的模型参数；同时，根据物体图像的表示模型，建立一套从实际图像中进行推理的识别算法，通过在实际图像中测试，评估系统的泛化能力和性能。由此可见，提升物体识别技术，在军事和民用领域都有非常重要的意义。

所谓一般物体识别，通俗地说，就是使计算机具有和人类一样的，对于在任意环境下观察到的任意物体进行检测、分割和识别的能力。它作为计算机视觉领域的一个特定然而极为重要的任务，要求在给予一定数量训练样本的前提下，计算机能够学习有关指定物体类别的知识，并在观察到从属于旧类别的新物体时，给出识别的结果。

研究一般物体识别，无论是在理论还是实践方面都具有重要的意义。计算机视觉的核心在于识别。而一般物体识别又是识别中最为复杂和核心的问题。对于神经科学而言，破解一般物体识别就如同揭开了神秘的人脑工作机制的一角，由此展开进一步的深入研究，其意义不言而喻。在实践中，一般物体识别的研究将对人类生活的各个方面，尤其是交通、国防、教育产生重大影响，甚至改变人们的生活方式，对整个社会有着深远的意义。

一般物体识别与特定物体识别 (Specific Object Recognition) 的主要区别在于，特定物体识别采用高度专业化的特征提取及机器学习方法，使用海量的训练样本进行训练，仅仅处理某种物体或是某类物体，典型例子如汽车检测及人脸检测。而一般物体识别面对的问题则要困难得多，概括来说，它必须使用物体类间通用的一般特征，而不能为某个特定类别定义特征；它必须能处理多类分类及增量学习，在此前提下无法使用给定类别的海量样本进行训练。

14.2.2 物体识别的挑战

在目前的技术环境下，现有的大多数物体表示与识别方法是针对特定的物体实例和表现形式，如字符、人脸、车辆和车牌等。在这种情况下，建模、学习、推理与数据都有很强的针对性，因而也缺少通用性和可扩展性。在识别几百类常见物体时，物体识别在建模、学习、推理和数据四个方面都遇到很大的挑战，具体而言有如下几点。

- 不同姿态和视角：因为物体在图像中出现的姿态和视角是任意变化的，系统也无法预先知道物体的详细姿态和视角，在不同姿态和视角下，对识别起作用的特征差异很大。
- 光照的影响：在不同的光照条件下，物体的正确识别率会急剧下降。其主要原因是硬件的成像与光照的关系并线性。当光线太强时会出现饱和问题；当光线较弱时，阴影部分会出现信噪比较低的问题。因此，设计一种有效避免光线对物体识别产生影响的方法，解决光线问题是关键。
- 遮挡问题：这也是物体识别中无法回避的问题之一。在真实图像中，待识别的物体很可能被其他物体部分遮挡，这会导致一些非常重要的信息丢失，增大准确识别目标物体的难度。设计一种在目标物体图像因部分遮挡和部分缺失的情况下也能被正确识别的方法，包括确定和选择最小特征集、研究特征信息缺失时的识别方法以及遮挡率与识别有效性之间的关系，显得十分重要。
- 尺度变化问题：同一类物体在大小方面存在较大的差异。图像的各种结构只存在一定的尺度范围内。如何解决尺度变化问题也是物体识别所要解决的一大难题。这就给同一类物体的识别带来了很大的困难。在早期的图像处理和表示中就遇到一个很大的困难，即图像的描述是依赖于图像的尺度的。
- 形状变化问题：同一类物体的形状变化也会增加物体识别的难度。如椅子、桌子等物体几乎有成百上千种形状，无法采用一种统一的表示方法来表示物体，导致识别难度加大。因此，设计一种能有效针对同一类物体形状变化对物体识别造成影响的方法，对物体识别来说也是一个巨大的挑战。

14.2.3 图像特征的提取方法

图像特征提取是指提取一幅图像中不同于其他图像的根本属性，以区分不同的图像。例如，灰度、亮度、纹理和形状等特征与图像的视觉外观相对应；而颜色直方图、灰度直方图和空间频谱图等特征则缺乏自然的对应性。基于图像特征进行物体识别实际上是根据提取到的图像特征来判断图像中物体所属类别。形状、纹理和颜色等特征是最常用的视觉特征，也是现阶段基于图像的物体识别技术中采用的主要特征。下面分别介绍图像的形状、纹理和颜色特征的提取方法。

1）图像形状特征提取

形状特征是反映图像中物体最直观的视觉特征，大部分物体可以通过辨别其形状来进行判别。因此，在物体识别中，正确提取形状特征显得非常重要。常用的图像形状特征提取方法有两种：基于轮廓的方法和基于区域的方法。这两种方法区别如下。

- 对于基于轮廓的方法来说，图像的轮廓特征主要针对物体的外边界。描述形状的轮廓特征的方法主要有：样条、链码和多边形逼近等。

- 在基于区域的方法中，图像的区域特征则涉及整个形状区域。描述形状的区域特征的主要方法有：区域的面积、凹凸面积、形状的主轴方向、纵横比、形状的不变矩等。

目前，形状的特征已得到广泛应用，典型的形状特征描述方法如下。

- 边界特征法。该方法的基本思想是通过描述图像的边界特征来获取相应的图像形状参数。其中，边界的方向直方图方法和 Hough 变换检测平行直线的方法是比较经典的方法。边界方向直方图法首先对图像进行微分以求得图像边缘，然后，绘制关于边缘方向和大小的直方图，通常采用构造图像灰度梯度方向矩阵的方法。Hough 变换检测平行直线的方法是利用图像全局特性将边缘像素连接起来并组成区域封闭边界的一种方法，其基本思想是利用点到线之间的对偶性进行检测的。
- 傅里叶形状描述方法。该方法的基本思想是对图像中物体边界点进行傅里叶变换作为形状描述。傅里叶变换主要是利用区域边界的周期性和封闭性，将二维问题转化为一维问题。采用这种方法就可以由物体的边界点导出三种形状特征的表达：质心距离、曲率函数和复坐标函数。
- 几何参数法。该方法是一种更为简单的图像区域特征描述方法，例如，采用有关形状定量测度（如矩、面积、周长等）的形状参数法。这种定量测度方法简单且可操作性强，适用于简单的三维物体识别。
- 形状不变矩法。该方法的主要思想是利用目标所占区域的矩作为形状描述参数。矩特征主要表征了图像区域的几何特征，又称为几何矩，由于其具有旋转、平移、尺度等特性的不变特征，所以又称为不变矩。在图像处理中，几何不变矩可以作为一个重要的特征来表示物体，可以根据此特征来对图像进行分类等操作。

2）图像纹理特征提取

图像的纹理是与物体表面结构和材质有关的图像的内在特征，反映的是图像的全局特征。图像的纹理可以描述为：一个邻域内像素的灰度级发生变化的空间分布规律，包括表面组织结构、与周围环境的关系等许多重要的图像信息。典型的图像纹理特征提取方法有：统计方法（灰度共生矩阵纹理特征分析方法就是典型的统计方法之一）、几何法（建立在基本的纹理元素理论基础上的一种纹理特征分析方法）、模型法（将图像的构造模型的参数作为纹理特征）、信号处理法（主要以小波变换为主）。

3）图像颜色特征提取

图像颜色特征描述了图像或图像区域内物体的表面性质，反映的是图像的全局特征。一般来说，图像的颜色特征是基于像素点的特征，只要是属于图像或图像区域内的像素点都会有贡献。典型的图像颜色特征的提取方法有：颜色直方图、颜色集和颜色矩，具体说明如下。

- 颜色直方图。颜色直方图是最常用的表达颜色特征的方法，其优点是能简单描述图像中不同色彩在整幅图像中所占的比例，特别适用于描述一些不需要考虑物体空间位置的图像和难以自动分割的图像。而颜色直方图的缺点是无法描述图像中的某一具体物体，无法区分局部颜色信息。
- 颜色集。颜色集可以看作颜色直方图的一种近似表达。具体方法如下。首先，将图像从 RGB 颜色空间转换到视觉均衡的颜色空间。其次，将视觉均衡的颜色空间量化。最后，采用色彩分割技术自动地将图像分为几个区域，用量化的颜色空间中的某个颜色分量来表示每个区域的索引，这样就可以用一个二进制的颜色索引集来表示一幅图像了。

- 颜色矩。该方法是一种基于数字的图像处理方法，用于表示图像中颜色分布的特征。通过计算颜色的不同矩（如一阶矩、二阶矩等），可以有效描述固定的颜色特征，从而实现图像分析和比较的目的。

14.3 系统介绍

扫码看视频

对于给定的图片或视频流，机器人的物体检测系统可以识别出已知的物体及其在图片中的位置。物体检测模块被训练用于检测多种物体的存在以及它们的位置。例如，模型可使用包含多种水果的图片和水果所分别代表的标签（如苹果、香蕉、草莓等）进行训练，返回的数据指明了图像中对象出现的位置。随后，当我们为模型提供图片时，模型将返回一个列表，其中包含检测到的对象、对象矩形框的坐标和代表检测可信度的分数。移动机器人智能物体识别系统如图 14-1 所示。

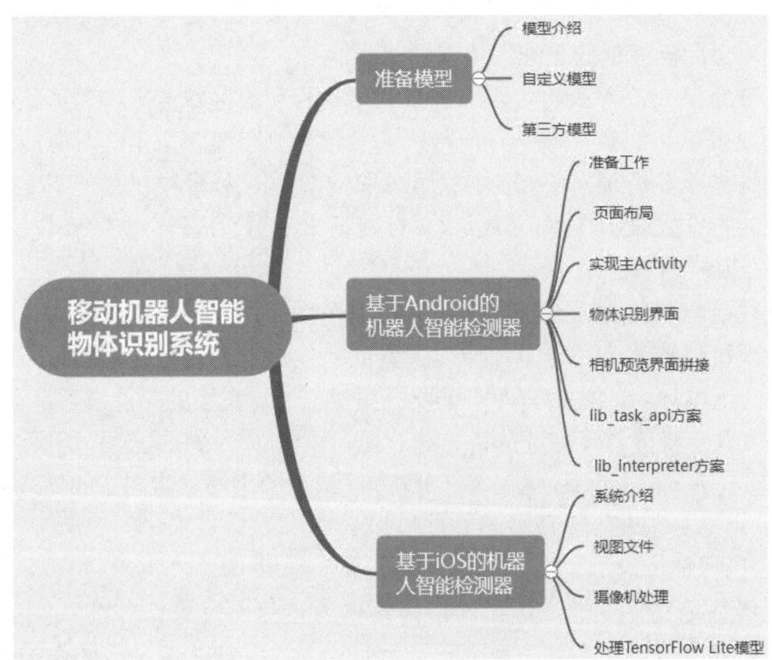

图 14-1　移动机器人智能物体识别系统

14.4 准备模型

扫码看视频

本项目使用的是 TensorFlow 官方提供的现成模型，大家可以登录 TensorFlow 官方网站下载模型文件 detect.tflite。

14.4.1　模型介绍

在本项目中，在文件 download_model.gradle 中设置了使用的初始模型和标签文件。文件 download_model.gradle 的具体实现代码如下：

```
    task downloadModelFile(type: Download) {
         src  'https://tfhub.dev/tensorflow/lite-model/ssd_mobilenet_v1/1/
metadata/2?lite-format=tflite'
        dest project.ext.ASSET_DIR + '/detect.tflite'
        overwrite false
    }
```

这个物体检测模型 detect.tflite 最多能够在一张图中识别和定位 10 个物体，目前已支持 80 种物体的识别。

1）输入

模型使用单个图片作为输入，理想的图片尺寸大小为 300 像素 ×300 像素，每个像素有 3 个通道（红、绿、蓝）。这将反馈给模块一个 27000 字节（ 300×300×3 ）的扁平化缓存。由于该模块经过标准化处理，每个字节代表了 0~255 的一个值。

2）输出

该模型输出四个数组，分别对应索引的 0~3。前三个数组描述 10 个被检测到的物体，每个数组的最后一个元素匹配每个对象，检测到的物体数量总是 10。各个索引的具体说明如表 14-1 所示。

表 14-1　索引说明

索　引	名　称	描　述
0	坐标	[10][4] 多维数组，每一个元素为 0~1 的浮点数，内部数组表示了矩形边框的 [top, left, bottom, right]
1	类型	10 个整型元素组成的数组（输出为浮点型值），每一个元素代表标签文件中的索引
2	分数	10 个整型元素组成的数组，元素值为 0~1 的浮点数，代表检测到的类型
3	检测到的物体和数量	长度为 1 的数组，元素为检测到的总数

14.4.2　自定义模型

开发者可以使用转移学习等技术来重新训练模型，从而辨识初始设置之外的物品种类。例如，可以重新训练模型来辨识各种蔬菜，哪怕原始训练数据中只有一种蔬菜。为达成此目标，需要为每一个需要训练的标签准备一系列训练图片。

接下来，将介绍在 Oxford-IIIT Pet 数据集上训练新的对象检测模型的过程，该模型将能够检测猫和狗的位置并识别每种动物的品种。本书假设在 Ubuntu 16.04 系统上运行，在开始之前需要设置开发环境，具体如下。

- 设置 Google Cloud 项目、配置计费并启用必要的 Cloud API。
- 设置 Google Cloud SDK。
- 安装 TensorFlow。

1）安装 TensorFlow 对象检测 API

假设已经安装了 TensorFlow，那么可以使用以下命令安装对象检测 API 和其他依赖项：

```
git clone https://github.com/tensorflow/models
cd models/research
sudo apt-get install protobuf-compiler python-pil python-lxml
protoc object_detection/protos/*.proto --python_out=.
export PYTHONPATH=$PYTHONPATH:`pwd`:`pwd`/slim
```

通过运行以下命令来测试安装：

```
python object_detection/builders/model_builder_test.py
```

2）下载 Oxford-IIIT Pet Dataset

开始下载 Oxford-IIIT Pet Dataset 数据集，然后转换为 TFRecords 并上传到 GCS。Tensorflow 对象检测 API 使用 TFRecord 格式进行训练和验证数据集。使用以下命令下载 Oxford-IIIT Pet 数据集并转换为 TFRecords：

```
wget http://www.robots.ox.ac.uk/~vgg/data/pets/data/images.tar.gz
wget http://www.robots.ox.ac.uk/~vgg/data/pets/data/annotations.tar.gz
tar -xvf annotations.tar.gz
tar -xvf images.tar.gz
python object_detection/dataset_tools/create_pet_tf_record.py \
    --label_map_path=object_detection/data/pet_label_map.pbtxt \
    --data_dir=`pwd` \
    --output_dir=`pwd`
```

接下来，应该会看到两个新生成的文件：pet_train.record 和 pet_val.record。要在 GCP 上使用数据集，需要使用以下命令将其上传到 Cloud Storage。请注意，同样上传一个“标签地图”（包含在 git 存储库中），它将我们的模型预测的数字索引与类别名称对应起来（例如，4 ->“basset hound”，5 ->“beagle”）。

```
gsutil cp pet_train_with_masks.record ${YOUR_GCS_BUCKET}/data/pet_train.record
gsutil cp pet_val_with_masks.record ${YOUR_GCS_BUCKET}/data/pet_val.record
gsutil cp object_detection/data/pet_label_map.pbtxt \
    ${YOUR_GCS_BUCKET}/data/pet_label_map.pbtxt
```

3）上传用于迁移学习的预训练 COCO 模型

从头开始训练一个物体检测器模型可能需要几天时间，为了加快训练速度，将使用提供的模型中的参数初始化宠物模型，该模型已经在 COCO 数据集上进行了预训练。这个基于 ResNet101 的 Faster R-CNN 模型的权重将成为新模型（我们称之为微调检查点）的起点，并将训练时间从几天缩短到几小时。要对此模型初始化，需要下载它并将其放入 Cloud Storage。

```
    wget https://storage.googleapis.com/download.tensorflow.org/models/
object_detection/faster_rcnn_resnet101_coco_11_06_20115.tar.gz
    tar -xvf faster_rcnn_resnet101_coco_11_06_20115.tar.gz
    gsutil cp faster_rcnn_resnet101_coco_11_06_2017/model.ckpt.* ${YOUR_GCS_
BUCKET}/data/
```

4）配置管道

使用 TensorFlow 对象检测 API 中的协议缓冲区配置，可以在 object_detection/samples/configs/ 中找到本项目的配置文件。这些配置文件可用于调整模型和训练参数（如学习率、Dropout 和正则化参数）。我们需要修改提供的配置文件，以了解上传数据集的位置并微调检查点。需要更改 PATH_TO_BE_CONFIGURED 字符串，以便它们指向上传到 Cloud Storage 存储分区的数据集文件和微调检查点。之后，还需要将配置文件本身上传到 Cloud Storage。

```
    sed -i "s|PATH_TO_BE_CONFIGURED|"${YOUR_GCS_BUCKET}"/data|g" object_
detection/samples/configs/faster_rcnn_resnet101_pets.config
    gsutil cp object_detection/samples/configs/faster_rcnn_resnet101_pets.config \
        ${YOUR_GCS_BUCKET}/data/faster_rcnn_resnet101_pets.config
```

5）运行训练和评估

在 GCP 上运行之前，必须先打包 TensorFlow Object Detection API 和 TF Slim。

```
python setup.py sdist
(cd slim && python setup.py sdist)
```

仔细检查是否已将数据集上传到 Cloud Storage 存储分区，可以使用 Cloud Storage 浏览器检查存储分区。目录结构如下：

```
+ ${YOUR_GCS_BUCKET}/
  + data/
    - faster_rcnn_resnet101_pets.config
    - model.ckpt.index
    - model.ckpt.meta
    - model.ckpt.data-00000-of-00001
    - pet_label_map.pbtxt
    - pet_train.record
    - pet_val.record
```

代码打包后，准备开始训练和评估工作：

```
gcloud ml-engine jobs submit training `whoami`_object_detection_`date +%s` \
    --job-dir=${YOUR_GCS_BUCKET}/train \
    --packages dist/object_detection-0.1.tar.gz,slim/dist/slim-0.1.tar.gz \
    --module-name object_detection.train \
```

此时，可以在机器学习引擎仪表板上看到您的作业并检查日志以确保作业正在运行中。请注意，此训练作业使用具有 5 个工作 GPU 和三个参数服务器的分布式异步梯度下降。

6）导出 TensorFlow 图

现在已经训练了一个了不起的宠物检测器，你可能要在你的家庭宠物或朋友图像上运行这个检测器。为了在训练后对一些示例图像进行检测，建议尝试使用 Jupyter Notebook 演示。但是，在此之前，必须将经过训练的模型导出到 TensorFlow 图形原型，并将学习到的权重作为常量进行处理。首先，需要确定要导出的候选检查点。可以使用 Google Cloud Storage Browser 搜索存储分区。检查点应存储在“${YOUR_GCS_BUCKET}/train”目录下。检查点通常由三个文件组成：

- model.ckpt-${CHECKPOINT_NUMBER}.data-00000-of-00001。

- model.ckpt-${CHECKPOINT_NUMBER}.index。
- model.ckpt-${CHECKPOINT_NUMBER}.meta。

确定要导出的候选检查点（通常是最新的）后，从“tensorflow/models”目录运行以下命令：

```
# Please define CEHCKPOINT_NUMBER based on the checkpoint you'd like to export
export CHECKPOINT_NUMBER=${CHECKPOINT_NUMBER}

# From tensorflow/models
gsutil cp ${YOUR_GCS_BUCKET}/train/model.ckpt-${CHECKPOINT_NUMBER}.* .
python object_detection/export_inference_graph \
    --input_type image_tensor \
    --pipeline_config_path object_detection/samples/configs/faster_rcnn_
resnet101_pets.config \
    --checkpoint_path model.ckpt-${CHECKPOINT_NUMBER} \
    --inference_graph_path output_inference_graph.pb
```

如果一切顺利，应该会看到导出的图形，该图形将存储在名为 output_inference_graph.pb 的文件中。

14.5 基于 Android 的机器人智能检测器

扫码看视频

在准备好 TensorFlow Lite 模型后，接下来将使用这个模型开发一个基于 Android 系统的物体检测识别器系统。本项目提供了两种物体检测解决方案。

- lib_task_api：直接使用现成的 Task 库集成模型 API 进行 Tnference 推断识别。
- lib_interpreter：使用 TensorFlow Lite Interpreter Java API 创建自定义推断管道。

在本项目的内部 app 文件 build.gradle 中，设置了使用上述哪一种方案的方法。

14.5.1 准备工作

（1）使用 Android Studio 导入本项目源码工程“object_detection”，如图 14-2 所示。

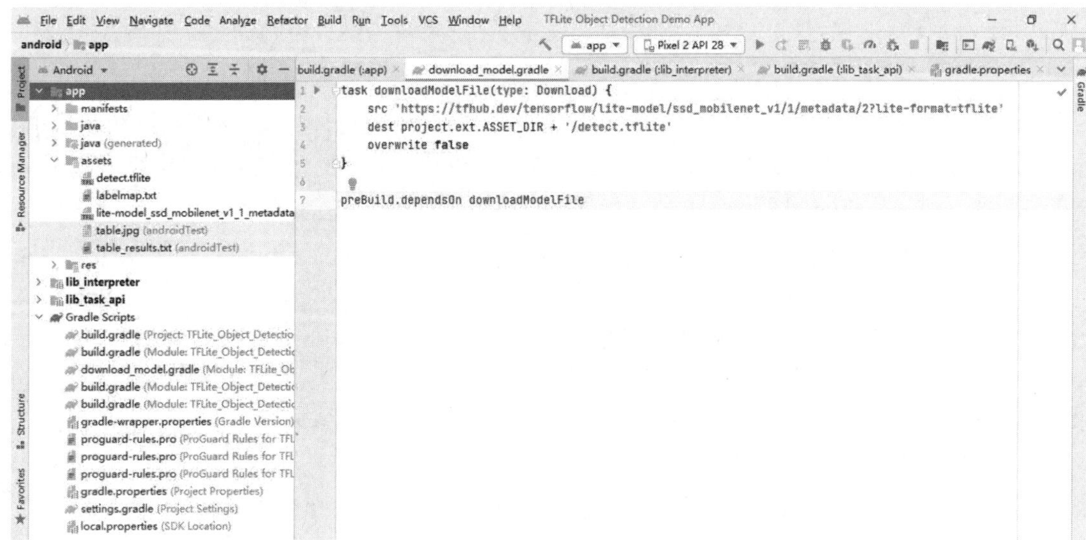

图 14-2　导入工程

（2）更新 build.gradle。

打开 app 模块中的文件 build.gradle，分别设置 Android 的编译版本和运行版本，设置需要使用的库文件，添加对 TensorFlow Lite 模型库的引用。对应的代码如下：

```
apply plugin: 'com.android.application'
apply plugin: 'de.undercouch.download'

android {
    compileSdkVersion 30
    defaultConfig {
        applicationId "org.tensorflow.lite.examples.detection"
        minSdkVersion 21
        targetSdkVersion 30
        versionCode 1
        versionName "1.0"

        testInstrumentationRunner "androidx.test.runner.AndroidJUnitRunner"
    }
    buildTypes {
        release {
            minifyEnabled false
             proguardFiles getDefaultProguardFile('proguard-android.txt'),
'proguard-rules.pro'
        }
    }
    aaptOptions {
        noCompress "tflite"
    }
    compileOptions {
        sourceCompatibility = '1.8'
        targetCompatibility = '1.8'
    }
    lintOptions {
        abortOnError false
    }
    flavorDimensions "tfliteInference"
    productFlavors {
       // TFLite 推断是使用 TFLiteJava 解释器构建的 .
       interpreter {
           dimension "tfliteInference"
       }
       // 默认：TFLite 推断是使用 TFLite 任务库（高级 API）构建的 .
       taskApi {
           getIsDefault().set(true)
           dimension "tfliteInference"
       }
    }
}

// 导入下载模型任务
project.ext.ASSET_DIR = projectDir.toString() + '/src/main/assets'
```

```
project.ext.TMP_DIR    = project.buildDir.toString() + '/downloads'

// 下载默认模型；如果您希望使用自己的模型，请将它们放在 "assets" 目录中，并注释掉这一行.
apply from:'download_model.gradle'

dependencies {
    implementation fileTree(dir: 'libs', include: ['*.jar','*.aar'])
    interpreterImplementation project(":lib_interpreter")
    taskApiImplementation project(":lib_task_api")
    implementation 'androidx.appcompat:appcompat:1.0.0'
    implementation 'androidx.coordinatorlayout:coordinatorlayout:1.0.0'
    implementation 'com.google.android.material:material:1.0.0'
    androidTestImplementation 'androidx.test.ext:junit:1.1.1'
    androidTestImplementation 'com.google.truth:truth:1.0.1'
    androidTestImplementation 'androidx.test:runner:1.2.0'
    androidTestImplementation 'androidx.test:rules:1.1.0'
}
```

14.5.2 页面布局

（1）本项目主界面的页面布局文件是 tfe_od_activity_camera.xml，功能是在 Android 屏幕上方分别显示相机预览窗口，在屏幕下方显示悬浮式的系统配置参数。文件 tfe_od_activity_camera.xml 的具体实现代码如下：

```
<androidx.coordinatorlayout.widget.CoordinatorLayout xmlns:android="http://schemas.android.com/apk/res/android"
    xmlns:tools="http://schemas.android.com/tools"
    android:layout_width="match_parent"
    android:layout_height="match_parent"
    android:background="#00000000">

    <RelativeLayout xmlns:android="http://schemas.android.com/apk/res/android"
        xmlns:tools="http://schemas.android.com/tools"
        android:layout_width="match_parent"
        android:layout_height="match_parent"
        android:background="@android:color/black"
        android:orientation="vertical">


        <FrameLayout xmlns:android="http://schemas.android.com/apk/res/android"
            xmlns:tools="http://schemas.android.com/tools"
            android:id="@+id/container"
            android:layout_width="match_parent"
            android:layout_height="match_parent"
            tools:context="org.tensorflow.demo.CameraActivity" />

        <androidx.appcompat.widget.Toolbar
            android:id="@+id/toolbar"
```

```
            android:layout_width="match_parent"
            android:layout_height="?attr/actionBarSize"
            android:layout_alignParentTop="true"
            android:background="@color/tfe_semi_transparent">

            <ImageView
                android:layout_width="wrap_content"
                android:layout_height="wrap_content"
                android:src="@drawable/tfl2_logo" />
        </androidx.appcompat.widget.Toolbar>

    </RelativeLayout>

    <include
        android:id="@+id/bottom_sheet_layout"
        layout="@layout/tfe_od_layout_bottom_sheet" />
</androidx.coordinatorlayout.widget.CoordinatorLayout>
```

（2）在上面的页面布局文件 tfe_od_activity_camera.xml 中，通过调用文件 tfe_od_layout_bottom_sheet.xml 显示在主界面屏幕下方的悬浮式配置面板。

14.5.3　实现主 Activity

本项目的主 Activity 功能是由文件 CameraActivity.java 实现的，其功能是调用前面的布局文件 tfe_od_activity_camera.xml，该文件的作用是在 Android 屏幕上方显示相机预览窗口，在屏幕下方显示悬浮式的系统配置参数。文件 CameraActivity.java 的具体实现流程如下。

（1）设置摄像头预览界面的公共属性，对应代码如下：

```
public abstract class CameraActivity extends AppCompatActivity
    implements OnImageAvailableListener,
        Camera.PreviewCallback,
        CompoundButton.OnCheckedChangeListener,
        View.OnClickListener {
  private static final Logger LOGGER = new Logger();

  private static final int PERMISSIONS_REQUEST = 1;

  private static final String PERMISSION_CAMERA = Manifest.permission.
CAMERA;
  protected int previewWidth = 0;
  protected int previewHeight = 0;
  private boolean debug = false;
  private Handler handler;
  private HandlerThread handlerThread;
  private boolean useCamera2API;
  private boolean isProcessingFrame = false;
  private byte[][] yuvBytes = new byte[3][];
  private int[] rgbBytes = null;
```

（2）在初始化函数 onCreate() 中加载布局文件 tfe_od_activity_camera.xml，对应代码如下：

```
    @Override
    protected void onCreate(final Bundle savedInstanceState) {
      LOGGER.d("onCreate " + this);
      super.onCreate(null);
      getWindow().addFlags(WindowManager.LayoutParams.FLAG_KEEP_SCREEN_ON);

      setContentView(R.layout.tfe_od_activity_camera);
      Toolbar toolbar = findViewById(R.id.toolbar);
      setSupportActionBar(toolbar);
      getSupportActionBar().setDisplayShowTitleEnabled(false);

      if (hasPermission()) {
        setFragment();
      } else {
        requestPermission();
      }
```

（3）获取悬浮面板中的配置参数，系统将根据这些配置参数加载并显示预览界面。对应的代码如下：

```
      threadsTextView = findViewById(R.id.threads);
      plusImageView = findViewById(R.id.plus);
      minusImageView = findViewById(R.id.minus);
      apiSwitchCompat = findViewById(R.id.api_info_switch);
      bottomSheetLayout = findViewById(R.id.bottom_sheet_layout);
      gestureLayout = findViewById(R.id.gesture_layout);
      sheetBehavior = BottomSheetBehavior.from(bottomSheetLayout);
      bottomSheetArrowImageView = findViewById(R.id.bottom_sheet_arrow);
```

（4）获取视图树观察者对象，设置底页回调处理事件。对应的代码如下：

```
      ViewTreeObserver vto = gestureLayout.getViewTreeObserver();
      vto.addOnGlobalLayoutListener(
          new ViewTreeObserver.OnGlobalLayoutListener() {
            @Override
            public void onGlobalLayout() {
              if (Build.VERSION.SDK_INT < Build.VERSION_CODES.JELLY_BEAN) {
                gestureLayout.getViewTreeObserver().removeGlobalOnLayoutLi
stener(this);
              } else {
                gestureLayout.getViewTreeObserver().removeOnGlobalLayoutLi
stener(this);
              }
              //int width = bottomSheetLayout.getMeasuredWidth();
              int height = gestureLayout.getMeasuredHeight();

              sheetBehavior.setPeekHeight(height);
            }
          });
      sheetBehavior.setHideable(false);

      sheetBehavior.setBottomSheetCallback(
```

```
        new BottomSheetBehavior.BottomSheetCallback() {
          @Override
            public void onStateChanged(@NonNull View bottomSheet, int
newState) {
              switch (newState) {
                case BottomSheetBehavior.STATE_HIDDEN:
                  break;
                case BottomSheetBehavior.STATE_EXPANDED:
                  {
                    bottomSheetArrowImageView.setImageResource(R.drawable.
icn_chevron_down);
                  }
                  break;
                case BottomSheetBehavior.STATE_COLLAPSED:
                  {
                    bottomSheetArrowImageView.setImageResource(R.drawable.
icn_chevron_up);
                  }
                  break;
                case BottomSheetBehavior.STATE_DRAGGING:
                  break;
                case BottomSheetBehavior.STATE_SETTLING:
                    bottomSheetArrowImageView.setImageResource(R.drawable.
icn_chevron_up);
                  break;
              }
            }
            @Override
            public void onSlide(@NonNull View bottomSheet, float slideOffset) {}
          });
      frameValueTextView = findViewById(R.id.frame_info);
      cropValueTextView = findViewById(R.id.crop_info);
      inferenceTimeTextView = findViewById(R.id.inference_info);

      apiSwitchCompat.setOnCheckedChangeListener(this);
      plusImageView.setOnClickListener(this);
      minusImageView.setOnClickListener(this);
    }
```

（5）创建 android.hardware.Camera API 的回调，打开手机中的相机预览界面，使用函数 ImageUtils.convertYUV420SPToARGB8888() 将相机 data 转换为 rgbBytes。对应的代码如下：

```
    @Override
    public void onPreviewFrame(final byte[] bytes, final Camera camera) {
      if (isProcessingFrame) {
        LOGGER.w("Dropping frame!");
        return;
      }
      try {
        // 已知分辨率，初始化存储位图一次 .
```

```
        if (rgbBytes == null) {
          Camera.Size previewSize = camera.getParameters().getPreviewSize();
          previewHeight = previewSize.height;
          previewWidth = previewSize.width;
          rgbBytes = new int[previewWidth * previewHeight];
             onPreviewSizeChosen(new Size(previewSize.width, previewSize.
height), 90);
        }
      } catch (final Exception e) {
        LOGGER.e(e, "Exception!");
        return;
      }
      isProcessingFrame = true;
      yuvBytes[0] = bytes;
      yRowStride = previewWidth;
      imageConverter =
          new Runnable() {
            @Override
            public void run() {
              ImageUtils.convertYUV420SPToARGB8888(bytes, previewWidth,
previewHeight, rgbBytes);
            }
          };

      postInferenceCallback =
          new Runnable() {
            @Override
            public void run() {
              camera.addCallbackBuffer(bytes);
              isProcessingFrame = false;
            }
          };
      processImage();
    }
```

（6）编写函数 onImageAvailable() 实现 Camera2 API 的回调，对应的代码如下：

```
    @Override
    public void onImageAvailable(final ImageReader reader) {
      // 需要等待，直到从 onPreviewSizeChosen 得到一些尺寸
      if (previewWidth == 0 || previewHeight == 0) {
        return;
      }
      if (rgbBytes == null) {
        rgbBytes = new int[previewWidth * previewHeight];
      }
      try {
        final Image image = reader.acquireLatestImage();

        if (image == null) {
          return;
        }
```

```
      if (isProcessingFrame) {
        image.close();
        return;
      }
      isProcessingFrame = true;
      Trace.beginSection("imageAvailable");
      final Plane[] planes = image.getPlanes();
      fillBytes(planes, yuvBytes);
      yRowStride = planes[0].getRowStride();
      final int uvRowStride = planes[1].getRowStride();
      final int uvPixelStride = planes[1].getPixelStride();

      imageConverter =
          new Runnable() {
            @Override
            public void run() {
              ImageUtils.convertYUV420ToARGB8888(
                  yuvBytes[0],
                  yuvBytes[1],
                  yuvBytes[2],
                  previewWidth,
                  previewHeight,
                  yRowStride,
                  uvRowStride,
                  uvPixelStride,
                  rgbBytes);
            }
          };
      postInferenceCallback =
          new Runnable() {
            @Override
            public void run() {
              image.close();
              isProcessingFrame = false;
            }
          };
      processImage();
    } catch (final Exception e) {
      LOGGER.e(e, "Exception!");
      Trace.endSection();
      return;
    }
    Trace.endSection();
  }
```

（7）编写函数 onImageAvailable()，功能是判断当前手机设备是否支持所需的硬件级别或更高级别，如果支持，则返回 true。对应的代码如下：

```
  private boolean isHardwareLevelSupported(
      CameraCharacteristics characteristics, int requiredLevel) {
```

```
        int deviceLevel = characteristics.get(CameraCharacteristics.INFO_
SUPPORTED_HARDWARE_LEVEL);
        if (deviceLevel == CameraCharacteristics.INFO_SUPPORTED_HARDWARE_
LEVEL_LEGACY) {
          return requiredLevel == deviceLevel;
        }
        // 使用数字排序
        return requiredLevel <= deviceLevel;
    }
```

（8）启用当前设备中摄像头的功能，对应代码如下：

```
    private String chooseCamera() {
        final CameraManager manager = (CameraManager) getSystemService
(Context.CAMERA_SERVICE);
        try {
          for (final String cameraId : manager.getCameraIdList()) {
            final CameraCharacteristics characteristics = manager.getCameraC
haracteristics(cameraId);

            // 不使用前置摄像头 .
            final Integer facing = characteristics.get(CameraCharacteristics.
LENS_FACING);
            if (facing != null && facing == CameraCharacteristics.LENS_FACING_
FRONT) {
              continue;
            }

            final StreamConfigurationMap map =
                characteristics.get(CameraCharacteristics.SCALER_STREAM_
CONFIGURATION_MAP);
            if (map == null) {
              continue;
            }

              // 对于没有完全支持的内部摄像头，请返回 camera1 API，这将有助于解决使用
camera2 API 导致预览失真或损坏的遗留问题 .
            useCamera2API =
                (facing == CameraCharacteristics.LENS_FACING_EXTERNAL)
                    || isHardwareLevelSupported(
                          characteristics, CameraCharacteristics.INFO_
SUPPORTED_HARDWARE_LEVEL_FULL);
            LOGGER.i("Camera API lv2?: %s", useCamera2API);
            return cameraId;
          }
        } catch (CameraAccessException e) {
          LOGGER.e(e, "Not allowed to access camera");
        }
        return null;
    }
```

14.5.4　物体识别界面

本实例的物体识别界面 Activity 是由文件 DetectorActivity.java 实现的，功能是调用 lib_task_api 或 lib_interpreter 方案实现物体识别。文件 DetectorActivity.java 的具体实现流程如下。

（1）在设置了 Camera 捕获图片的一些参数后，如图片预览大小 previewSize、摄像头方向 sensorOrientation 等。最重要的是回调我们之前传入 fragment 中的 cameraConnectionCallback 的 onPreviewSizeChosen() 函数，这是预览图片的宽、高确定后执行的回调函数。

（2）处理摄像头中的图像，将流式 YUV420_888 图像转换为可理解的图像，会自动启动一个处理图像的线程。这意味着可以随意使用而不会崩溃。如果你的图像处理无法跟上相机的移动速度，则会丢弃相框。

14.5.5　相机预览界面拼接

编写文件 CameraConnectionFragment.java，功能是在摄像头中识别物体后会用文字标注识别结果，并将识别结果和摄像头预览界面拼接在一起，构成一幅完整的图形。文件 CameraConnectionFragment.java 的具体实现流程如下。

（1）设置长宽属性，例如，设置相机的预览大小为 320 像素，这意味着相机将配置为能够容纳所需大小的最小正方形帧尺寸。对应的代码如下：

```
private static final int MINIMUM_PREVIEW_SIZE = 320;

/** 从屏幕旋转到 JPEG 方向的转换。 */
private static final SparseIntArray ORIENTATIONS = new SparseIntArray();

private static final String FRAGMENT_DIALOG = "dialog";

static {
  ORIENTATIONS.append(Surface.ROTATION_0, 90);
  ORIENTATIONS.append(Surface.ROTATION_90, 0);
  ORIENTATIONS.append(Surface.ROTATION_180, 270);
  ORIENTATIONS.append(Surface.ROTATION_270, 180);
}

/** 一个 {@link Semaphore} 用于在关闭摄像头之前阻止应用程序退出。 */
private final Semaphore cameraOpenCloseLock = new Semaphore(1);
/** 用于接收可用帧的 {@link OnImageAvailableListener}。 */
private final OnImageAvailableListener imageListener;
/**TensorFlow 所需的输入大小（正方形位图的宽度和高度），以像素为单位。 */
private final Size inputSize;
/** 设置布局标识符 */
private final int layout;
```

（2）使用 TextureView.SurfaceTextureListener 处理 TextureView 上的多个生命周期事件，对应的代码如下：

```
private final TextureView.SurfaceTextureListener surfaceTextureListener =
    new TextureView.SurfaceTextureListener() {
```

```
        @Override
        public void onSurfaceTextureAvailable(
            final SurfaceTexture texture, final int width, final int height) {
          openCamera(width, height);
        }

        @Override
        public void onSurfaceTextureSizeChanged(
            final SurfaceTexture texture, final int width, final int height) {
          configureTransform(width, height);
        }
        @Override
        public boolean onSurfaceTextureDestroyed(final SurfaceTexture texture) {
          return true;
        }

        @Override
        public void onSurfaceTextureUpdated(final SurfaceTexture texture) {}
      };

  private CameraConnectionFragment(
      final ConnectionCallback connectionCallback,
      final OnImageAvailableListener imageListener,
      final int layout,
      final Size inputSize) {
    this.cameraConnectionCallback = connectionCallback;
    this.imageListener = imageListener;
    this.layout = layout;
    this.inputSize = inputSize;
  }
```

（3）编写函数 chooseOptimalSize() 设置相机的参数，会根据设置的参数返回最佳大小的预览界面。如果没有足够大的界面，则返回任意值，其中设置的宽度和高度至少与两者最小值相同。如果有可能，可以选择与其完全匹配的值。各个参数的具体说明如下。

- choices：相机为预期输出类支持的大小列表。
- width：所需的最小宽度。
- height：所需的最小高度。

函数 chooseOptimalSize() 的具体实现代码如下：

```
  protected static Size chooseOptimalSize(final Size[] choices, final int
width, final int height) {
      final int minSize = Math.max(Math.min(width, height), MINIMUM_
PREVIEW_SIZE);
    final Size desiredSize = new Size(width, height);

    // 收集至少与预览曲面一样大的支持分辨率
    boolean exactSizeFound = false;
    final List<Size> bigEnough = new ArrayList<Size>();
    final List<Size> tooSmall = new ArrayList<Size>();
    for (final Size option : choices) {
```

```
        if (option.equals(desiredSize)) {
          //设置大小，但不要返回，以便于记录剩余的大小。
          exactSizeFound = true;
        }

        if (option.getHeight() >= minSize && option.getWidth() >= minSize) {
          bigEnough.add(option);
        } else {
          tooSmall.add(option);
        }
      }

      LOGGER.i("Desired size: " + desiredSize + ", min size: " + minSize +
"x" + minSize);
      LOGGER.i("Valid preview sizes: [" + TextUtils.join(", ", bigEnough)
+ "]");
       LOGGER.i("Rejected preview sizes: [" + TextUtils.join(", ",
tooSmall) + "]");

      if (exactSizeFound) {
        LOGGER.i("Exact size match found.");
        return desiredSize;
      }

      //挑选最小的
      if (bigEnough.size() > 0) {
          final Size chosenSize = Collections.min(bigEnough, new
CompareSizesByArea());
          LOGGER.i("Chosen size: " + chosenSize.getWidth() + "x" +
chosenSize.getHeight());
        return chosenSize;
      } else {
        LOGGER.e("Couldn't find any suitable preview size");
        return choices[0];
      }
    }
```

（4）编写函数 showToast()，功能是显示 UI 线程上要提示的消息，对应的代码如下：

```
    private void showToast(final String text) {
      final Activity activity = getActivity();
      if (activity != null) {
        activity.runOnUiThread(
            new Runnable() {
              @Override
              public void run() {
                Toast.makeText(activity, text, Toast.LENGTH_SHORT).show();
              }
            });
      }
    }
```

（5）编写函数 setUpCameraOutputs()，功能是设置与摄影机相关的成员变量。

（6）编写函数 openCamera()，功能是打开由 CameraConnectionFragment 指定的相机。对应代码如下：

```
    private void openCamera(final int width, final int height) {
      setUpCameraOutputs();
      configureTransform(width, height);
      final Activity activity = getActivity();
        final CameraManager manager = (CameraManager) activity.
getSystemService(Context.CAMERA_SERVICE);
      try {
        if (!cameraOpenCloseLock.tryAcquire(2500, TimeUnit.MILLISECONDS)) {
          throw new RuntimeException("Time out waiting to lock camera opening.");
        }
        manager.openCamera(cameraId, stateCallback, backgroundHandler);
      } catch (final CameraAccessException e) {
        LOGGER.e(e, "Exception!");
      } catch (final InterruptedException e) {
          throw new RuntimeException("Interrupted while trying to lock
camera opening.", e);
      }
    }
```

（7）编写函数 closeCamera()，功能是关闭当前的 CameraDevice 相机。对应的代码如下：

```
    private void closeCamera() {
      try {
        cameraOpenCloseLock.acquire();
        if (null != captureSession) {
          captureSession.close();
          captureSession = null;
        }
        if (null != cameraDevice) {
          cameraDevice.close();
          cameraDevice = null;
        }
        if (null != previewReader) {
          previewReader.close();
          previewReader = null;
        }
      } catch (final InterruptedException e) {
         throw new RuntimeException("Interrupted while trying to lock camera
closing.", e);
      } finally {
        cameraOpenCloseLock.release();
      }
    }
```

（8）分别启动前台线程和后台线程，对应的代码如下：

```
    /** 启动后台线程及其 {@link Handler}. */
```

```
    private void startBackgroundThread() {
      backgroundThread = new HandlerThread("ImageListener");
      backgroundThread.start();
      backgroundHandler = new Handler(backgroundThread.getLooper());
    }

    /** 停止后台线程及其 {@link Handler}。 */
    private void stopBackgroundThread() {
      backgroundThread.quitSafely();
      try {
        backgroundThread.join();
        backgroundThread = null;
        backgroundHandler = null;
      } catch (final InterruptedException e) {
        LOGGER.e(e, "Exception!");
      }
    }
```

（9）为相机预览界面创建新的 CameraCaptureSession 缓存，对应的代码如下：

```
      private void createCameraPreviewSession() {
      try {
        final SurfaceTexture texture = textureView.getSurfaceTexture();
        assert texture != null;

        // 将默认缓冲区的大小配置为所需的相机预览大小 .
         texture.setDefaultBufferSize(previewSize.getWidth(), previewSize.
getHeight());

        // 这是我们需要开始预览的输出曲面
        final Surface surface = new Surface(texture);

        // 用输出曲面设置了 CaptureRequest.Builder
        previewRequestBuilder = cameraDevice.createCaptureRequest(CameraDe
vice.TEMPLATE_PREVIEW);
        previewRequestBuilder.addTarget(surface);

        LOGGER.i("Opening camera preview: " + previewSize.getWidth() + "x"
+ previewSize.getHeight());

        // 为预览帧创建读取器
        previewReader =
            ImageReader.newInstance(
                      previewSize.getWidth(), previewSize.getHeight(),
ImageFormat.YUV_420_888, 2);

           previewReader.setOnImageAvailableListener(imageListener,
backgroundHandler);
        previewRequestBuilder.addTarget(previewReader.getSurface());

        // 为摄影机预览创建一个 CameraCaptureSession
        cameraDevice.createCaptureSession(
```

```
                Arrays.asList(surface, previewReader.getSurface()),
                new CameraCaptureSession.StateCallback() {

                  @Override
                  public void onConfigured(final CameraCaptureSession cameraCaptureSession) {
                    //摄像机已经关闭
                    if (null == cameraDevice) {
                      return;
                    }

                    //当会话准备就绪时开始显示预览。
                    captureSession = cameraCaptureSession;
                    try {
                      //自动对焦，连续用于相机预览 .
                      previewRequestBuilder.set(
                          CaptureRequest.CONTROL_AF_MODE,
                          CaptureRequest.CONTROL_AF_MODE_CONTINUOUS_PICTURE);
                      // 在必要时自动启用闪存
                      previewRequestBuilder.set(
                              CaptureRequest.CONTROL_AE_MODE, CaptureRequest.
CONTROL_AE_MODE_ON_AUTO_FLASH);

                      //最后，开始显示相机预览 .
                      previewRequest = previewRequestBuilder.build();
                      captureSession.setRepeatingRequest(
                          previewRequest, captureCallback, backgroundHandler);
                    } catch (final CameraAccessException e) {
                      LOGGER.e(e, "Exception!");
                    }
                  }
                  @Override
                   public void onConfigureFailed(final CameraCaptureSession
cameraCaptureSession) {
                    showToast("Failed");
                  }
                },
                null);
        } catch (final CameraAccessException e) {
          LOGGER.e(e, "Exception!");
        }
      }
```

（10）编写函数 configureTransform()，功能是将必要的 Matrix 转换配置为“mTextureView”。在 setUpCameraOutputs 中确定相机预览大小，并且在固定“mTextureView”的大小后需要调用此方法。其中参数 viewWidth 表示 mTextureView 的宽度，参数 viewHeight 表示 mTextureView 的高度。对应代码如下：

```
      private void configureTransform(final int viewWidth, final int
viewHeight) {
        final Activity activity = getActivity();
        if (null == textureView || null == previewSize || null == activity) {
```

```
            return;
          }
          final int rotation = activity.getWindowManager().getDefaultDisplay().
getRotation();
          final Matrix matrix = new Matrix();
          final RectF viewRect = new RectF(0, 0, viewWidth, viewHeight);
           final RectF bufferRect = new RectF(0, 0, previewSize.getHeight(),
previewSize.getWidth());
          final float centerX = viewRect.centerX();
          final float centerY = viewRect.centerY();
            if (Surface.ROTATION_90 == rotation || Surface.ROTATION_270 ==
rotation) {
              bufferRect.offset(centerX - bufferRect.centerX(), centerY -
bufferRect.centerY());
            matrix.setRectToRect(viewRect, bufferRect, Matrix.ScaleToFit.FILL);
            final float scale =
                Math.max(
                    (float) viewHeight / previewSize.getHeight(),
                    (float) viewWidth / previewSize.getWidth());
            matrix.postScale(scale, scale, centerX, centerY);
            matrix.postRotate(90 * (rotation - 2), centerX, centerY);
          } else if (Surface.ROTATION_180 == rotation) {
            matrix.postRotate(180, centerX, centerY);
          }
          textureView.setTransform(matrix);
        }
```

14.5.6　lib_task_api 方案

本项目默认使用 TensorFlow Lite 任务库中的开箱即用 API 实现物体检测和识别功能，通过文件 TFLiteObjectDetectionAPIModel.java 调用 TensorFlow 对象检测 API 训练的检测模型包装器，对应代码如下：

```
    /**
     使用 TensorFlow 对象检测 API 训练的检测模型包装器
     */
    public class TFLiteObjectDetectionAPIModel implements Detector {
      private static final String TAG = "TFLiteObjectDetectionAPIModelWithTaskApi";

      /** 只返回这么多结果 . */
      private static final int NUM_DETECTIONS = 10;

      private final MappedByteBuffer modelBuffer;

      /** 使用 TensorFlow Lite 运行模型推断的驱动程序类的实例 . */
      private ObjectDetector objectDetector;

      /** 用于配置 ObjectDetector 选项的生成器 . */
      private final ObjectDetectorOptions.Builder optionsBuilder;

      /**
```

```
   * 初始化对图像进行分类的 TensorFlow 会话
   * {@code-labelFilename}、{@code-inputSize} 和 {@code-isQuantized} 不是必需的，而是为了与使用 TFLite 解释器 Java API 的实现保持一致。见 <a
   * *@param modelFilename 模型文件路径
   * *@param labelFilename 标签文件路径
   * *@param inputSize 图像输入的大小
   * *@param isQuantized 布尔值，表示模型是否量化
   */
  public static Detector create(
      final Context context,
      final String modelFilename,
      final String labelFilename,
      final int inputSize,
      final boolean isQuantized)
      throws IOException {
    return new TFLiteObjectDetectionAPIModel(context, modelFilename);
  }

   private TFLiteObjectDetectionAPIModel(Context context, String modelFilename) throws IOException {
    modelBuffer = FileUtil.loadMappedFile(context, modelFilename);
     optionsBuilder = ObjectDetectorOptions.builder().setMaxResults(NUM_DETECTIONS);
    objectDetector = ObjectDetector.createFromBufferAndOptions(modelBuffer, optionsBuilder.build());
  }

  @Override
  public List<Recognition> recognizeImage(final Bitmap bitmap) {
    // 记录此方法，以便使用 systrace 进行分析 .
    Trace.beginSection("recognizeImage");
     List<Detection> results = objectDetector.detect(TensorImage.fromBitmap(bitmap));

     // 将 {@link Detection} 对象列表转换为 {@link Recognition} 对象列表，以匹配其他推理方法的接口，例如，使用 TFLite Java API.
    final ArrayList<Recognition> recognitions = new ArrayList<>();
    int cnt = 0;
    for (Detection detection : results) {
      recognitions.add(
          new Recognition(
              "" + cnt++,
              detection.getCategories().get(0).getLabel(),
              detection.getCategories().get(0).getScore(),
              detection.getBoundingBox()));
    }
    Trace.endSection(); // "recognizeImage"
    return recognitions;
  }
  @Override
  public void enableStatLogging(final boolean logStats) {}
```

```
    @Override
    public String getStatString() {
      return "";
    }
    @Override
    public void close() {
      if (objectDetector != null) {
        objectDetector.close();
      }
    }

    @Override
    public void setNumThreads(int numThreads) {
      if (objectDetector != null) {
        optionsBuilder.setNumThreads(numThreads);
        recreateDetector();
      }
    }

    @Override
    public void setUseNNAPI(boolean isChecked) {
      throw new UnsupportedOperationException(
          "在此任务中不允许操作硬件加速器，只允许使用 CPU！");
    }

    private void recreateDetector() {
      objectDetector.close();
      objectDetector = ObjectDetector.createFromBufferAndOptions(modelBuff
er, optionsBuilder.build());
    }
  }
```

14.5.7　lib_interpreter 方案

本项目还可以使用 lib_interpreter 方案实现物体检测和识别功能，本方案使用 TensorFlowLite 中的 Interpreter Java API 创建自定义识别函数。本功能主要由文件 TFLiteObjectDetectionAPIModel.java 实现，对应的代码如下：

```
    /** 内存映射资源中的模型文件 */
    private static MappedByteBuffer loadModelFile(AssetManager assets,
String modelFilename)
        throws IOException {
      AssetFileDescriptor fileDescriptor = assets.openFd(modelFilename);
      FileInputStream inputStream = new FileInputStream(fileDescriptor.
getFileDescriptor());
      FileChannel fileChannel = inputStream.getChannel();
      long startOffset = fileDescriptor.getStartOffset();
      long declaredLength = fileDescriptor.getDeclaredLength();
      return fileChannel.map(FileChannel.MapMode.READ_ONLY, startOffset,
declaredLength);
    }
```

```
    /**
     * 初始化用于对图像进行分类的本机 TensorFlow 会话。
     * *@param modelFilename 模型文件路径
     * *@param labelFilename 标签文件路径
     * *@param inputSize 图像输入的大小
     * *@param isQuantized 布尔值，表示模型是否量化
     */
    public static Detector create(
        final Context context,
        final String modelFilename,
        final String labelFilename,
        final int inputSize,
        final boolean isQuantized)
        throws IOException {
      final TFLiteObjectDetectionAPIModel d = new TFLiteObjectDetectionAPI
Model();

      MappedByteBuffer modelFile = loadModelFile(context.getAssets(),
modelFilename);
      MetadataExtractor metadata = new MetadataExtractor(modelFile);
      try (BufferedReader br =
          new BufferedReader(
              new InputStreamReader(
                      metadata.getAssociatedFile(labelFilename), Charset.
defaultCharset()))) {
        String line;
        while ((line = br.readLine()) != null) {
          Log.w(TAG, line);
          d.labels.add(line);
        }
      }

      d.inputSize = inputSize;

      try {
        Interpreter.Options options = new Interpreter.Options();
        options.setNumThreads(NUM_THREADS);
        options.setUseXNNPACK(true);
        d.tfLite = new Interpreter(modelFile, options);
        d.tfLiteModel = modelFile;
        d.tfLiteOptions = options;
      } catch (Exception e) {
        throw new RuntimeException(e);
      }

      d.isModelQuantized = isQuantized;
      // 预先分配缓冲区
      int numBytesPerChannel;
      if (isQuantized) {
        numBytesPerChannel = 1; // 量化
      } else {
        numBytesPerChannel = 4; // 浮点数
```

```
        }
        d.imgData = ByteBuffer.allocateDirect(1 * d.inputSize * d.inputSize *
3 * numBytesPerChannel);
        d.imgData.order(ByteOrder.nativeOrder());
        d.intValues = new int[d.inputSize * d.inputSize];

        d.outputLocations = new float[1][NUM_DETECTIONS][4];
        d.outputClasses = new float[1][NUM_DETECTIONS];
        d.outputScores = new float[1][NUM_DETECTIONS];
        d.numDetections = new float[1];
        return d;
      }

      @Override
      public List<Recognition> recognizeImage(final Bitmap bitmap) {
        //记录此方法，以便使用 systrace 进行分析 .
        Trace.beginSection("recognizeImage");

        Trace.beginSection("preprocessBitmap");
        //根据提供的参数，将图像数据从 0-255 int 预处理为标准化浮点 .
         bitmap.getPixels(intValues, 0, bitmap.getWidth(), 0, 0, bitmap.
getWidth(), bitmap.getHeight());

        imgData.rewind();
        for (int i = 0; i < inputSize; ++i) {
          for (int j = 0; j < inputSize; ++j) {
            int pixelValue = intValues[i * inputSize + j];
            if (isModelQuantized) {
              //量化模型
              imgData.put((byte) ((pixelValue >> 16) & 0xFF));
              imgData.put((byte) ((pixelValue >> 8) & 0xFF));
              imgData.put((byte) (pixelValue & 0xFF));
            } else { // Float model
               imgData.putFloat((((pixelValue >> 16) & 0xFF) - IMAGE_MEAN) /
IMAGE_STD);
               imgData.putFloat((((pixelValue >> 8) & 0xFF) - IMAGE_MEAN) /
IMAGE_STD);
               imgData.putFloat(((pixelValue & 0xFF) - IMAGE_MEAN) / IMAGE_
STD);
            }
          }
        }
        Trace.endSection(); //预处理位图

        //将输入数据复制到 TensorFlow 中
        Trace.beginSection("feed");
        outputLocations = new float[1][NUM_DETECTIONS][4];
        outputClasses = new float[1][NUM_DETECTIONS];
        outputScores = new float[1][NUM_DETECTIONS];
        numDetections = new float[1];

        Object[] inputArray = {imgData};
```

```
        Map<Integer, Object> outputMap = new HashMap<>();
        outputMap.put(0, outputLocations);
        outputMap.put(1, outputClasses);
        outputMap.put(2, outputScores);
        outputMap.put(3, numDetections);
        Trace.endSection();

        //运行推断调用
        Trace.beginSection("run");
        tfLite.runForMultipleInputsOutputs(inputArray, outputMap);
        Trace.endSection();

        //显示最佳检测结果。
        //将其缩放回输入大小后，需要使用输出中的检测数，而不是顶部声明的 NUM_DETECTONS
        变量，
        //因为在某些模型上，它们并不总是输出相同的检测总数
        //例如，模型的 NUM_DETECTIONS=20，但有时它只输出 16 个预测
        //如果不使用输出的 numDetections，您将获得无意义的数据
        int numDetectionsOutput =
            min(
                NUM_DETECTIONS,
                (int) numDetections[0]); //从浮点转换为整数，使用最小值以确保安全

        final ArrayList<Recognition> recognitions = new ArrayList<>(numDetec
tionsOutput);
        for (int i = 0; i < numDetectionsOutput; ++i) {
          final RectF detection =
              new RectF(
                  outputLocations[0][i][1] * inputSize,
                  outputLocations[0][i][0] * inputSize,
                  outputLocations[0][i][3] * inputSize,
                  outputLocations[0][i][2] * inputSize);

          recognitions.add(
              new Recognition(
                  "" + i, labels.get((int) outputClasses[0][i]), outputScores[0]
[i], detection));
        }
        Trace.endSection(); // "recognizeImage"
        return recognitions;
      }
```

上述两种方案的识别文件都是 Detector.java，功能是调用各自方案下面的文件 TFLiteObjectDetectionAPIModel.java 实现具体识别功能，对应代码如下：

```
    /** 与不同识别引擎交互的通用接口 . */
    public interface Detector {
      List<Recognition> recognizeImage(Bitmap bitmap);
      void enableStatLogging(final boolean debug);
      String getStatString();
      void close();
      void setNumThreads(int numThreads);
```

```
    void setUseNNAPI(boolean isChecked);
    /** 检测器返回的一个不变的结果，描述识别的内容。 */
    public class Recognition {
      /**
       * 已识别内容的唯一标识符。特定于类，而不是对象的实例 .
       */
      private final String id;
      /** 用于识别的显示名称 . */
      private final String title;
      /**
       * 识别度相对于其他可能性的可排序分数，分数越高越好 .
       */
      private final Float confidence;
      /** 源图像中用于识别对象位置的可选位置 */
      private RectF location;
      public Recognition(
          final String id, final String title, final Float confidence, final RectF
location) {
        this.id = id;
        this.title = title;
        this.confidence = confidence;
        this.location = location;
      }
      public String getId() {
        return id;
      }
      public String getTitle() {
        return title;
      }
      public Float getConfidence() {
        return confidence;
      }
      public RectF getLocation() {
        return new RectF(location);
      }
      public void setLocation(RectF location) {
        this.location = location;
      }
      @Override
      public String toString() {
        String resultString = "";
        if (id != null) {
          resultString += "[" + id + "] ";
        }
        if (title != null) {
          resultString += title + " ";
        }
        if (confidence != null) {
          resultString += String.format("(%.1f%%) ", confidence * 100.0f);
        }
        if (location != null) {
          resultString += location + " ";
```

```
            }
            return resultString.trim();
        }
    }
}
```

到此为止，整个项目工程全部开发完毕。

14.6 基于 iOS 的机器人智能检测器

在上一节中，我们讲解了基于 Android 系统为机器人开发物体检测识别器的过程。本节将详细讲解基于 iOS 系统使用 TensorFlow Lite 模型开发物体检测识别器的过程。

扫码看视频

14.6.1 系统介绍

使用 Xcode 导入本项目的 iOS 源码，如图 14-3 所示。

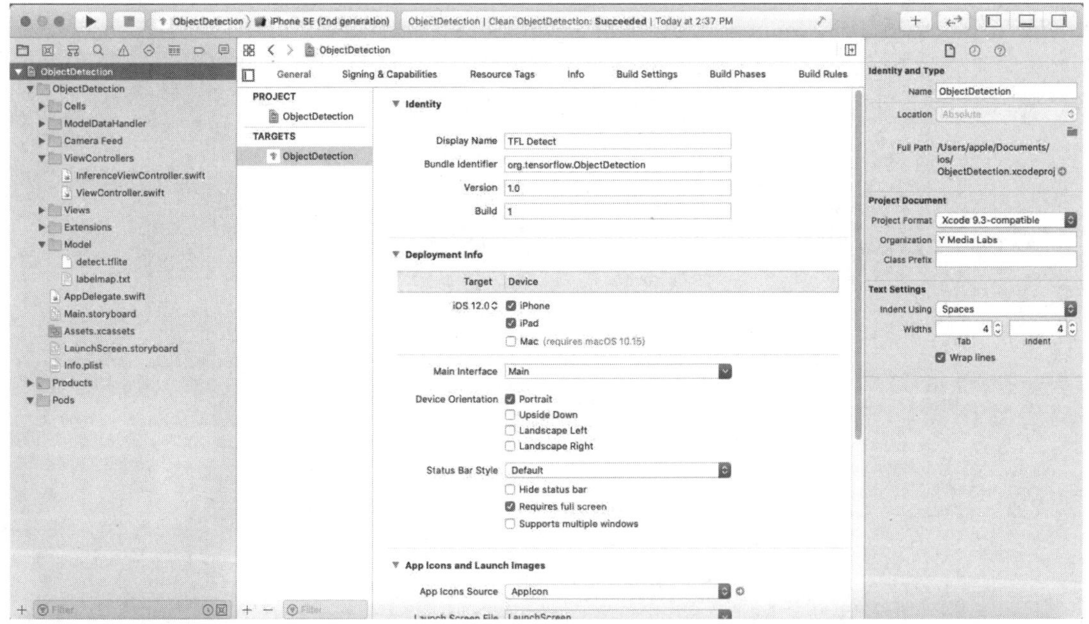

图 14-3　使用 Xcode 导入源码

在 Model 目录下保存了需要使用的 TensorFlow Lite 模型文件，如图 14-4 所示。

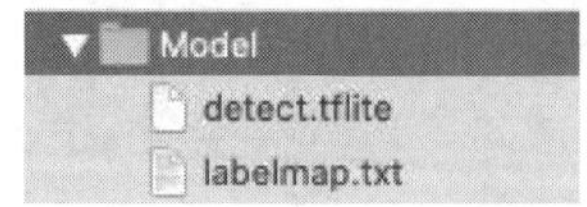

图 14-4　TensorFlow Lite 模型文件

通过故事板 Main.storyboard 文件设计 iOS 应用程序的 UI 界面，如图 14-5 所示。

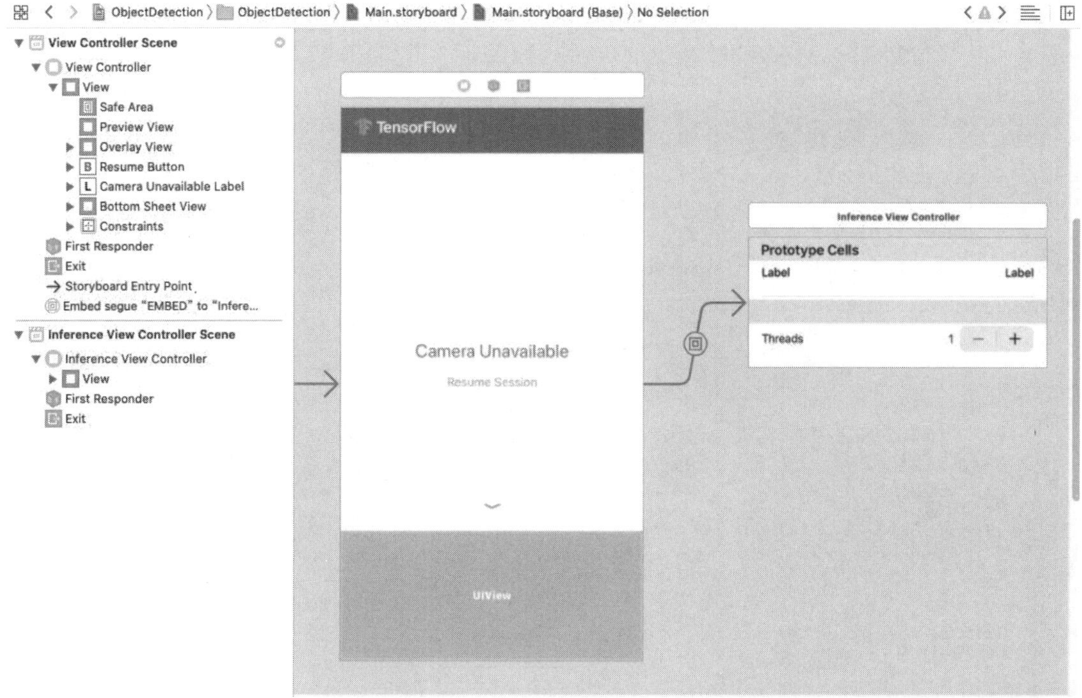

图 14-5　故事板 Main.storyboard 文件设计 iOS 应用程序的 UI 界面

14.6.2　视图文件

在 Xcode 工程的“ViewControllers”目录下保存了本项目视图文件。视图文件和故事板 Main.storyboard 文件相互结合，共同构建 iOS 应用程序的 UI 界面。

（1）编写主视图控制器文件 ViewController.swift，具体实现流程如下。

分别设置整个系统需要的公用 UI 参数，包括连接 Storyboards 故事板中的组件参数、常量、实例变量和实现视图管理功能的控制器。对应的代码如下：

```
import UIKit

class ViewController: UIViewController {

  // MARK: 连接 Storyboards 故事板中的组件参数
  @IBOutlet weak var previewView: PreviewView!
  @IBOutlet weak var overlayView: OverlayView!
  @IBOutlet weak var resumeButton: UIButton!
  @IBOutlet weak var cameraUnavailableLabel: UILabel!

  @IBOutlet weak var bottomSheetStateImageView: UIImageView!
  @IBOutlet weak var bottomSheetView: UIView!
  @IBOutlet weak var bottomSheetViewBottomSpace: NSLayoutConstraint!
  // MARK: 常量
   private let displayFont = UIFont.systemFont(ofSize: 14.0, weight:
.medium)
  private let edgeOffset: CGFloat = 2.0
  private let labelOffset: CGFloat = 10.0
```

```
    private let animationDuration = 0.5
    private let collapseTransitionThreshold: CGFloat = -30.0
    private let expandTransitionThreshold: CGFloat = 30.0
    private let delayBetweenInferencesMs: Double = 200
    // MARK: 实例变量
    private var initialBottomSpace: CGFloat = 0.0
    // 随时保存结果
    private var result: Result?
    private var previousInferenceTimeMs: TimeInterval = Date.distantPast.
timeIntervalSince1970 * 1000
    // MARK: 管理功能的控制器
    private lazy var cameraFeedManager = CameraFeedManager(previewView:
previewView)
    private var modelDataHandler: ModelDataHandler? =
      ModelDataHandler(modelFileInfo: MobileNetSSD.modelInfo, labelsFileInfo:
MobileNetSSD.labelsInfo)
    private var inferenceViewController: InferenceViewController?

    //视图处理方法
    override func viewDidLoad() {
      super.viewDidLoad()

      guard modelDataHandler != nil else {
        fatalError("Failed to load model")
      }
      cameraFeedManager.delegate = self
      overlayView.clearsContextBeforeDrawing = true

      addPanGesture()
    }
    override func didReceiveMemoryWarning() {
      super.didReceiveMemoryWarning()        //处理所有可以重新创建的资源
    }
```

- 编写函数 onClickResumeButton() 实现单击 Button 按钮后的处理程序，对应的代码如下：

```
    @IBAction func onClickResumeButton(_ sender: Any) {
      cameraFeedManager.resumeInterruptedSession { (complete) in
        if complete {
          self.resumeButton.isHidden = true
          self.cameraUnavailableLabel.isHidden = true
        }
        else {
          self.presentUnableToResumeSessionAlert()
        }
      }
    }
```

- 编写函数 prepare() 实现故事板 Segue 处理器，对应的代码如下：

```
    override func prepare(for segue: UIStoryboardSegue, sender: Any?) {
```

```
      super.prepare(for: segue, sender: sender)
      if segue.identifier == "EMBED" {
        guard let tempModelDataHandler = modelDataHandler else {
          return
        }
        inferenceViewController = segue.destination as? InferenceViewController
        inferenceViewController?.wantedInputHeight = tempModelDataHandler.
inputHeight
         inferenceViewController?.wantedInputWidth = tempModelDataHandler.
inputWidth
         inferenceViewController?.threadCountLimit = tempModelDataHandler.
threadCountLimit
         inferenceViewController?.currentThreadCount = tempModelDataHandler.
threadCount
        inferenceViewController?.delegate = self
        guard let tempResult = result else {
          return
        }
        inferenceViewController?.inferenceTime = tempResult.inferenceTime
      }
    }
  }
```

- 通过 extension 扩展实现推断视图控制器，对应的代码如下：

```
  extension ViewController: InferenceViewControllerDelegate {
    func didChangeThreadCount(to count: Int) {
      if modelDataHandler?.threadCount == count { return }
      modelDataHandler = ModelDataHandler(
        modelFileInfo: MobileNetSSD.modelInfo,
        labelsFileInfo: MobileNetSSD.labelsInfo,
        threadCount: count
      )
    }
  }
```

- 通过 extension 扩展实现摄影机管理器的委托方法，对应的代码如下：

```
  extension ViewController: CameraFeedManagerDelegate {

    func didOutput(pixelBuffer: CVPixelBuffer) {
      runModel(onPixelBuffer: pixelBuffer)
    }
```

- 编写自定义函数分别实现会话处理，包括实现会话处理提示框、会话中断时更新 UI、会话中断结束后更新 UI。对应的代码如下：

```
    // MARK: 会话处理提示框
    func sessionRunTimeErrorOccurred() {
      //通过更新 UI 并提供一个按钮（如果可以手动恢复会话）来处理会话运行时错误.
      self.resumeButton.isHidden = false
    }
    func sessionWasInterrupted(canResumeManually resumeManually: Bool) {
```

```
        //会话中断时更新 UI
        if resumeManually {
          self.resumeButton.isHidden = false
        }
        else {
          self.cameraUnavailableLabel.isHidden = false
        }
      }
      func sessionInterruptionEnded() {
        //会话中断结束后更新 UI.
        if !self.cameraUnavailableLabel.isHidden {
          self.cameraUnavailableLabel.isHidden = true
        }
        if !self.resumeButton.isHidden {
          self.resumeButton.isHidden = true
        }
      }
```

● 如果发生错误，则调用方法 presentVideoConfigurationErrorAlert() 弹出提示框。对应的代码如下：

```
      func presentVideoConfigurationErrorAlert() {
         let alertController = UIAlertController(title: "Configuration Failed",
message: "Configuration of camera has failed.", preferredStyle: .alert)
        let okAction = UIAlertAction(title: "OK", style: .cancel, handler: nil)
        alertController.addAction(okAction)
        present(alertController, animated: true, completion: nil)
      }
```

● 编写函数 presentCameraPermissionsDeniedAlert()，如果当前没有获得摄像机权限，则弹出提示框。对应的代码如下：

```
      func presentCameraPermissionsDeniedAlert() {
         let alertController = UIAlertController(title: "Camera Permissions
Denied", message: "Camera permissions have been denied for this app. You can
change this by going to Settings", preferredStyle: .alert)
         let cancelAction = UIAlertAction(title: "Cancel", style: .cancel,
handler: nil)
         let settingsAction = UIAlertAction(title: "Settings", style:
.default) { (action) in
          UIApplication.shared.open(URL(string: UIApplication.openSettingsURLString)!,
options: [:], completionHandler: nil)
        }
        alertController.addAction(cancelAction)
        alertController.addAction(settingsAction)
        present(alertController, animated: true, completion: nil)
      }
```

● 编写方法 runModel()，功能是通过 TensorFlow 运行实时摄影机像素缓冲区。对应的代码如下：

```
      @objc  func runModel(onPixelBuffer pixelBuffer: CVPixelBuffer) {
```

```
        // 通过 tensorFlow 运行 pixelBuffer 相机以获得实时结果
        let currentTimeMs = Date().timeIntervalSince1970 * 1000
         guard(currentTimeMs - previousInferenceTimeMs) >= delayBetweenInferencesMs
else {
          return
        }
        previousInferenceTimeMs = currentTimeMs
        result = self.modelDataHandler?.runModel(onFrame: pixelBuffer)
        guard let displayResult = result else {
          return
        }
        let width = CVPixelBufferGetWidth(pixelBuffer)
        let height = CVPixelBufferGetHeight(pixelBuffer)
        DispatchQueue.main.async {
          // 通过传递给推断视图控制器来显示结果
            self.inferenceViewController?.resolution = CGSize(width: width,
height: height)
          var inferenceTime: Double = 0
          if let resultInferenceTime = self.result?.inferenceTime {
            inferenceTime = resultInferenceTime
          }
          self.inferenceViewController?.inferenceTime = inferenceTime
          self.inferenceViewController?.tableView.reloadData()
          // 绘制边界框并显示类名和置信度分数 .
            self.drawAfterPerformingCalculations(onInferences: displayResult.
inferences, withImageSize: CGSize(width: CGFloat(width), height: CGFloat(height)))
        }
      }
```

- 编写方法 drawAfterPerformingCalculations() 获取识别结果，将边界框矩形转换为当前视图，绘制边界框、类名和推断的置信度分数。对应的代码如下：

```
      func drawAfterPerformingCalculations(onInferences inferences:
[Inference], withImageSize imageSize:CGSize) {
        self.overlayView.objectOverlays = []
        self.overlayView.setNeedsDisplay()
        guard !inferences.isEmpty else {
          return
        }
        var objectOverlays: [ObjectOverlay] = []
        for inference in inferences {
          // 将边界框矩形转换为当前视图 .
            var convertedRect = inference.rect.applying(CGAffineTransform
(scaleX: self.overlayView.bounds.size.width / imageSize.width, y: self.
overlayView.bounds.size.height / imageSize.height))
          if convertedRect.origin.x < 0 {
            convertedRect.origin.x = self.edgeOffset
          }
          if convertedRect.origin.y < 0 {
            convertedRect.origin.y = self.edgeOffset
          }
```

```
        if convertedRect.maxY > self.overlayView.bounds.maxY {
            convertedRect.size.height = self.overlayView.bounds.maxY -
convertedRect.origin.y - self.edgeOffset
        }
        if convertedRect.maxX > self.overlayView.bounds.maxX {
            convertedRect.size.width = self.overlayView.bounds.maxX -
convertedRect.origin.x - self.edgeOffset
        }
        let confidenceValue = Int(inference.confidence * 100.0)
        let string = "\(inference.className)  (\(confidenceValue)%)"
        let size = string.size(usingFont: self.displayFont)
        let objectOverlay = ObjectOverlay(name: string, borderRect: convertedRect,
nameStringSize: size, color: inference.displayColor, font: self.displayFont)
        objectOverlays.append(objectOverlay)
      }
      // 将绘图交给覆盖视图
      self.draw(objectOverlays: objectOverlays)
    }
```

- 编写方法 draw()，功能是使用检测到的边界框和类名更新覆盖视图。对应的代码如下：

```
    func draw(objectOverlays: [ObjectOverlay]) {
      self.overlayView.objectOverlays = objectOverlays
      self.overlayView.setNeedsDisplay()
    }
  }
```

- 编写方法 addPanGesture()，添加了平移手势处理功能，以使底部选项具有交互性。对应的代码如下：

```
    private func addPanGesture() {
       let panGesture = UIPanGestureRecognizer(target: self, action:
#selector(ViewController.didPan(panGesture:)))
      bottomSheetView.addGestureRecognizer(panGesture)
    }
```

- 编写方法 changeBottomViewState()，更改底部选项应处于展开状态还是折叠状态。对应的代码如下：

```
    private func changeBottomViewState() {
      guard let inferenceVC = inferenceViewController else {
        return
      }
        if bottomSheetViewBottomSpace.constant == inferenceVC.
collapsedHeight - bottomSheetView.bounds.size.height {
        bottomSheetViewBottomSpace.constant = 0.0
      }
      else {
         bottomSheetViewBottomSpace.constant = inferenceVC.collapsedHeight
- bottomSheetView.bounds.size.height
      }
```

```
    setImageBasedOnBottomViewState()
  }
```

- 编写方法 setImageBasedOnBottomViewState()，功能是根据底部选项图标是展开还是折叠来设置显示图像。对应的代码如下：

```
private func setImageBasedOnBottomViewState() {
  if bottomSheetViewBottomSpace.constant == 0.0 {
    bottomSheetStateImageView.image = UIImage(named: "down_icon")
  }
  else {
    bottomSheetStateImageView.image = UIImage(named: "up_icon")
  }
}
```

- 编写方法 didPan() 响应用户在底部选项表上的平移操作，对应的代码如下：

```
@objc func didPan(panGesture: UIPanGestureRecognizer) {
  // 根据用户与底部选项表的交互打开或关闭底部工作表。
  let translation = panGesture.translation(in: view)
  switch panGesture.state {
  case .began:
    initialBottomSpace = bottomSheetViewBottomSpace.constant
    translateBottomSheet(withVerticalTranslation: translation.y)
  case .changed:
    translateBottomSheet(withVerticalTranslation: translation.y)
  case .cancelled:
    setBottomSheetLayout(withBottomSpace: initialBottomSpace)
  case .ended:
    translateBottomSheetAtEndOfPan(withVerticalTranslation: translation.y)
    setImageBasedOnBottomViewState()
    initialBottomSpace = 0.0
  default:
    break
  }
}
```

- 编写方法 translateBottomSheet()，在平移手势状态不断变化时设置底部选项平移，对应的代码如下：

```
    private func translateBottomSheet(withVerticalTranslation
verticalTranslation: CGFloat) {
    let bottomSpace = initialBottomSpace - verticalTranslation
    guard bottomSpace <= 0.0 && bottomSpace >= inferenceViewController!.
collapsedHeight - bottomSheetView.bounds.size.height else {
      return
    }
    setBottomSheetLayout(withBottomSpace: bottomSpace)
  }
```

- 编写方法 translateBottomSheetAtEndOfPan()，功能是将底部选项状态更改为在平移结束时完全展开或闭合。对应的代码如下：

```
    private func translateBottomSheetAtEndOfPan(withVerticalTranslation
verticalTranslation: CGFloat) {
      // 将底部选项状态更改为在平移结束时完全打开或关闭
       let bottomSpace = bottomSpaceAtEndOfPan(withVerticalTranslation:
verticalTranslation)
      setBottomSheetLayout(withBottomSpace: bottomSpace)
    }
```

- 编写方法 bottomSpaceAtEndOfPan()，功能是返回要保留的底部视图的最终状态（完全折叠或展开）。对应的代码如下：

```
    private func bottomSpaceAtEndOfPan(withVerticalTranslation
verticalTranslation: CGFloat) -> CGFloat {
      // 计算在平移手势结束时是完全展开还是折叠底部选项 .
      var bottomSpace = initialBottomSpace - verticalTranslation
      var height: CGFloat = 0.0
      if initialBottomSpace == 0.0 {
        height = bottomSheetView.bounds.size.height
      }
      else {
        height = inferenceViewController!.collapsedHeight
      }
      let currentHeight = bottomSheetView.bounds.size.height + bottomSpace
      if currentHeight - height <= collapseTransitionThreshold {
          bottomSpace = inferenceViewController!.collapsedHeight -
bottomSheetView.bounds.size.height
      }
      else if currentHeight - height >= expandTransitionThreshold {
        bottomSpace = 0.0
      }
      else {
        bottomSpace = initialBottomSpace
      }
      return bottomSpace
    }
```

- 编写方法 setBottomSheetLayout() 布局底部选项的底部空间相对于此控制器管理的视图的更改。对应的代码如下：

```
    func setBottomSheetLayout(withBottomSpace bottomSpace: CGFloat) {
      view.setNeedsLayout()
      bottomSheetViewBottomSpace.constant = bottomSpace
      view.setNeedsLayout()
    }
  }
```

（2）编写推断视图控制器文件 InferenceViewController.swift，具体实现流程如下。

- 创建继承于主视图类 UIViewController 的子类 InferenceViewController，在视图界面中显示识别信息。对应的代码如下：

```
  import UIKit
```

```
protocol InferenceViewControllerDelegate {
  /**
   当用户更改步进器值以更新用于推断的线程数时，将调用此方法 .
   */
  func didChangeThreadCount(to count: Int)
}
class InferenceViewController: UIViewController {
  // MARK: 要显示的信息
  private enum InferenceSections: Int, CaseIterable {
    case InferenceInfo
  }
  private enum InferenceInfo: Int, CaseIterable {
    case Resolution
    case Crop
    case InferenceTime
    func displayString() -> String {
      var toReturn = ""
      switch self {
      case .Resolution:
        toReturn = "Resolution"
      case .Crop:
        toReturn = "Crop"
      case .InferenceTime:
        toReturn = "Inference Time"
      }
      return toReturn
    }
  }
  // MARK: 故事板的 Outlets 输出
  @IBOutlet weak var tableView: UITableView!
  @IBOutlet weak var threadStepper: UIStepper!
  @IBOutlet weak var stepperValueLabel: UILabel!
  // MARK: 常量
  private let normalCellHeight: CGFloat = 215.0
  private let separatorCellHeight: CGFloat = 42.0
  private let bottomSpacing: CGFloat = 21.0
  private let minThreadCount = 1
  private let bottomSheetButtonDisplayHeight: CGFloat = 60.0
  private let infoTextColor = UIColor.black
   private let lightTextInfoColor = UIColor(displayP3Red: 1115.0/255.0,
green: 1115.0/255.0, blue: 1115.0/255.0, alpha: 1.0)
  private let infoFont = UIFont.systemFont(ofSize: 14.0, weight: .regular)
  private let highlightedFont = UIFont.systemFont(ofSize: 14.0, weight: .medium)

  // MARK: 实例变量
  var inferenceTime: Double = 0
  var wantedInputWidth: Int = 0
  var wantedInputHeight: Int = 0
  var resolution: CGSize = CGSize.zero
  var threadCountLimit: Int = 0
  var currentThreadCount: Int = 0
  // MARK: 委托
```

```
    var delegate: InferenceViewControllerDelegate?
    // MARK: 计算属性
    var collapsedHeight: CGFloat {
      return bottomSheetButtonDisplayHeight
    }
    override func viewDidLoad() {
      super.viewDidLoad()
      // 设置步进器
      threadStepper.isUserInteractionEnabled = true
      threadStepper.maximumValue = Double(threadCountLimit)
      threadStepper.minimumValue = Double(minThreadCount)
      threadStepper.value = Double(currentThreadCount)
    }
```

将线程数的更改委托给 View Controller 并更改显示效果，对应的代码如下：

```
    @IBAction func onClickThreadStepper(_ sender: Any) {
      delegate?.didChangeThreadCount(to: Int(threadStepper.value))
      currentThreadCount = Int(threadStepper.value)
      stepperValueLabel.text = "\(currentThreadCount)"
    }
  }
  // MARK: UITableView 数据源
  extension InferenceViewController: UITableViewDelegate, UITableViewDataSource {
    func numberOfSections(in tableView: UITableView) -> Int {
      return InferenceSections.allCases.count
    }
     func tableView(_ tableView: UITableView, numberOfRowsInSection
section: Int) -> Int {
      guard let inferenceSection = InferenceSections(rawValue: section) else {
        return 0
      }
      var rowCount = 0
      switch inferenceSection {
      case .InferenceInfo:
        rowCount = InferenceInfo.allCases.count
      }
      return rowCount
    }

     func tableView(_ tableView: UITableView, heightForRowAt indexPath:
IndexPath) -> CGFloat {
      var height: CGFloat = 0.0
       guard let inferenceSection = InferenceSections(rawValue: indexPath.
section) else {
        return height
      }
      switch inferenceSection {
      case .InferenceInfo:
        if indexPath.row == InferenceInfo.allCases.count - 1 {
          height = separatorCellHeight + bottomSpacing
        }
```

```
      else {
        height = normalCellHeight
      }
    }
    return height
  }
```

- 设置底部工作表中信息的显示格式，将格式化显示与推断相关的附加信息。对应的代码如下：

```
  func displayStringsForInferenceInfo(atRow row: Int) -> (String, String) {
    var fieldName: String = ""
    var info: String = ""
    guard let inferenceInfo = InferenceInfo(rawValue: row) else {
      return (fieldName, info)
    }
    fieldName = inferenceInfo.displayString()
    switch inferenceInfo {
    case .Resolution:
      info = "\(Int(resolution.width))x\(Int(resolution.height))"
    case .Crop:
      info = "\(wantedInputWidth)x\(wantedInputHeight)"
    case .InferenceTime:
      info = String(format: "%.2fms", inferenceTime)
    }
    return(fieldName, info)
  }
}
```

（3）在 View 目录下编写文件 CurvedView.swift，功能是创建一个 CurvedView 视图，它的左上角和右上角是圆形的，具体实现代码如下。

```
import UIKit
class CurvedView: UIView {
  let cornerRadius: CGFloat = 24.0
  override func layoutSubviews() {
    super.layoutSubviews()
    setMask()
  }
  /** 在视图上设置遮罩以使其拐角圆化
   */
  func setMask() {
    let maskPath = UIBezierPath(roundedRect:self.bounds,
                                byRoundingCorners: [.topLeft, .topRight],
                                cornerRadii: CGSize(width: cornerRadius,
height: cornerRadius))
    let shape = CAShapeLayer()
    shape.path = maskPath.cgPath
    self.layer.mask = shape
  }
}
```

（4）在 View 目录下编写文件 OverlayView.swift，功能是创建一个覆盖视图，这样可以在 UI 界面显示识别结果的文字内容。

14.6.3 摄像机处理

在 Xcode 工程的“Camera Feed”目录下保存来实现摄像机功能的程序文件，会要求使用摄像机权限采集图像，然后输出识别结果。

（1）编写文件 PreviewView.swift，功能是显示摄像机采集到画面的预览结果。

```
import UIKit
import AVFoundation
/**
相机帧将显示在此视图上 .
 */
class PreviewView: UIView {
  var previewLayer: AVCaptureVideoPreviewLayer {
    guard let layer = layer as? AVCaptureVideoPreviewLayer else {
      fatalError("Layer expected is of type VideoPreviewLayer")
    }
    return layer
  }
  var session: AVCaptureSession? {
    get {
      return previewLayer.session
    }
    set {
      previewLayer.session = newValue
    }
  }
  override class var layerClass: AnyClass {
    return AVCaptureVideoPreviewLayer.self
  }
}
```

（2）编写文件 CameraFeedManager.swift 实现摄像机采集处理功能，具体实现流程如下。

- 创建枚举保存相机初始化的状态。
- 创建类 CameraFeedManager，用于管理所有与相机相关的功能。
- 编写方法 checkCameraConfigurationAndStartSession()，功能是根据相机配置是否成功启动 AVCaptureSession。
- 编写方法 stopSession() 停止运行 AVCaptureSession。
- 编写方法 resumeInterruptedSession() 恢复中断的 AVCaptureSession。
- 编写方法 startSession() 启动 AVCaptureSession。
- 编写方法 startSession() 请求摄影机的权限，处理请求会话配置并存储配置结果。
- 编写方法 requestCameraAccess() 请求获取相机权限。
- 编写方法 configureSession() 处理配置 AVCaptureSession 的所有步骤。
- 编写方法 addVideoDeviceInput()，功能是尝试将 AVCaptureDeviceInput 添加到当前 AVCaptureSession。

- 编写方法 addVideoDataOutput() 将 AVCaptureVideoDataOutput 添加到当前 AVCaptureSession。
- 编写用于通知 Observers 观察处理器的方法 addObservers()。
- 创建扩展 CameraFeedManager，功能是将 AVCapture 视频数据输出样本缓冲区委托，通过 captureOutput() 方法输出相机当前看到的帧的 CVPixelBuffer。

14.6.4　处理 TensorFlow Lite 模型

在 Xcode 工程的“ModelDataHandler”目录下编写文件 ModelDataHandler.swift，用于使用 TensorFlow Lite 模型实现物体检测识别功能。具体实现流程如下。

- 定义结构体 Result 存储通过“Interpreter”实现成功物体识别的结果。
- 使用 Inference 存储一个格式化的推断。
- 通过枚举 MobileNet SSD 存储有关 MobileNet SSD 模型的信息。
- 定义类 ModelDataHandler 处理所有的预处理数据，并通过调用“Interpreter”在给定的帧上运行推断。然后格式化获取的推断结果，并返回成功推断中的前 N 个结果。
- 编写方法 init?() 实现初始化操作，设置“ModelDataHandler”的可失败初始化选项。如果从应用程序的主捆绑包中成功加载模型和标签文件，则会创建一个新实例。默认的 threadCount 值为 1。
- 编写方法 runModel() 处理所有的预处理数据，并通过 Interpreter 调用在指定的帧上运行推断。然后，格式化处理推断结果，并返回成功推断中的前 N 个结果。
- 编写方法 formatResults() 筛选出置信度“得分 < 阈值”的所有结果，并返回按降序排序的前 N 个结果。
- 编写方法 loadLabels() 加载标签，并将其存储在 labels 属性中。
- 编写方法 rgbDataFromBuffer() 返回具有指定值的给定图像缓冲区的 RGB 数据表示形式。
- 编写方法 colorForClass() 为特定类指定颜色。
- 创建扩展 Data，功能是给定数组的缓冲区指针创建新缓冲区。
- 创建扩展 Array，功能是根据指定不安全数据的字节创建新的数组。

14.7　调试运行

无论是在 Android 机器人设备，还是在 iOS 机器人设备，运行后都可以实时显示自带相机中物体的识别结果，执行效果如图 14-6 所示。

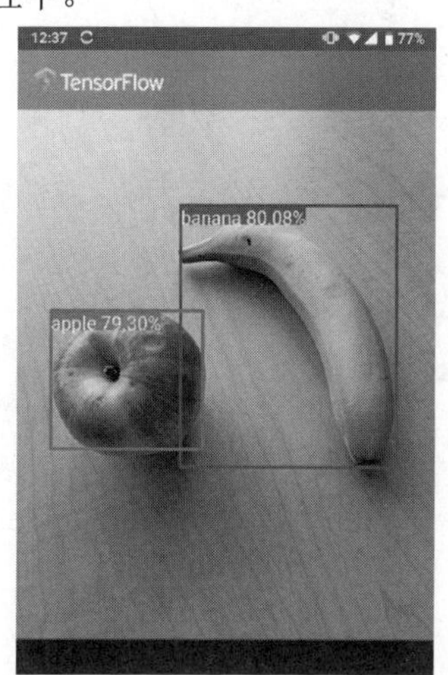

图 14-6　执行效果

扫码看视频